名家通识讲座书系

青年心理健康十五讲

□ 樊富珉 费俊峰 编著

北京大学出版社
PEKING UNIVERSITY PRESS

图书在版编目（CIP）数据

青年心理健康十五讲/樊富珉，费俊峰编著 . —北京：北京大学出版社，
2006. 11

（名家通识讲座书系）

ISBN 978-7-301-11243-4

Ⅰ. ①青…　Ⅱ. ①樊…②费…　Ⅲ. ①青年—心理卫生　Ⅳ. ①B844. 2

中国版本图书馆 CIP 数据核字（2006）第 130726 号

书　　　名	青年心理健康十五讲	
著作责任者	樊富珉　费俊峰　编著	
责 任 编 辑	艾　英	
标 准 书 号	ISBN 978-7-301-11243-4	
出 版 发 行	北京大学出版社	
地　　　址	北京市海淀区成府路 205 号　100871	
网　　　址	http://www.pup.cn　新浪微博：@北京大学出版社	
电 子 邮 箱	编辑部 wsz@ pup.cn　　总编室 zpup@ pup.cn	
电　　　话	邮购部 010-62752015　发行部 010-62750672	
	编辑部 010-62756467	
印 刷 者	三河市北燕印装有限公司	
经 销 者	新华书店	
	650mm×980mm　16 开本　22.75 印张　385 千字	
	2006 年 11 月第 1 版　2024 年 3 月第 8 次印刷	
定　　　价	69. 00 元	

《名家通识讲座书系》
编审委员会

《名家通识讲座书系》总序

本书系编审委员会

《名家通识讲座书系》是由北京大学发起,全国十多所重点大学和一些科研单位协作编写的一套大型多学科普及读物。全套书系计划出版100种,涵盖文、史、哲、艺术、社会科学、自然科学等各个主要学科领域,第一、二批近50种将在2004年内出齐。北京大学校长许智宏院士出任这套书系的编审委员会主任,北大中文系主任温儒敏教授任执行主编,来自全国一大批各学科领域的权威专家主持各书的撰写。到目前为止,这是同类普及性读物和教材中学科覆盖面最广、规模最大、编撰阵容最强的丛书之一。

本书系的定位是"通识",是高品位的学科普及读物,能够满足社会上各类读者获取知识与提高素养的要求,同时也是配合高校推进素质教育而设计的讲座类书系,可以作为大学本科生通识课(通选课)的教材和课外读物。

素质教育正在成为当今大学教育和社会公民教育的趋势。为培养学生健全的人格,拓展与完善学生的知识结构,造就更多有创新潜能的复合型人才,目前全国许多大学都在调整课程,推行学分制改革,改变本科教学以往比较单纯的专业培养模式。多数大学的本科教学计划中,都已经规定和设计了通识课(通选课)的内容和学分比例,要求学生在完成本专业课程之外,选修一定比例的外专业课程,包括供全校选修的通识课(通选课)。但是,从调查的情况看,许多学校虽然在努力建设通识课,也还存在一些困难和问题:主要是缺少统一的规划,到底应当有哪些基本的通识课,可能通盘考虑不够;课程不正规,往往因人设课;课量不足,学生缺少选择的空间;更普遍的问题是,很少有真正适合通识课教学的教材,有时只好用专业课教材替代,影响了教学效果。一般来说,综合性大学这方面情况稍好,其他普通的大学,特别是理、工、医、农类学校因为相对缺少这方面的教学资源,加上很少有可供选择的教材,开设通识课的困难就更大。

这些年来,各地也陆续出版过一些面向素质教育的丛书或教材,但无论数量还是质量,都还远远不能满足需要。到底应当如何建设好通识课,使之能真正纳入正常的教学系统,并达到较好的教学效果? 这是许多学校师生普遍关心的问题。从 2000 年开始,由北大中文系主任温儒敏教授发起,联合了本校和一些兄弟院校的老师,经过广泛的调查,并征求许多院校通识课主讲教师的意见,提出要策划一套大型的多学科的青年普及读物,同时又是大学素质教育通识课系列教材。这项建议得到北京大学校长许智宏院士的支持,并由他牵头,组成了一个在学术界和教育界都有相当影响力的编审委员会,实际上也就是有效地联合了许多重点大学,协力同心来做成这套大型的书系。北京大学出版社历来以出版高质量的大学教科书闻名,由北大出版社承担这样一套多学科的大型书系的出版任务,也顺理成章。

编写出版这套书的目标是明确的,那就是:充分整合和利用全国各相关学科的教学资源,通过本书系的编写、出版和推广,将素质教育的理念贯彻到通识课知识体系和教学方式中,使这一类课程的学科搭配结构更合理,更正规,更具有系统性和开放性,从而也更方便全国各大学设计和安排这一类课程。

2001 年底,本书系的第一批课题确定。选题的确定,主要是考虑大学生素质教育和知识结构的需要,也参考了一些重点大学的相关课程安排。课题的酝酿和作者的聘请反复征求过各学科专家以及教育部各学科教学指导委员会的意见,并直接得到许多大学和科研机构的支持。第一批选题的作者当中,有一部分就是由各大学推荐的,他们已经在所属学校成功地开设过相关的通识课程。令人感动的是,虽然受聘的作者大都是各学科领域的顶尖学者,不少还是学科带头人,科研与教学工作本来就很忙,但多数作者还是非常乐于接受聘请,宁可先放下其他工作,也要挤时间保证这套书的完成。学者们如此关心和积极参与素质教育之大业,应当对他们表示崇高的敬意。

本书系的内容设计充分照顾到社会上一般青年读者的阅读选择,适合自学;同时又能满足大学通识课教学的需要。每一种书都有一定的知识系统,有相对独立的学科范围和专业性,但又不同于专业教科书,不是专业课的压缩或简化。重要的是能适合本专业之外的一般大学生和读者,深入浅出地传授相关学科的知识,扩展学术的胸襟和眼光,进而增进学生的人格素养。本书系每一种选题都在努力做到入乎其内,出乎其外,把学问真正做活了,并能加以普及,因此对这套书作者的要求很高。我们所邀请的大都是那些真正有学术建树,有良好的教学经验,又能将学问深入浅出地传达出来的重量级学者,是请"大家"来讲"通识",所以命名为《名家通识讲座书系》。其意图就是精选名校名牌课程,实现大学教学资源共享,让更多的学子能够通过这套书,亲炙名家名师课堂。

本书系由不同的作者撰写,这些作者有不同的治学风格,但又都有共同的追求,既注意知识的相对稳定性,重点突出,通俗易懂,又能适当接触学科前沿,引发跨学科的思考和学习的兴趣。

本书系大都采用学术讲座的风格,有意保留讲课的口气和生动的文风,有"讲"的现场感,比较亲切、有趣。

本书系的拟想读者主要是青年,适合社会上一般读者作为提高文化素养的普及性读物;如果用作大学通识课教材,教员上课时可以参照其框架和基本内容,再加补充发挥;或者预先指定学生阅读某些章节,上课时组织学生讨论;也可以把本书系作为参考教材。

本书系每一本都是"十五讲",主要是要求在较少的篇幅内讲清楚某一学科领域的通识,而选为教材,十五讲又正好讲一个学期,符合一般通识课的课时要求。同时这也有意形成一种系列出版物的鲜明特色,一个图书品牌。

我们希望这套书的出版既能满足社会上读者的需要,又能够有效地促进全国各大学的素质教育和通识课的建设,从而联合更多学界同仁,一起来努力营造一项宏大的文化教育工程。

前　言

　　这是一本写给青年学生看的书,也是写给所有关心青年健康成长的教师、家长、心理学者、社会工作者看的书。青年是国家的未来、民族的希望,青年的所作所为直接关系到社会、人类的前途和命运。青年的健康成长历来都是最受政府和社会关注的课题。

　　作者在大学教授心理学二十多年,也担任硕士、博士生导师,开设《青年心理学》、《大学生心理健康》等多门应用心理学课程。无论是在教学中还是在生活中,常常遇到青年学生在成长中提出的各种困惑和问题,因此,非常想从心理和教育立场探寻大学生身心发展的规律,帮助大学生提高适应能力,有效解决成长过程中的困惑。心理学研究表明,在个体一生的发展过程中,大学生处在青年期后半段。青年期是个体身心发展迈向成熟的时期,是个体由他律转变为自律、由社会我进入心理我充分发展的时期,同时,也是由发现自己、了解自己到了解自己与他人或社会关系,进而认清人生意义,看清自己未来发展方向的时期。青年期所处的从不成熟走向成熟的过渡阶段注定其发展不可能是坦途。作家狄更斯(Charies Dickens,1812—1870)在他的《双城记》中这样描述青年期:"它是最好的时期,也是最坏的时期;它是智慧的时期,也是愚蠢的时期;它是信仰的时期,也是怀疑的时期;它是光明的时期,也是黑暗的时期;它是充满希望的春天,也是令人失望的冬天;我们前途有着一切,我们前途什么也没有;我们正在直趋天堂,我们也正在直坠地狱。"

　　近年来,由于社会的快速变迁、时代的急剧转变,青年人在思想上、观念上、态度上及行为上、需要上产生了许多不同于以往的显著变化。尤其是大学生,是经由教育选择获取成功的一个群体,是青年中独特的一个群体,其对于自我的评价以及社会对大学生的评价都不同于一般青年。他们在面临诸多的机会和挑战,例如深造、择业、求偶、交友、发展、自我实现等时,往往有冲突、有矛盾、有挣扎、有渴望。帮助青年学生了解自己、认识自己、接纳自己、完善自己无疑是大学教育最重要的任务之一。

提起"心理健康"几个字,一些人会马上联想到"心理不健康"或者"心理疾病",会误认为这本书是写给心理不健康的人看。这其实是一种不正确、不科学的观念,是一种误解。心理健康的目标分为积极和消极两个层面。针对心理不健康人群的心理障碍矫治和针对广大人群的心理疾患预防属于心理健康的消极目标。心理健康的积极目标则是面向全体人群塑造健全人格,开发心理潜能,优化心理素质,促进人格成长,实现自我价值。心理健康是成才的基础,心理健康是自我实现的保证,心理健康是现代社会生存发展的条件。心理健康不仅仅是为了预防心理疾患、提高心理健康水平,心理健康的本质要求是开发潜能、促进成长。

对于青年学生而言,心理健康尤为重要。在传统的应试教育模式下,由于考试的压力,学校只重视学习,教师的注意力也主要放在知识的传授方面,学生的注意力集中在如何取得好成绩,很少着眼于情绪、意志、自我形象和性格的培养。有了优异的成绩并不等于懂得控制情绪、了解自己、善于与他人沟通和交往,应试教育容易导致学生片面发展。进入大学后,面对生活和环境的新变化,面临着学习、交友、恋爱、就业、成长发展等种种课题,大学生心理尚未完全成熟,来自于社会的、家庭的、学校的各种矛盾与自身成长发展中的矛盾交织在一起,极易产生心理困惑。内心的冲突与矛盾若得不到有效疏导、合理解决,久而久之就可能形成心理障碍,轻则影响学习效率,重则妨碍正常的生活和学习。此外,由于现代化激流的冲击,以及人际关系表面化浪潮的压力,使得现代大学生的动机需要、亲和需要、受人尊重、社会接纳需要以及自我实现需要表现得更为强烈,对未来都有相当高的期望。青年对未来有期望在本质上是一件好事,可以推动社会的进步,但如果实际的发展不能符合青年的期望,势必使其产生挫折感,造成心理上的失衡,并可能间接影响社会的安宁和稳定。因此,帮助青年把握自己、认识社会、适应社会、有恰当的期望、有健康的心态和强健的体魄应对社会的变化变得特别迫切和重要。

作者从 1980 年代中期起在清华大学为广大青年学生开设"青年心理学",1990 年代中期起开设"大学生心理健康",不知不觉已经走过了二十个年头。至今,心理健康课仍是最受大学生欢迎的课程之一,因为它贴近学生、贴近生活、贴近实际,可以直接回答或者探讨大学生最关心和最想解决的问题,成为他们成长的好伙伴。有学生告诉我,从大一开始就想选修,但一直选不上,到了大四还是选不上,只好旁听了。也有学生告诉我,心理健康课的教材《大学生心理健康与发展》将成为他一生的案头必备书籍,因为从中可以找到许多人生的智慧。每每听到这些,我心中都非常感动,也更增强了讲好这门课的信心和决心。

感谢北京大学出版社邀请我编写《青年心理健康十五讲》。为了增加可读性,本书没有按照教材的章节编排,而是针对青年学生成长的课题,选择了部分主要内容。其中每讲都是独立成章,读者可以随意从任何一个自己感兴趣的题目开始阅读。由于篇幅的原因,不可能回答青年学生成长中的所有问题,但我们尽了最大的努力。感谢南京大学费俊峰老师在书稿编写过程中付出的辛劳,我们愉快地合作完成了书稿。也感谢所有的同行,你们的研究给了我们最宝贵的资源,能够分享你们的成果是我们莫大的荣幸。

衷心希望所有的青年身心健康、快乐成长!

樊富珉

于清华大学教育研究所

2006 年 8 月

目录

第一讲

心理健康与人生发展

时代发展呼唤心理健康
社会变革影响心理健康
青年成长需要心理健康
人才培养离不开心理健康

"很幸运地选上大学生心理健康这门课，还是补退选时选上的。一是因为这门课负担不太重，又可以学习一些知识；二是自己刚刚进大学，对这个陌生的环境有太多的不适应。在大一上学期时，我对宿舍生活很有排斥感，每天睡眠也不好，学习成绩也不理想，弄得自己很郁闷。和同学交往有一些障碍，感觉诸事都不顺心。空闲的时候，我静静地想了想，感觉不应该把原因都归咎到身边的人身上去，而是应该从自己身上找问题。所以在选课的时候，我就毅然选了这门'大学生心理健康'，我想，这总会对我有一些帮助吧！结果不仅是这样的，甚至超出了我的想象。"

"上了将近一个学期的大学生心理健康课，我发现我收益良多。说实话，在这之前我并没有接触过有关心理健康的知识。我一直以为健康就是指人体各健康系统发育良好、功能正常，体质健壮、精力充沛，并具有良好劳动效能的状态。通过学习这门课，我知道，这种认识把健康的概念仅仅局限在过分关注躯体的生物学变化,而忽视了人的心理活动及社会存在对健康的影响。实际上现代科技的飞速发展与社会文化的迅猛变革,使生活在现代社会的人普遍面临着激烈的竞争,频繁的应激、快速的生活节奏,这些前所未有的巨大心理压力使人们不堪重负,这对人们的健康产生了重大影响。通过学习,我认识到大学生心理健康有巨大的意义。第一,心理健康是大学生实现人生理想和成才目标的前提。第二,心理健康和生理健康是大学生全面发展的基础。第三,心理健康是大学生培养健全人格的基础。第四,心理健康是大学生掌握文化科学知识的必备条件。……我相信,当我开始会调整自己的心理,接下来的三年大学生活一定是充实而愉快的!"

每一位进入大学深造的青年学子都渴望成才。但是,怎样才能成才?成才需要哪些基础呢?像上面大一新生陈晓同学所谈的自己选修大学生心理健康课的感受,我们看到很多、听到很多。心理健康课是各地大学中最受学生欢迎的课程之一,原因是它贴近学生的生活、贴近学生的实际、贴近学生的需要,能够直接回答青年成长中的疑惑,排解心理方面的困扰,提高心理健康的水平,带来全面发展的促进。近年来,青年的心理健康,青年的成长发展,已经成为政府、社会、媒体、学校、家长、学生共同关注的重点和热点。只有优异的成绩,却不懂得与人交往,是个寂寞的人;只有过人的智商,却不懂得控制情绪,是个危险的人;只有超人的推理,却不了解自己,是个迷惘的人。如果想成为一个有自知之明的、健康快乐的、拥有亲情友情和爱情的人,那就必须具备健康的心理。

一　时代发展呼唤心理健康

世界已进入全球化时代,表现在交通、信息、科技、经济、贸易、文化、社会问题全球化,科学技术从来没有像今天这样,以空前巨大的威力、难以想象的速度,深刻地影响着人类经济和社会的发展。在轰轰烈烈走向现代化的过程中,人们的家庭结构、观念和人际关系都发生了巨大的变化。而人的现代化主要反映在对社会的心理适应程度上。适应社会变化的人应该对变化持积极的、灵活的态度，主动调整身心去迎接挑战。美国社会学家英格尔曾提出人的现代化应具备的品质和特征：(1)乐于接受新事物，包括新经验、新观念、新的行为方式；(2)准备接受社会的改革和变化；(3)思路广阔，头脑开放，尊重各方面不同的看法；(4)把握现在，展望未来，而不沉迷过去，守时惜时；(5)强烈的个人效能感，对个人和社会充满信心，办事讲求效率；(6)重视有计划的生活和工作；(7)尊重他人，尊重知识；(8)可依赖性和信任感；(9)重视专门技术，对科学技术有较大的信心。

中国改革开放二十多年来，初步建立了社会主义市场经济体制，形成了所有制多元化的格局。宏观社会经济文化背景的嬗变，是当今中国人心理激荡和变化的深层次动因。市场经济带来变化剧烈的社会环境，带来了很多机遇，但同时也带来许多挑战，使人们的心理活动较以往任何时期都更加复杂，影响心理健康的因素越来越多。竞争的加剧，生活节奏的加快，东西文化的碰撞，价值观念的冲突，贫富差距的拉大，利益格局的调整，造成了一些人的心理失衡。对变化的环境适应不良而出现的各种困惑、迷惘和不安在增加，由此导致心理失衡和心理障碍，甚至精神疾病的发生率也大大增加。但是，社会主义市场经济又要求人才具有与时代发展相一致的良好的心理素质，勇于承担责任，敢冒风险，有顽强的毅力，能够承受挫折与失败等。因此，重视良好的心理素质的培养，是适应市场经济发展的需要。

幸福的公式。当代的人们更加开放地生活，我们坦言幸福，我们追求幸福。幸福在哪里？当代心理学告诉我们，幸福也是有指数的，总幸福指数是指你的较为稳定的幸福感，而不是暂时的快乐和幸福。看了一个喜剧电影，或者吃了一顿美食，这是暂时的快感；而幸福感是指令你感到持续的、稳定的幸福感觉，它包括你对你的现实生活的总体满意度和你对自己的生命质量的评价，指你对自己生存状态的全面肯定。这个总体幸福取决于三个因素：一是一个人先天的遗传素质，二是环境事件，三是你能控制的心理力量。美国著名心理学家赛利格曼提出了一个幸福的公式：总幸福指数＝先天的遗传素质＋后天的环境＋你能主动控制的心理力量。其英文表达为：$H = S + C + V$。财富和成功不能永葆幸福，而乐天派的情绪才是稳定的。金钱竟然也买不来快乐！

　　进入 21 世纪,社会变化了,时代变化了,环境变化了,当然对人才的要求也变化了。人才不仅要有良好的思想道德品质、科学文化素质和身体素质,还必须要有良好的心理素质,具有开拓进取的精神、竞争意识和创新能力、灵活应变和承受挫折的能力、高度的责任感和坚强的毅力、善于交往与合作的能力、自信心与表达能力、独立的学习能力,以适应现代社会发展的需要,承担起历史的重任。让我们先看看社会发生了哪些变化,对人才的心理素质为什么有这些新的要求。

(一) 高科技的社会需要终身学习的能力

　　21 世纪是一个高科技的社会。科学技术发展日新月异,新的产品、新的知识、新的理论不断问世。这对人的知识技能提出了新要求,终身学习的新观念也随之产生。知识技能的掌握不能仅靠学校老师讲授,更要靠每个人自己学习。会学习的人,不仅要掌握完整的知识体系和基本的职业技能,而且还要有独立的获取知识的能力。所以,在 21 世纪要想取得成功,必须学会学习。"国际二十一世纪教育委员会"提出来的 21 世纪的人才的要求的第一条就是要学会学习,要有独立的获取、理解、消化和运用知识的能力。

(二) 加速发展的社会需要求新求变

　　21 世纪是一个加速发展的世纪。在这样一个加速发展的时代,人们面临的变化是前所未有的。成功的人才必须要有进取心,要有创新的意识,要有一种开放的态度,要有一种适应变化的灵活性和应变能力。有一本非常流行的小册子——《谁动了我的奶酪》,里面所蕴含的道理确实是极其丰富的。

　　寻找奶酪的故事。有两只小老鼠"嗅嗅"、"匆匆"和两个小矮人"哼哼"、"唧唧"。他们生活在一个迷宫里,奶酪是他们要追寻的东西。有一天,他们同时发现了一个储量丰富的奶酪仓库,便在其周围构筑起自己的幸福生活。很久之后的某天,奶酪突然不见了! 这个突如其来的变化使他们的心态暴露无疑:嗅嗅、匆匆随变化而动,立刻穿上始终挂在脖子上的鞋子,开始出去再寻找,并很快就找到了更新鲜更丰富的奶酪;两个小矮人哼哼和唧唧面对变化却犹豫不决、烦恼丛生,始终固守在已经消失的美好幻觉中追忆和抱怨,无法接受奶酪已经消失的残酷现实。经过激烈的思想斗争,唧唧终于冲破了思想的束缚,穿上久置不用的跑鞋,重新进入漆黑的迷宫,并最终找到了更多更好的奶酪,而哼哼却仍在对苍天的追问中郁郁寡欢。

"奶酪"是个比喻,代表着我们生命中任何最想得到的东西,它可能是一份工作,也可能是金钱、爱情、幸福、健康或心灵的安宁等等。生活在这样一个快速、多变和充满危机的时代,每个人都可能面临着与过去完全不同的境遇,人们时常会感到自己的"奶酪"在变化。各种外在的强烈变化和内心的冲突相互作用,使人们在各种变化中茫然无措,先是追问到底是"谁动了我的奶酪",然后对新的生活状况无所适从,不能正确应对并陷入困惑之中难以自拔。如果你在各种突如其来的变化中,总耽于"失去"的痛苦、"决定"的两难、"失望"的无奈……那么生活本身就会成为一种障碍。生活的迷宫很大,你会滞留在其中一角安身立命,久了,年纪渐长,就"懒得变动",或者是"没有勇气和激情"再去变动和追寻。

看了这本书之后,很多人受到启发,不仅是那些腰缠万贯的老板,也有正在创业的人和下岗的工人。不断地埋怨,埋怨世界对自己不公平,埋怨生不逢时,没有什么用,等待你的还是失望;如果选择改变,也许柳暗花明又一村。所以人要有应变的能力,这种应变的能力则产生于我们面对变化的一种积极心态。

(三) 竞争激烈的社会需要承受挫折的能力

21世纪竞争将越来越激烈。在这样一个竞争激烈的社会里,成功还是失败不完全取决于个人的努力。因为决定成功与否的因素非常多,你个人努力,只是成功的必备条件之一。还有一些客观因素的影响,比如说,你正在努力创业的时候,突然金融风暴来了,这谁能估计得到? 你正在纽约世贸大厦里谈一笔大有赚头的生意,突然飞机撞了这个大楼,整个楼都垮塌了,你可能也受伤了,这谁能预想得到? 在拼搏的过程中,面对这样的不可控事件,人要有一种承受挫折的能力。用喜悦去迎接成功,同样要用一种平静的、坦然的心态去面对失败。一个人只能迎接成功,不能面对失败,那么这个人成功的机会就很少。在竞争激烈的环境当中,要有承受挫折的能力。但这谈起来容易,做起来并非那么容易。作为天之骄子的大学生,成功的体验可能很丰富,如何承受挫折、面对失败,这是一个需要学习的课题。

(四) 交往频繁的社会需要沟通合作

21世纪是一个交往频繁的世纪。科技、通讯、交通的发展,使人和人之间的交往越来越方便和频繁。出现了"国际人"、"地球村"这样一些新的概念,也说明了在现代社会人们的交往越来越频繁。在这样一个社会当中,要想成功,合作意识,团结意识,与人沟通、与人共处的能力就显得极为重要。21世纪国际教育委员会在讲到21世纪人才成功的标准时,就谈到学会共处,和别人相处。西方大公司到中国来招聘人才,更重视的是应聘人员的合作能力、团队精神。一些企业开展了针对新员工的沟通训练,这对他们尽快地认同团体并在合作和训练当中培养团队精神是非常重要的。与人相处的能力对于个人的成功非常重要,即便他在大学阶段的成绩并不那么优秀。

二 社会变革影响心理健康

为什么社会变革加剧会导致人的心理问题增加?因为变革的速度越快、变革所涉及的问题对人们利益的影响越深刻,人们的适应就越困难,而适应困难易诱发心理疾病。这种变革如何影响人的心理健康呢?

(一) 价值冲突导致心理失衡

发展中国家向现代化发展的进程中,必然伴随着外来文化与本土文化的持续冲突和相互抗拒,这种文化撞击的一个突出表现是社会主导价值观的动荡不居,价值取向从单一走向多元。由于价值观对个体的认知、体验和行动有重大影响,价值冲突和混乱往往导致社会成员的认知失调、心理困难以及行为失范。在多种价值观并存且相互冲突的复杂环境中,人们难以依据自己已有的认知经验,合理选择和认同某一种社会价值观念系统,从而陷入心理矛盾,产生心理失调等。

（二）生活事件增加使得心理负荷加重

二十多年的改革开放使中国社会变迁速度明显加快,生活方式日益更新,个人生活事件也随之大幅度增加。

首先是竞争的压力。随着竞争机制被引入社会生活各个领域,一方面人们有更多机会展示自己,另一方面竞争催生冲突,有限的工作职位,有限的晋升晋级机会,有限的居住、交通、教育、医疗容量,形成一个个竞争的瓶颈,这种竞争使人经常处于应激压力之下,也增加了人们产生挫折感、失败感和恐惧感的机会。

其次是选择引起的焦虑。社会的多元化发展给人们带来更多自由选择的余地,如升学、择业、择偶和选择生活信念与生活方式等等。选择自由度的增加的确给个体提供了更多的发展机遇,但这种自由如同弗洛姆所说,是一种使人焦虑、痛苦、剥夺人的安全感的自由,一种使人想要逃避的自由。因为人必须选择,无人能代替,而且必须承担选择的后果。研究表明,选择与焦虑几乎是一对孪生子,心理咨询中大量的焦虑个案都与来访者面临某种人生选择有关。

再次,过度紧张的生活导致心理疲劳。现代社会流动增加、社会角色增多、社会交往扩大、生活节奏加快所形成的高张力、高强度、高频率的刺激,超限度地冲击着人们的心灵,结果导致心理疲劳以致产生各种不适应感。北京心理危机干预中心与中国预防医学科学院合作开展的自杀未遂的病例对照研究发现:仅38%的自杀未遂者有精神障碍,并且与患有精神障碍相比,急性生活事件造成的严重应激更容易引发自杀。剧增的生活事件使人被迫消耗巨大的心理能量来寻求应付,这使得人们的主观体验常常是紧张、焦躁、恐惧,甚至会绝望。个人生活事件负性强度和频率的提高,是各类心身疾病发生的重要原因。

（三）社会支持系统缺失加深心理危机

现代医学模式认为,一个人在面临危机情境时,若能从家人或社会组织群体中得到有效支持,则会增强他的应激能力。现阶段我国原有的社会支持系统正在迅速瓦解失去作用,新的社会支持系统尚未真正建立健全,力量薄弱。社会的变迁使家庭结构和功能发生变化,结构向小型化、核心家庭发展,生产功能、教育功能、保护功能减少或转移,家庭在人的生活中的重要性下降。人们感到困难无助时,并不总是能从家庭得到强有力的扶助。加之人们的自我主体价值和自我需要意识明显增强,婚姻道德和家庭责任感、义务感日趋淡化,削弱了家庭对个体的心理支援作用。亲子两代在价值观念、生活方式及兴趣爱好等方面存在诸多差异,"代沟"使得亲子关系日益疏离,未成年子女在父母那里过早地失去了行为的参照榜样,加剧了该年龄段固有的心理矛盾和冲突。

(四) 社会化方式的缺陷影响个体心理承受力

个体心理承受力是指个体在心理上对于社会生活与环境中的重大变动的接受性、适应性,是人不断调整其认识、情绪及行为以适应环境变化的能力。影响个体心理承受力强弱的除了遗传外,个体社会化过程是重要因素。我国传统个体社会化方式的缺陷造成一定影响。重灌输、轻启发,忽视个性教育和特长培养,结果是使人缺乏个性,缺乏独立思考和应变能力。社会化水平低必然导致个体出现适应困难,面对急剧变化的社会难以通过自我调整达到良好生存状态,于是产生心理问题。

简而言之,社会变革加剧,造成个体适应困难,产生种种心理问题,于是导致人们对心理健康的强烈需要。

三 青年成长需要心理健康

人出生后必须经过一系列发展阶段才能走向成熟,即生理基本成熟、智力达到高峰、情绪基本稳定、行为能够自控,成为一名能独立承担社会责任的社会成员。生理发育成熟不等于已经成为一个真正的成人,拥有了成人的意识和成人的责任。大学阶段从心理发展角度来讲,是处在心理发育的青年期,是从不成熟的儿童期向成熟的成年期过渡的时期。在这个时期,大学生多会出现生理上的快速变化与心理不成熟、独立性与依赖性并存、自我形象的追求与自我评价能力不高等矛盾。由于缺乏必要的思想准备,可能会出现短暂的不适应,体验到焦虑、紧张、恐慌与不安。因此,大学阶段一项很重要的任务就是达到心理上的成熟。大学生是高级人才的预备队。心理学家的研究证明,大学阶段是掌握专业知识技能和个人自我发展完善的重要时期,两大任务并驾齐驱,缺一不可。自我发展涉及的领域很宽,包括自我评价、社会适应、人际交往、情绪管理、挫折应对、科学思维、团队合作、婚恋态度、潜能开发、求职择业等,重视的是个人全面、健康而均衡的发展。但是,从个体发展的角度看,大学生正处于青年期向成年期的转变过程,这一发展特点决定了大学生活将是个体逐渐走向成熟、走向独立的重要历程。大学期间,每一个学生都将面临一系列的人生重大课题,如专业知识储备、智力潜能开发、个性品质优化、思想道德修养、就职择业准备、交友恋爱等。而这些人生课题的完成,与大学生的心理健康有着密切的关系。

在应试教育模式下,由于考试的压力,学校只重视学习,教师的注意力也主要放在知识的传授方面,学生的注意力集中在如何取得好成绩,很少着眼于学生的情绪、意志、自我形象和性格的培养。有了优异的成绩并不等于懂得控制情绪、了解自己、善于与他人沟通和交往,应试教育容易导致学生片面发展。进入大学后,面对生活和环境的新变化,面临着学习、交友、恋爱、就业、成长发展等种种课题,大学生的心理尚未完全成熟,在当前社会变革之中,来自于社会的、家庭的、学校的各种矛盾与自身成长发展中的矛盾交织在一起,极易产生心理困惑。内心的冲突与矛盾若得不到有效的疏导、合理的解决,久而久之就可能形成心理障碍,轻则影响学习效率,重则妨碍正常的生活和学习。

近些年来关于大学生心理健康的研究表明,大学生中相当一部分学生心理上存在不良反应和适应障碍,心理疾患发生率高达 20% 左右,并继续呈上升趋势。1999 年北京市对 6000 名大学生心理素质与心理健康状况调查与研究发现,北京大学生心理健康优于全国大学生(SCL－90 中躯体化、抑郁、焦虑、敌意、恐怖、偏执因子有显著性差异),但仍有 16.51% 的学生存在中度以上心理问题。2005 年的调查发现北京大学生心理健康中有 13.7% 的学生存在中度以上心理问题。个性特征方面北京大学生具有外向、开放、活泼、自信、富于幻想等特点，但也存在缺乏务实精神，责任心不强，克制力较差，缺乏坚忍不拔、持之以恒的精神和自我中心等弱点。这些弱点对培养高素质的人才是不利的。重视大学生心理健康培养与训练，帮助大学生认识自身个性弱点，激发学生成长的内在动力，通过生活实践的磨炼，培养良好个性品质，优化学生人格结构，有利于促进学生德、智、体、心全面发展。两次调查中发现大学生认为"加强大学生心理素质教育的必要性"很大的占49％，较大的占38.3％，两项之和88.3％，认为没必要的仅有2％。这说明大学生需要心理健康指导，自觉的心理保健意识正在增强。

心理健康是大学生成才的基础。西方心理学家的研究已经无数次证明这一点。马斯洛的研究证明心理健康的人是自我实现的人，心理健康的人具有共同的特点，就是精力充沛、身体强健、朝气蓬勃。米特尔曼和西尔斯在1920年代到1970年代进行的一项针对高智商优秀学生的研究发现，当年十五岁的优秀儿童在五十年后有的人成才了，有的人一事无成。产生这种差别的原因在于非智力因素，即他们对待困难挫折的态度。作者在1993年对清华大学六个特等奖学金获得者的心理特征作了研究，研究统计证明他们的心理健康水平明显高于普通同学。具体地讲，表现在情绪比较稳定、自律性强、人际关系和谐、兴趣广泛，具有冒险精神，敢于去尝试、敢作敢为，心中有远大的目标。这些研究的结果证明，拥有良好的心理素质、较高的心理健康水平对一个人能否成才确实有着重要的影响。

健康的心理是大学生接受思想政治教育以及学习科学文化知识的前提，是大学期间正常学习、交往、生活、发展的基本保证。如果一个人经常地、过度地处于焦虑、郁闷、孤僻、自卑、犹豫、暴躁、怨恨、猜忌等不良心理状态，是不可能在工作和生活中充分发挥个人潜能而取得成就、得到发展的。大学生心理健康尤为重要，这是因为大学生所承担的和将要承担的学习任务和社会责任较为繁重和复杂、较为困难和艰苦；同时，社会对大学生的期望也更为殷切、要求更为全面和严格。大学生心理健康尤为重要，还因为大学生不但具有一般青年心理不成熟的特点，而且常常对自身估计过高，家庭与社会期望过大而产生巨大的心理压力也易导致心理失衡。在大学生中，有人因自我否定、自我拒绝而几乎失去从事一切活动的愿望和信心；有人因考试失败或恋爱受挫而产生轻生念头或行为;有人因现实的不理想而玩世不恭或万念俱灰;有人因人际关系不和而逃避群体、自我封闭。尽管这些现象的出现是极少数,却说明了一个普遍的道理:一个人在心理健康上多一分脆弱,他的成长和发展就多一分限制和损失,他的生活和事业就少一分成就和贡献。可见,大学生的心理健康对品德素质、思想素质、智能素质乃至身体素质的发展都有很大的影响。

成长的代价。"从小时候一直到上清华,我一直都是一帆风顺的。毫不夸张地说,我那时候就是被众星捧月般宠着,意气风发,一点不识愁滋味。在上清华以前,好多人都对我说,清华是一个藏龙卧虎之地,那里汇集的可是我辈精英中的精英。他们的意思其实就是说,我在清华不可能再像以前那样无忧无虑、如鱼得水了。但血气方刚的我,自信凭自己的能力,在清华一样是游刃有余。

"也许是思想准备不足,也许是适应能力较差,我在清华的头一年,打击就接踵而来。先是期中考试一门功课不及格,后来在竞选班委的时候我又落选了。这对我来说,可是从来没有的事。打击来得太快,就像龙卷风,把我悬在了半空中。

"我突然发现,一直自以为坚强的我,原来是那么的脆弱。似乎一下子所有的关于现在、关于未来的美梦全都破灭了。我感觉我自己好像一下子从天堂跌入了地狱。那时候我极度地痛苦,也极度地自责。我认为我对不起父母,辜负了他们的期望。但我却不能告诉他们,我怕他们担心,更多的是怕他们对我失望。我也不能更不想告诉别人我的痛苦,只有一个人独自承受。那段时间我也很颓废,几乎整天呆在机房里,疯狂地上网,疯狂地聊天。我不知道是想放松自己,还是想放纵自己。如果这样的状态一直持续下去,我想我肯定完了。但还好我不是遇到困难就躲避、遇到挫折就一蹶不振的人。即使是在那种极度的堕落之中,我也隐约觉察到一丝痛苦、一丝愧疚。我知道我是良心不安。我知道我这么做不但于事无补,而且只会让事情变得更糟。于是在我心灵上的暴风雨终于平息了以后,一切又重新归于平静。我把更多的时间投入了学习。到期末的时候,我赶上来了。

"我很庆幸。在那段可以说是我人生中最艰苦的日子里,我没有沉沦,我挺过来了,而且是我独自一个人挺过来的。我还很庆幸这样的日子能够这样快地到来,让我能够尽早地接受生活的磨炼。一个人总是在不断地遇到挫折和困难并在战胜挫折和困难之后不断地成长起来的。在那之后,我知道我开始了一种全新的生活,我在我的人生里程中找到了一笔宝贵的财富。"(ZZG)

四　人才培养离不开心理健康

青年的心理健康问题不仅关系到个人的生活、学习、工作和身心健康成长,也关系到中华民族素质的提高,关系到社会的发展与未来,更关系到社会主义一代新人的培养,也是社会主义精神文明建设的一个重要方面。因为,崇高的理想、良好的修养、和谐的人际关系、努力工作、遵纪守法、维护社会公德是一个人心理健康的重要标志。此外,在迅速变化着的时代,所有青年人都不可避免地要面对充满矛盾的人生,每个人都注定会产生许多心理的困扰。因此,认清客观形势,确立人生目标,肩负民族振兴使命,认真刻苦学习、脚踏实地实践,培养良好人格,增进心理健康,使自己的生命充满希望和活力,就成为每个大学生都必须面对的人生挑战。

大学教育的目标是培养身心健康、德才兼备、情智并重、全面发展的专业人才。大学生的心理健康是大学教育的内在要求。20世纪初期,国学大师王国维(1877—1929)在他的文章《论教育之宗旨》(1906)中就对教育的目标作出了清晰的解释:"教育之宗旨何在,在使人为完全之人物而已。何谓完全之人物? 谓人之能力无不发达且调和是也。人之能力分为内外二者:一曰身体之能力,一曰精神之能力。发达其身体而萎缩其精神,或发达其精神而罢敝其身体,皆非所谓完全也。完全之人物,精神与身体必不可不为调和之发达。而精神之中又分为三部:知力、感情与意志是也。对此三者而有真善美之理想:真者知力之理想,美者感情之理想,善者意志之理想也。教育之事亦分为三部:智育、德育(即意志)、美育(即情育)是也……"(王国维:《王国维哲学美学论文辑佚》,华东师范大学出版社,1993年,第251—253页)

高校心理健康教育涉及的领域很宽,不只是关注学生的健康,还包括自我评价、社会适应、人际交往、情绪管理、科学思维、职业心理、婚恋态度、潜能开发、求职择业等,重视的是学生全面而均衡的发展。心理健康教育在人才培养方面有如下具体功能。

(一) 心理健康教育有助于塑造大学生健康人格

人格是经由社会化获得的,具有内在统一性和相对稳定性的个人特质结构,是人的思想和行为的综合。健康人格是以良好的心理素质为基础的。良好的心理素质具体表现为客观的自我评价、健康的情绪特征、坚强的意志品质、良好的个性品质、积极的进取精神、乐观的人生态度、和谐的人际关系、高尚的道德行为等。对优秀大学生心理特征进行分析研究发现,优秀大学生尽管专业不同、年级不同、家庭背景不同、个性特征不同,但确实具有一些共同的心理特征,这就是:较高的理想、责任感、学习目的明确、较强的自信心与自律性、稳定的情绪、广泛的兴趣、健康的心理等。这些特征可以称为"成功者的人格品质"。健康人格不是与生俱来的,而是在环境和教育的影响下逐步形成的。人格具有可塑性。青年期是人格塑造的关键时期。通过心理健康教育不仅能够使大学生认识并改造自身人格发展中存在的不足与缺陷,更重要的是能够帮助大学生塑造、发展适应社会主义市场经济需要的新的健康人格模式,促使大学生早日成才,最大限度地发挥才能,为社会贡献力量。

(二) 心理健康教育有助于大学生潜能开发

心理学家 Gottman 的实验研究(1996)证明,接受过心理健康教育的学生通常表现出以下特性:较有能力处理自己的情绪;较易集中注意力;在学校生活中学业上有较优秀的表现;善于理解他人;人际关系较好,可发展深厚的友谊;较少患传染病。心理健康包括自制力、热情、毅力、自我激励等。开展心理健康教育,培养这些能力,更可以发挥学生与生俱来的潜能。

(三) 心理健康教育有助于大学生保持健康的体魄

人的健康是受身心两方面因素影响和制约的。在现代社会里,真正健康的人必须是身心健康、和谐发展的人。现代医学及心理学的研究证明,许多身体方面的疾病会明显地引起心理和行为方面的症状,而不健康的心理又会引起躯体的症状。过重的心理负担和压力、长期的紧张和焦虑、难以排除的挫折感等,都会成为致病的因素。大学生中由于学习负担过重、人际关系不协调、焦虑不安情绪积累、生活方式不健康等原因常常会导致心身疾病,如高血压、偏头痛、胃与十二指肠溃疡、月经失调、神经性皮炎等,不仅影响了身体健康,而且影响了学习、生活的质量。通过心理健康教育,可以使大学生了解心身疾病产生及发展的原因,及时求治,并且在日常学习生活中注意养成良好的生活习惯,保持乐观平静的情绪,劳逸结合,有张有弛,减少心身疾病的发病率,保持健康的体魄,为紧张的学习生活提供良好的物质保证。

(四) 心理健康教育有助于预防大学生心理疾病

已有大量的研究与统计表明,大学生中相当一部分学生心理上存在不良反应和适应障碍,心理障碍的发生率约 20%,并继续呈上升趋势,明显地影响了一部分学生的智能素质、人格成长和身体健康。由于心理疾病而中断学业的学生逐年增加,这不仅对国家是浪费,给家庭造成压力和负担,而且也使学生个人承担极大的痛苦。心理疾病病因学的研究表明,大学生罹患心理疾病多属心因性的。大学生在日常生活中因环境应激问题、自我认知失调、人际关系障碍等原因出现暂时的心理失衡,如恐惧、烦恼、敏感、忧郁等,通过有效的自我调节方法可以消减。但是,如果这种种不良心理反应得不到及时的调整,长期积累就可能导致心理问题,甚至发展为心理疾病。在大学生中,确有一些人因自我否定而几乎失去从事一切活动的愿望和信心,因考试失败或恋爱受挫而产生轻生的念头或自毁行为,因对现实不满而玩世不恭或万念俱灰,因人际关系不良而逃避群体、自我封闭。神经衰弱、焦虑症、强迫症、人格障碍等心理疾病在大学生中并不少见。通过心理健康教育,可以使学生了解心理学知识,以及自身心理发展的阶段、特点、规律,学会心理调节方法,自觉地、主动地保持心理平衡,维护健康。

积极思想的力量。人生态度的积极与消极,犹如硬币的两面,共存于我们的思维之中,选择积极一面去看待世界的人,会感恩生活中得到的一切;而选择消极一面度看待世界的人,却总是发现生活中的黑暗和沮丧。在日常生活中,令我们难以忘怀的情绪,往往是仇恨、嫉妒、愤怒、恐惧……这些思想和情绪,不但消磨我们的精神,而且损耗我们的体力。一句令人生气的话,一件受损的事,常常会令我们心如刀割、怒气难消、彻夜难眠。每想起一次,就再受一次伤害。这样,我们在不断的回忆、不断的自我伤害过程中变得身心疲惫,全然忽视了生活的乐趣。其实对事物的看法都掌握在自己的手中,所谓"有容乃大",如果我们能够拓宽心灵的空间,对周围的事物能够宽纳包容、兼收并蓄,就能做个快乐的人。

这十二种积极的生活态度相信可以协助你保持健康。(1) 将转变视为机会,把恐惧感转化为能量、变为非常在乎的态度去把握良机。(2) 许下承诺,了解清楚自己人生中要追寻的事物,然后订立目标,全力以赴。(3) 坚守承诺,要有恒心追求面对转变的许多可行之计,谨记自己的使命感。(4) 知所进退,人生始终有时要勇往直前,有时要放开怀抱。(5) 面对逆境,保持信心,相信逆境令人增加斗志,尝试不同方法。(6) 乐观进取,凡事往好处想。(7) 培养幽默的力量。(8) 从错误中学习。(9) 保持客观。(10) 常做运动,身体健康、态度积极。(11) 建立自信,做好准备,掌握基础。(12) 主动沟通,乐于助人。

建议阅读书目:

1. 樊富珉等编著:《心理健康:快乐人生的基石》,北京:北京师范大学出版社,2002年。

2. 贺淑曼主编:《成功心理与人才发展》,北京:世界图书出版社,1999年。

3. 〔美〕斯宾赛·约翰逊著、王岩译:《快乐人生:成功的资本》,延边:延边人民出版社2002年。

4. 邓旭阳主编:《大学生自我心理保健》,北京:北京出版社,2002年。

第二讲

心理健康标准纵横谈

科学整全的健康观

心理健康的内涵与标准

青年学生心理健康的标准

正确把握心理健康的标准

影响心理健康的各类因素

1908 年 3 月,美国有一位名叫比尔斯(Clifford Beers)的人根据自己亲身经历,出版了《自觉之心》(*A Mind That Found Itself*)一书。他自己也未曾估计到这件事所产生的巨大影响:为世界心理卫生运动揭开了序幕。比尔斯 1876 年出生于康涅狄格州,18 岁考入耶鲁大学商科就读。他与哥哥住在一起,他哥哥患有癫痫,俗称"羊角疯",发作时四肢抽搐、口吐白沫、声似羊鸣、痛苦万分,使他非常害怕。他听说此病有遗传性,总担心自己也会像哥哥一样,终日生活在恐惧、担忧、焦虑的情绪之中。终于在 1900 年,他因精神失常自杀未遂,被送进了精神病院。住院期间,他亲眼目睹了精神病人所受到的种种粗暴的待遇与非人的生活,同时亲身感受到了社会对精神病人的歧视、偏见和冷漠。3 年后,他病愈出院,立志把自己的余生献给精神卫生事业。他向各个有关方面呼吁,要求改善精神病患者的待遇,并从事预防精神病的活动,但响应者甚少。于是,他将自己的经历和体会写成书出版,在美国引起了轰动。当时美国著名心理学家、哈佛大学教授威廉·詹姆斯(W. James)给此书以高度评价,并为书作序;康奈尔大学校长列文斯通·法兰(L. Farrand)等名人都被此书所感动,纷纷支持比尔斯。1908年5月,比尔斯发起并成立了世界上第一个心理卫生组织"美国康涅狄格州心理卫生协会",这为心理健康运动奠定了坚实的基础。该协会的工作有5项:(1)保持心理健康;(2)防治心理疾病;(3)提高精神病患者的待遇;(4)普及关于心理疾病的正确认识;(5)与心理卫生有关机构合作。比尔斯因此成为世界心理卫生运动的先驱者。

"心理卫生"一词的英语原是 mental hygiene,有维护心理健康的意思。现在常用 health(健康)一词来代替 hygiene。心理卫生既是指一门学科,也是指一种实践活动,又是指一种心理状态,即心理健康。心理卫生工作的目的是培养和增进人的心理健康。那么,什么是心理健康? 有哪些标准可以衡量心理健康? 怎样的人才算是心理健康的人? 我们自己离心理健康到底有多远? 维护心理健康需要注意哪些问题?

一　科学整全的健康观

心理健康是科学健康概念重要的组成部分,要理解心理健康必须先了解健康的科学定义。"有了健康不等于有了一切,但没有了健康就没有了一切",这是世界卫生组织前总干事马勒博士的名言。健康是每一个现代人都关心和向往的,因为健康不仅是个人成长发展的前提,而且也是事业成功、生活快乐的条件。但是,长期以来"无病即健康"的传统健康观念一直被许多人所持有。然而现代医学的研究证明:心理的、社会的和文化的因素与人的健康和疾病有着非常密切的关系。

(一) 健康的内涵

那么,究竟什么是健康? 我们应该建立怎样的健康观呢? 长期以来,人们对健康的认识确实存在着许多片面性。比如,一谈起健康就认为是医学的事,只注重生理健康而忽视心理健康。所以在日常生活中往往只注重锻炼身体,而不重视培养健康的心理;一有头痛脑热就往医院跑,而有了严重心理疾患却自觉不自觉地掩盖。这种片面的健康观已经带来了许多不良后果。

心理健康知多少? 据世界卫生组织统计,全球抑郁症的发病率约为11%,抑郁症目前已经成为世界第四大疾患,预计到2020年可能成为仅次于心脏病的人类第二大疾患。据美国的统计资料,每4个人中有1人在其一生中将因心理方面的原因而引起生理方面的疾病;每12个人中就有1人将因心理方面的疾病而住院。美国全国的医院病床中,几乎有一半是被心理疾病患者所占住。据调查,在我国,抑郁症发病率约为4%—8%,目前已经有超过4000万人患有抑郁症。而在这些抑郁症患者中,有70%没有得到治疗,10%—15%的人最终有可能死于自杀。北京市卫生局2005年6月发布的健康播报称,近期一项北京地区抑郁障碍流行病学调查发现,全市有60万人曾经或正在患抑郁症;而在北京地区的大学生中,抑郁症患者不少于10万人。可见,各种心理问题在人群中大量存在,严重地影响着人们的健康。事实证明了古罗马哲学家西塞罗的论断:心理的疾病比起生理的疾病为数更多、危害更烈。

随着科学技术的进步和社会的发展,建立在传统健康观基础上的生物医学模式由于人们对健康认识的深化而发生了改变,转变为生物—心理—社会医学模式,即从生理—心理—社会的角度去关心人们的健康。1948年,联合国世界卫生组织(WHO)成立时,在其宪章中开宗明义地指出:"健康不仅仅是没有疾病,而且是身体上、心理上和社会上的完好状态或完全安宁。"这是对健康更为全面、科学、完整、系统的定义,因为它不仅对人类的健康状态作出了准确的判断,而且对人类健康的内涵理解得更加深刻。

1988年,韦林斯迪(F. D. Wolinsdy)在其所著的《健康社会学》一书中提出了"立体健康观"(见表2-1)。

表 2-1　健康模型中的 8 种健康状态

健康状态	类别	心理尺度	医学尺度	社会尺度
1	正常健康	健康	健康	健康
2	悲观者	患病	健康	健康
3	社会疾病	健康	健康	患病
4	忧郁症患者	患病	健康	患病
5	身体疾病	健康	患病	健康
6	自我牺牲者	患病	患病	健康
7	自乐者	健康	患病	患病
8	严惩疾病	患病	患病	患病

我们从健康观的演变可以看到,科学的健康观改变了人们传统的没有疾病即健康的观念,它包含躯体健康、心理健康、社会适应良好等方面。健康的目标是追求一种更积极的状况、更高层次的适应和发展,是一种身心健康、社会幸福的完满状态。1978 年 9 月,国际初级卫生保健大会发表的《阿拉木图宣言》提出:健康是基本人权,达到尽可能的健康水平是世界范围内一项最重要的社会性目标。

(二) 健康的具体标准

人人都很关心自己的健康。健康不仅仅包括身体健康,还包括心理健康和社会健康;健康不是一种十全十美的状态,而仅仅是一种良好的状态;健康和疾病之间没有绝对的界限;健康是一种积极的生活方式;健康是一种人与环境和谐的关系;健康不但是一种外显行为,也是一种内部状态;健康是一个动态的过程;健康是人生的第一财富。

世界卫生组织给出健康定义的同时,也给出了健康的十条具体标准:(1)足够充沛的精力,能从容不迫地应付日常生活和工作压力而不感到过分紧张。(2)态度积极,乐于承担责任,不论事情大小都不挑剔。(3)善于休息,睡眠良好。(4)能适应外界环境的各种变化,应变能力强。(5)能够抵抗一般性的感冒和传染病。(6)体重得当,身体均匀,站立时,头、肩、臂的位置协调。(7)反应敏锐,眼睛明亮,眼睑不发炎。(8)牙齿清洁、无空洞、无痛感,无出血现象,齿龈颜色正常。(9)头发有光泽、无头屑。(10)肌肉和皮肤富有弹性,走路轻松匀称。

从这十条标准可以看出,健康包括身体健康和心理健康及社会适应良好等几个方面,它们相辅相成、缺一不可。严格地说,没有一种病是纯粹身体方面的,也没有一种病是纯粹心理方面的。因此,我们在考虑自身的健康和疾病时,要注意身心两个方面的反应。健康的心理可以维持和增进人的正常情绪,维护人的正常生理状态,使人适应环境和社会的各种变化的刺激。因此,只有身心健康的人,才是完美的健康人。

(三) 关于亚健康

亚健康的概念已经越来越为人们所知晓。所谓亚健康指无器质性病变的一些功能性改变,又称第三状态或"灰色状态",它是人体处于健康和疾病之间的过渡阶段,是由于激烈竞争和物质大量丰富等原因所导致的心理、生理失衡状况,如心悸、疲劳、紧张、失眠、健忘、注意力分散等。

亚健康最早是 20 世纪 80 年代美国医学界提出的命题,当时称此类状况为"雅皮士流感",因为在 80 年代早期,这种怪病多发生在三四十岁、经济宽裕的知识女性中。随后,求治的人越来越多,在世界各不同年龄、种族和阶层的人当中都发现了同样的病例。有资料表明,人群中符合世界卫生组织健康标准者约占 15%,患有各种疾病者也约占 15%,而处于亚健康状态者却占 65%左右。这不能不引起我们的警惕。处于亚健康状态的人群有同样的特点:总有疲劳、失眠、情绪不稳定等种种不适,医院的各项生化指标检查却查不出什么问题。

亚健康状态的 24 种症状:浑身无力、容易疲倦、头脑不清爽、思想涣散、头痛、面部疼痛、眼睛疲劳、视力下降、鼻塞眩晕、起立时眼前发黑、耳鸣、咽喉异物感、胃闷不适、颈肩僵硬、早晨起床有不快感、睡眠不良、手足发凉、手掌发粘、便秘、心悸气短、手足麻木感、容易晕车、坐立不安、心烦意乱。

亚健康也与饮食结构和生活习惯有重要关系,比如摄取的维生素减少、脂肪含量增高,生活不规律、运动与休息安排不当等。另外,吸烟、酗酒以及环境污染也是重要的外因。遗憾的是,至今还没有治疗亚健康的"对症药"面世。要防止过早地出现亚健康现象,就要从青年期开始预防,从今天开始行动,为自己的健康"买保险",即养成健康的生活习惯,科学饮食,保持适当的休息,经常锻炼身体,并注重身心调节,保持乐观情绪。

(四) 身心健康的关联

对于自己的身体健康状况,我们可能已经了如指掌,但是,对自己的心理健康状况如何,就不一定清楚了。我们会有这样的感受和体会:愁得吃不下饭,气得头痛脑涨,急得心焦无措,笑得前仰后合。可见,心理、情绪上的变化往往以躯体的形式表现出来。但是,生活中许多人感觉身体不舒服时,总是自觉地要进行身体治疗,很少想到问问自己的症状是否是由心理问题引起,是否要进行心理治疗。了解身心健康的关系有助于我们建立科学的、全面的健康观。

健康和疾病模式的转变。以生物机体为研究着眼点,立足于生物科学的基础,伴随实验医学的建立而逐渐形成的关于人类健康和疾病的生物医学模式,随着时代的进步和自然科学的发展,越来越暴露了它的局限性,因为它仅仅看到人的自然、生物属性,只研究细菌、病毒或理化因素给人体带来的损害,而忽视作为人的本质的社会属性,即忽略了家庭、社会环境通过心理活动影响机体健康的因素。尤其是随着现代文明的进步、人类生活条件的变化,威胁人类健康的疾病已由疫源性疾病转向以心脑血管疾病和恶性肿瘤为主的疾病,而这些疾病的发生与人的心理社会因素和行为方式有直接关系。因此,作为一种新的医学模式、一种新的健康观,从心理—行为—社会因素的角度来揭示了现代化社会导致人类健康问题的观点越来越为人们所接受。

其实,从人的身体健康与心理健康的关系看,身体健康是心理健康的基础,而心理健康也是身体健康的重要体现。身体健康包括人体的各个器官系统发育良好,生理功能状态正常,没有疾病,具有强壮的体力和体魄,并能抵御各种疾病的侵袭,身体发育匀称,有标准体重,能适应自然环境变化。若身体不健康,也就没有良好的心理状态;同样,心理不健康,就没有身体健康可言。生理活动与心理活动是相互联系、相互影响的。心理活动往往对人体各器官、系统的活动起重要的调控作用,与人们的正常生活、发病原因、症状和康复密切相关。

中国传统医学理论认为,人的躯体与精神是相互依存、相互作用的,关系密切,正是二者的矛盾运动,才使人的生命活动得以维持、变化和发展。从起源上看,只有先具备躯体才能产生精神,但从作用上看,精神又是躯体各器官运行的主宰。正如《类经·针刺论》中说:"形者神之本,神者形之用;无神则形不可活,无形则神无以生。"意思是:形体是精神、意识的基础,精神是形体的运用,没有精神则形体无法存活,没有形体则精神也无处可生。《灵枢·天年》中说:"血气已和,荣卫已通,五脏已成,神气舍心,魂魄毕具,乃成为人。"指形体、内脏、血流、呼吸都具备之后,才有人的魂魄精神等心理活动。《素问·宣明五气》中说:"心藏神、肺藏魄、肝藏魂、脾藏意、肾藏志,是为五脏所藏。"指心、肺、肝、脾、肾五个主要脏器中,蕴含着人的五种主要神、魂、魄和意、志等精神活动。中医也很强调心理对生理的重要影响。如《素问·举痛论》说:"喜则气和志达,营卫通利。"指喜悦可以使气息调顺、脏腑功能顺畅。又说:"怒气所至,为呕血,为飧泄,为煎厥……为胸胁痛。"指愤怒可以使人产生吐血、晕厥、肋骨处疼痛等躯体症状,说明情绪会影响心神安定,从而造成对人体脏腑的损害。

现代社会人们对身心健康的重视程度非常高,健康成为人们最主要的价值追求。2005 年 10 月 10 日第 14 个世界精神卫生日提出的主题是:心身健康,幸福一生。可见,心理健康与生理健康是健康概念不可分割的两部分。

二 心理健康的内涵与标准

心理健康对每一个人的成长和发展都有重要的影响。健康的心理是正常生活、学习、工作和交往的前提与保证。如果一个人经常地、过度地处于焦虑、郁闷、孤僻、自卑、暴怒、怨恨、猜疑等不良心态中,轻则妨碍潜能开发,重则导致心理变态。但是,要讲清楚心理健康并非易事,因为心理现象是一个精神现象,它的度量很难有一个固定而清晰的界限,不像人的躯体健康与不健康有明显的生理指标那样具体、精确,比如脉搏跳动的次数、体温的高低等,所以要区别心理是否健康也不那么容易。

(一) 心理健康的定义

人的心理怎样才算是健康的,心理健康的标准又是什么? 这是一个非常复杂但又必须搞清楚的问题。对心理健康的认识是随着社会的发展和进步、人类认识的不断深化和提高而变化的。不同的时代、不同的文化、不同的学者从自己的研究角度出发,就心理健康的定义与内涵从不同角度阐述过。早期的精神病学家门宁格(K. Menninger)认为:"心理健康是指人们对于环境及相互之间具有最高效率以及快乐的适应情况。不仅要有效率,也不只是要能有满足之感,或是能愉快地接受生活的规范,而是需要三者的同时具备。心理健康者应能保持平静的情绪,有敏锐的智能、适于社会环境的行为和令人愉快的气质。"第三届国际心理卫生大会(1946)对心理健康是这样定义的:"所谓心理健康是指在身体、智能以及情感上与他人的心理健康不相矛盾的范围内,将个人心境发展成最佳的状态。"心理学家英格里斯(H. B. English)1958 年指出:"心理健康是指一种持续的心理状态,当事人在那种情况下,能做出良好的适应,具有生命的活力,而能充分发挥其身心潜能。这乃是一种积极的、丰富的情况,不仅仅是免于心理疾病而已。"英国《简明不列颠百科全书》中译本(1985)将心理健康定义为:"心理健康是指个体心理在本身及环境条件许可范围内所能达到的最佳功能状态,但不是十全十美的绝对状态。"

总之,目前对心理健康,虽然国内外还没有一个公认的定义,但是综观各类定义,不难看出心理健康包括狭义和广义、消极和积极两个层面:从广义上讲,心理健康是指一种高效而满意的、持续的心理状态,个体在这种状态下能作良好的适应,具有生命的活力,能充分发挥其身心的潜能;从狭义上讲,心理健康指人的基本心理活动的过程内容完整、协调一致,即认识、情感、意志、行为、人格完整和协调,能顺应社会,与社会保持同步。从消极层面看,心理健康是指没有心理障碍和疾病,这是心理健康的起码标准;从积极层面看,是心理健康是指一种积极发展的心理状态,这是心理健康最本质的内涵,它意味着不仅要减少一切不健康的心理倾向,更要使一个人的心理处于最佳状态。

(二)界定心理健康的原则

那么,界定一个人的心理健康与否需要遵循哪些原则呢?

第一,心理活动与外部环境是否具有同一性。即一个人的所思所想、所作所为是否正确地反映外部世界,有无明显的差异。第二,心理过程是否具有完整性和协调性。即人的心理活动中认识、情感、意志三个过程内容是否完整,是否协调一致。第三,个性心理特征是否具有相对稳定性。即在没有重大的外部环境改变的前提下,人的气质、性格、能力等个性特征相对稳定,行为表现出一贯性。

心理健康的不同等级。根据中外心理健康专家们的研究,大致可将人的心理健康水平分为三个等级:第一,一般常态心理者:表现为心情经常愉快,适应能力强,善于与别人相处,能较好地完成同龄人发展水平应做的活动,具有调节情绪的能力。第二,轻度失调心理者:表现出不具有同龄人所应有的愉快,和他人相处略感困难,生活自理有些吃力。若主动调节或通过专业人员帮助,可恢复常态。第三,严重病态心理者:表现为严重的适应失调,不能维持正常的生活、工作。如不及时治疗可能恶化,成为精神病患者。

心理健康是一个相对的概念,要区分心理正常与异常尚无一个适用于任何人、任何情境的心理健康的标准,因为人的心理世界是复杂多样的,即使是一个心理健康的人,也可能有突发性、暂时性的心理异常。每个人随时随地都可能产生心理问题,心理冲突在当今社会像感冒、发烧一样不足为奇。还有,心理健康是处于动态变化中的,现在健康不表示永远健康,现在不健康不等于永远不健康。在人一生中,可能有的时候会处在不健康的状态,但经过自身的努力和外界的帮助以及专业人员的指导,可能又会恢复到原来的状态,成为一个心理健康的人。

(三)心理健康的一般标准

1946 年,第三届国际心理卫生大会提出了具体明确的心理健康的四个标志:身体、智力、情绪十分协调;适应环境,人际交往中能彼此谦让;有主观幸福感;在工作和职业中,能充分发挥自己的能力,过着有效率的生活。美国心理学家马斯洛和心理学家米特尔曼提出的心理健康的十条标准(1951),被认为是心理健康的"最经典的标准":(1)充分的安全感;(2)充分了解自己,并对自己的能力作适当的估价;(3)生活的目标切合实际;(4)与现实环境保持接触;(5)能保持人格的完整与和谐;(6)具有从经验中学习的能力;(7)能保持良好的人际关系;(8)适度的情绪表达与控制;(9)在不违背社会规范的条件下,对个人的基本需要作恰当的满足;(10)在不违背团体的要求下,能作有限度的个性发挥。美国人格心理学家奥尔波特在哈佛大学一直从事对高心理健康水平的人的研究,他是第一个研究成熟的、正常的成人而不是研究神经症患者的心理学家。他认为心理健康的人即是"成熟者",为此他提出了心理健康的七种指标:(1)广延的自我意识,能主动、直接地将自己推延到自身以外的兴趣和活动中;(2)良好的人际关系,具有对别人表示同情、亲密或爱的能力;(3)具有安全感的情绪,能够接纳自己的一切,好坏优劣都如此;(4)客观的知觉,能够准确、客观地知觉现实和接受现实;(5)具有各种技能,并专注和高水平地胜任自己的工作;(6)自我形象现实、客观,知道自己的现状和特点;(7)内在的统一的人生观,能着眼于未来,行动的动力来自长期的目标和计划。

根据中外心理健康研究者们提出的各种心理健康标准不难看出,界定心理健康的标准一般都是从智力水平、自我认知、情绪状态、意志品质、行为表现等方面提出的。表 2-2 以对比的方式给出了心理健康与不健康的特征。

表 2-2　心理健康与不健康的特征

指标	心理健康	心理不健康
智力是否正常	1. 能适应生活环境 2. 能正常生活、工作、学习 3. 智商大于70分	1. 不能适应环境 2. 不能正常生活、工作、学习 3. 智商低于70分

(续　表)

情绪是否 健　康	1. 心情愉快,有幸福感 2. 情绪稳定,反应适度 3. 情绪与目标一致 4. 原因消去,情绪改变	1. 情绪低落,灰心丧气 2. 烦燥不安、喜怒无常 3. 情绪与原因不一致甚至相反 4. 原因已除,情绪仍不能平复
意志是否 健　全	1. 行为有目的,深思熟虑 2. 付诸行为,当机立断 3. 善于控制言行 4. 坚持不懈、百折不挠	1. 行为盲目,轻信武断 2. 优柔寡断,犹豫不决 3. 不能控制冲动 4. 遇难而退,见异思迁
行为是否 协　调	1. 思维清晰、符合逻辑 2. 行为有序,语言有条理 3. 言行相符,思维行动一致 4. 行为反应正常	1. 思维混乱,不符合逻辑 2. 行为无序,语无伦次 3. 言行不一,思维与行为矛盾 4. 行为反应过敏或迟钝
人格是否 完　整	1. 气质、性格、能力均衡发展 2. 有积极进取的人生观 3. 需要、愿望、目标、行为统一 4. 正直、热情、自信、勇敢	1. 气质、性格、能力发展不平衡 2. 人生观消极,悲观失望 3. 需要、愿望、目标、行为相互矛盾 4. 冷漠、自卑、惧怕、自私

三　青年学生心理健康的标准

　　心理健康与日常生活息息相关,心理健康与否都是通过日常生活、学习、交往、工作表现出来的。大学生作为我国社会中文化层次较高的群体,一向被认为是最健康的人群。如果仅仅从躯体健康的角度看,处于十七八岁到二十二三岁的青年,又是经过多次体检而合格入学的大学生确实身体比较健康,但是,从科学的健康观出发,特别是从心理健康的角度来分析,情况就不容乐观了。大量的研究及统计表明,大学生中相当一部分人心理上存在一系列不良反应和适应障碍,有的甚至比较严重。

(一) 大学生心理健康现状

　　许多研究表明,大学生中心理障碍发生率呈上升趋势,已经明显地影响到一部分学生的智能素质、人格成长及身体健康。目前我国大学生发病率高的主要原因是心理障碍,精神疾病已成为大学生的主要疾病。例如,1999年,北京市高校心理素质研究会对 6000 名大学生进行心理健康调查,结果发现,北京市大学生中存在中度以上心理问题的比例为 16.51%。在环境适应状况、人际关系状况以及心理素质方面,有 1% 左右的学生自我评价很差,有 10% 左右的学生自我评价较差。各年级学生中有中度以上心理问题的比例基本相当,一年级和二年级学生的心理健康问题相对比较突出,尤其是二年级学生有中度以上心理问题的比例较高,且在多项症状上都明显高于其他年级。2000 年以来,全国各地大量调查也表明大学生中存在心理健康问题的人数约占 15—20%。心理健康教育应该成为大学生成长的必修课。

(二) 大学生心理健康标准

青年学生要想判断自己或周围的人是否具有健康的心理,只要从自己日常行为的表现与感受分析,就可以检验心理是否健康。为此,我们根据处于青年中期的大学生具有的心理特征、大学生特定社会角色的要求以及心理健康学的基本理论,提出以下七条大学生心理健康的标准供参考。

1. 能保持对学习较浓厚的兴趣和求知欲望

智力正常是人一切活动的最基本的心理条件,而大学生一般智力水平较高。大学生主要的任务是学习,学习是大学生活的主要内容,所以一个大学生对学习的态度就决定着其生活的质量。但这不意味着只有门门功课都很优秀的人心理才健康,即使他功课只有六七十分,但能保持比较稳定的情绪,其心理也是健康的。心理健康的学生珍惜学习机会,求知欲望强烈,能克服学习中的困难,学习成绩稳定,能保持一定的学习效率,从学习中体验满足与快乐。因此对学习的态度就反映了一个人心理健康的状态。

2. 能保持正确的自我意识,接纳自我

自我意识是人格的核心,指人对自己以及自己与周围世界关系的认识和体验。人贵有自知之明。心理健康的学生了解自己,接受自己,自我评价客观,既不妄自尊大去做力所不能及的工作,也不妄自菲薄而甘愿放弃可能发展的机会,自信乐观,生活目标与理想切合实际,不苛求自己,能扬长避短。

3．能协调与控制情绪，保持良好的心境

情绪影响人的健康，影响人的工作效率，影响人际关系。所谓控制情绪，就是要让情绪适度，变消极为积极。心理健康的学生能经常保持愉快、开朗、乐观满足的心境，对生活和未来充满希望。虽然也有悲、忧、哀、愁等消极体验，但能主动调节。同时能适度表达和控制情绪，喜不狂、忧不绝、胜不骄、败不馁。

4．能保持和谐的人际关系，乐于交往

人际关系状况最能体现和反映人的心理健康状况。心理健康的学生乐于与他人交往，能用尊重、信任、友爱、宽容、理解的态度与人相处，能分享、接受和给予爱和友谊，与集体保持协调的关系，与他人同心协力，合作共事，乐于助人。心理健康的大学生不仅有许多普通朋友，还会有一两个知心朋友。在交友中他会感受到人生特有的幸福体验：为能帮助和促进朋友的进步而由衷地高兴，又会因从朋友那里获得鼓励、信任、支持和抚慰而感到欣喜与慰藉。

5．能保持完整统一的人格品质

人格指人的整体精神面貌，人格完整指作为人格构成要素的气质、能力、性格和理想、信念、人生观等各方面平衡发展。心理健康的学生所思、所做、所言、所行协调一致，具有积极进取的人生观，并以此为中心把自己的需要、愿望、目标和行为统一起来。如果个体内心冲突矛盾大、不稳定，就不能叫心理健康。

6．能保持良好的环境适应能力

环境适应能力包括正确认识环境以及处理个人和环境的关系。心理健康的学生在环境改变时能面对现实，对环境作出客观的认识和评价，使个人行为符合新环境的要求；能和社会保持良好的接触，对社会现状有清晰的认识，及时修正自己的需要和愿望，使自己的思想、行为与社会协调一致。有的同学进入大学，只一两个月就适应新环境了，但是也有人半年甚至一年都适应不了，其原因就是个人的适应能力差别很大。

7．心理行为符合年龄特征

人在生命发展的不同年龄阶段，都有相应的心理行为表现。心理健康的人的认识、情感、言行、举止都符合他所处的年龄段。心理健康的大学生应该精力充沛、勤学好问、反应敏捷、喜欢探索。过于老成、过于幼稚、过于依赖都是心理不健康的表现。

四 正确把握心理健康的标准

正确理解和运用心理健康标准应注意以下几个问题：

（1）心理不健康与有不健康的心理和行为表现不能等同。心理不健康是指一种持续的不良状态。偶尔出现一些不健康的心理和行为并不等于心理不健康，更不等于患了心理疾病。因此，不能仅凭一时一事而简单地给自己或他人下心理不健康的结论。

（2）心理健康与不健康不是泾渭分明的对立面，而是一种连续状态。从良好的心理健康状态到严重的心理疾病之间有一个广阔的过渡带。在许多情况下，异常心理与正常心理、变态心理与常态心理之间只是程度的差异，没有绝对的界限。

（3）心理健康的状态不是固定不变的，而是动态变化的过程。随着人的成长，经验的积累，环境的改变，心理健康状况也会有所改变。

（4）心理健康的标准是一种理想尺度，它不仅为我们提供了衡量是否健康的标准，而且为我们指明了提高心理健康水平的努力方向。每一个人在自己现有的基础上作不同程度的努力，都可以追求心理发展的更高层次，不断发挥自身的潜能。

（5）青年学生心理健康的基本标准是能够有效地进行工作、学习和生活。如果正常的工作、学习、生活难以维持，应该及时调整。

你想拥有心理健康吗？那你就从这些方面去努力：人际关系方面要协调；在自我认知上能够有自知之明，多一点对自我的认识，多一点对自我的反省。在生活中，能够正常地学习、生活、交往，就算基本心理健康。是不是就够了呢？就行了呢？如果你想成才，你想发展，你想追求卓越，必须要有更好的心理素质，所以就要不断地去追求心理健康的理想标准。因为心理健康的理想标准为我们指明了努力的方向，也许我们这一辈子不能每一条都达得到,但是重要的是在追求的过程中,我们可以不断地去接近理想。

心理健康自我评估。每一个人都希望自己身心健康、学业有成、事业发展。而心理健康又是成才的基础。所以许多人都想了解自己的心理健康状况。如果有条件可以到心理咨询和测验的专门机构去测试,由专业人员负责解释,可以帮助你全面认识自己的心理健康。如果没有条件,以下根据美国曼福雷德编写的心身健康问卷改编的"心理健康自我测定"量表可以帮助你对自己心理健康的程度有初步的了解。

编号	题目 内容	常有	偶有	罕有	从无	编号	题目 内容	常有	偶有	罕有	从无
1	害羞	1	7	8	0	24	做事有强迫感	0	4	5	3
2	为丢脸而烦恼很久	0	6	12	6	25	自认运气好	11	7	6	0
3	登高怕从高处跌下来	0	5	13	10	26	常有重复思想	0	9	7	4
4	易伤感	0	5	15	8	27	不喜欢进入地道或地下室	0	3	4	12
5	做事常半途而废	0	4	12	4	28	想自杀	0	3	5	13
6	无故悲欢	0	7	12	9	29	觉得人家故意找你碴	0	1	5	6
7	白天常想入非非	3	8	9	0	30	易发火、烦恼	0	5	18	13
8	行路故意避见某人	0	3	11	10	31	易对工作产生厌倦	0	4	11	15
9	易对娱乐厌倦	0	8	11	6	32	迟疑不决	0	10	10	8
10	易气馁	0	1	15	8	33	寻求人家同情	0	1	9	2
11	感到事事不如意	0	2	16	6	34	不易结交朋友	0	2	9	5
12	常喜欢独处	0	2	6	0	35	心理懊丧影响工作	0	4	14	14
13	讨厌别人看你做事,虽然做得很好	0	8	11	9	36	可怜自己	0	0	11	9
						37	梦见性的活动	2	3	6	0
14	对批评毫不介意	8	5	3	0	38	在许多境遇中感到害怕	1	0	16	7
15	易改变兴趣	2	4	8	2	39	觉得智力不如他人	0	1	8	7
16	感到自己有许多不足	0	5	12	15	40	为性的问题而烦恼	0	4	9	3
17	常感到不高兴	0	4	15	5	41	遭遇失败	0	4	14	6
18	常感到寂寞	0	4	11	5	42	心神不定	0	9	13	6
19	觉得心里难过,痛苦	0	1	11	16	43	为琐事而烦恼	0	7	14	7
20	在长辈前很不自然	0	7	11	10	44	怕死	0	1	2	13
21	缺乏自信	0	9	11	8	45	自己觉得自己有罪	0	0	12	4
22	工作有预定计划	8	6	0	2	46	想谋害人	2	3	5	0
23	做事心中无主见		7	10	11						

使用方法:

1. 根据最符合自己的实际情况,在每题的备选项中选划一项。

2. 题目全部划完后,累计积分。

3. 结果评定:男 65 分以上为正常,10 分以下为心理疾患;

　　　　　　女 45 分以上为正常,25 分以下为心理疾患。

五　影响心理健康的各类因素

心理科学研究表明,影响心理健康的因素是十分复杂的,它是生理、心理、社会诸因素共同作用于个体的结果。青年学生的心理障碍与心理疾病的产生是所处的特殊年龄阶段与特殊生活环境以及社会诸因素相互作用的结果。

(一) 影响心理健康的个人因素

大学生一般年龄在 17—23 岁之间,正处于青年中期。青年期是人的一生中心理发展变化最激烈的时期,面临着一系列生理、心理、社会方面的适应课题。处在这一特定发展阶段的大学生们,由于心理发展的不成熟、情绪不稳定,心理冲突、矛盾时有发生,极易导致适应不良、出现心理障碍。具体而言,影响大学生心理健康的个体因素有:(1)自我同一性的危机。在大学阶段青年学生不断地反省自我、探索自我、思考人生,确定自我形象,经历着种种内心矛盾和迷惘,情感起伏大,容易诱发心理障碍。(2)个性的缺陷。性格过于内向的人、心胸狭窄过于斤斤计较的人、孤僻封闭的人、自卑忧郁的人、急躁冲动的人、固执多疑的人、爱慕虚荣的人、娇生惯养而感情脆弱的人,都比个性开朗大度、乐观的人更易产生心理疾病。(3)心理素质的不完备。自制能力差,对挫折缺乏应有的承受能力,惧怕失败。一遇到矛盾就自责自怨或者一味埋怨社会和他人,灰心失望、精神不振,由此造成恶性循环而陷入消极的心理状态。久而久之,就形成了心理疾病。(4)情绪发展的不稳定性。大学生的情绪处在最丰富、动荡和最复杂的时期,情绪起伏过大、左右不定,而缺乏对事物的客观判断。强烈的情感需求与内心的闭锁、情绪激荡而缺乏冷静的思考极易走向极端,常常体验着人生各种苦恼,由此产生内心的矛盾、冲突而诱发各种心理障碍。(5)性的生物性与社会性的冲突。由于性机能的发展产生了性的欲望与冲动,但由于社会道德习俗、法律和理智的约束,这种欲望常被限制和压抑。大多数学生通过学习、娱乐、社交等途径使生理能量得到正当释放、升华或补偿。但有一部分学生不能正确处理调节、存在性压抑,而出现焦虑不安感,甚至以某种变态的形式表现出来。

(二) 影响心理健康的学校因素

　　青年学生主要的任务是学习,有限的时间内要完成繁重的学习任务,心理压力是很大的。同时,他们对所生活的环境即校园的条件感到不理想,也会影响他们的心理健康。具体表现在:(1)学习负担过重。对学生学习时间的调查发现,有相当多的学生每天学习时间多达 10 小时以上,而睡眠时间严重不足。学习是一项艰苦的脑力劳动,长期学习负担过重使大脑过度疲劳,脑皮层活动机能减弱,注意力、记忆力、思维力、想象力受到限制而影响学习效率。久而久之,就会使一些人产生心理障碍。学习负担过重的原因与课程设置不合理,学生学习贪多求全、自我期望过高,家长外界压力过大等因素有关。(2)专业选择不当。学生高考选择专业时具有一定盲目性,由于对大学专业设置不太了解,所以每年都有一些学生由于种种原因认为所学专业不符合个人的兴趣和爱好,对之不满意,从而产生调换专业的要求。一旦解决不了,就闹专业情绪,表现出对学习无兴趣、情绪低落、消极悲观、随意缺课,长此下去会使心理矛盾强化,导致神经衰弱等心理疾病。其实,专业兴趣是可以培养的,即使现在所学专业确实不能发挥自己的长处,今后还会有多次选择的机会。大学生的专业绝不是铁板定钉———锤子买卖。(3)对大学生活不适应。从中学到大学,环境改变很大,无论是学习方面还是生活方面,乃至人际关系,都需要重新适应。比如学习方面,中学老师讲的多,大学则更要培养自学能力;生活方面,中学父母照顾多,大学则更要培养自理能力等。从心理适应讲,中学的学习尖子周围充满着赞扬声,优越感强,但到大学尖子荟萃,自己原有的优势不明显,学习上遇到一点挫折就会产生消极的自我评价,而使情绪低落。(4)业余生活比较单调。大多数学生的生活仍然可以用"三点一线"来概括,生活比较单调,缺乏足够的娱乐场所。而青年人处在长知识、长身体的阶段,好奇心强、精力充沛,对业余生活的多样化要求迫切,但常常不能得到满足,由此而缺乏乐趣,感到生活枯燥无味。

(三)影响心理健康的社会因素

美国精神分析学家哈内认为,许多心理变态是由于对环境的不良适应而引起的。进入改革开放的新时期以来,中国的社会发生了巨大的改变。随着市场经济体制的确立、竞争机制的导入,人们的生活方式、价值观念发生了重大变化。人们的心理活动较之以前更复杂,大量的新的社会刺激对人们的心理健康的威胁越来越大,从而导致心理障碍发生率逐年增多。具体而言包括以下几点:(1)社会文化背景。当代大学生处在东西文化交叉、多种价值观冲突的时代,随着改革开放的深化,西方文化大量涌入,东西文化发生着从未有过的碰撞与冲突。面对不同于以往的文化背景和多种价值选择,学生常常感到盲然、疑虑、混乱,陷入空虚、压抑、紧张的状态,长时间的心理失调必然带来心理上的冲突,出现适应不良的种种反应。(2)大众传播与网络的影响。随着大众传播手段越来越丰富以及互联网使用的普及,铺天盖地的信息对大学生心理健康影响越来越大。大学生一般求知欲强但辨别力弱,崇尚科学但欠辩证思维,易沉溺于网络而难以自拔。(3)家庭环境的影响。家庭人际关系、父母教育方式、父母人格特征等对子女心理健康影响很大。由于当代大学生独生子女多,家庭环境较少放任型,而以过度保护和过度严厉者居多。前者导致依赖、被动、胆怯、任性和缺乏社会性等心理倾向;后者导致冷漠、盲从、不亲切、不灵活和缺乏自尊自信的心理倾向。如果父母的保护发展为溺爱,则子女会利己、骄横和情绪不稳;如果父母的严厉发展到专制,则子女会消极、懦弱和不知所措;如果父母意见经常分歧而互相拆台,则子女会表现出圆滑、讨好、投机、说谎的不良行为。因此,大学生的各种典型心理问题和心理疾病中常常不难找到家庭影响的痕迹。

建议阅读书目：

1. 樊富珉、林永和主编:《心理素质:成功人生的基础》,北京:北京出版社,2005 年。

2. 黄坚厚:《青年的心理健康》,台北:心理出版社,2002 年。

3. 贺淑曼、蔺桂瑞等编著:《健康心理与人才发展》,北京:世界图书出版公司,1999 年。

塑造健康的自我形象

良好的自我形象是成功的基础
关于自我发展的渐成说
自我形象与心理健康的关系
完善自我的有效方法
悦纳自我与超越自我

"我是一个矛盾体,是真正意义上的矛盾体。我经常感到有两个'我'在斗争,一个'我'健康活泼、积极向上、懂事孝顺、控制能力强,做事有计划、效率高;另一个'我'强迫性暴饮暴食、消极悲观、怨天尤人、毫无自制力,在自我折磨中浪费时间、挥霍金钱。一个'我'喊:'停!你不能再堕落了!'另一个我说:'唉,反正都已经这样了,何必和自己过不去呢?'于是我就处在痛苦的挣扎中。大多数的情况下,我还是被那个放任的'我'所俘虏,堕落得一塌糊涂。有的时候,这个魔鬼般的'我'会暂时离开,于是理智的'我'回想曾做过的一切,会有一种毛骨悚然和陌生的感觉。'这还是我吗?我怎么会变成这样?'这是我经常问自己的问题。'这是最后一次了。从明天开始,我一定远离这个毛病。'这是我经常给自己作出的保证。可是,我一次又一次地让自己失望了,我在自己心中的形象也随着一次次的失望跌到了谷底。"

你是否也有过像这位同学一样的自我矛盾、冲突和自我形象不一致的苦苦挣扎？对于青年而言，一个普遍需要面对的课题就是："我到底是怎样的一个人？"认识自己、了解自己绝不比认识世界容易。早在古希腊时期，"认识你自己"这句刻在德尔斐神庙上的名言就激励着人们不断探索自我、实践自我、超越自我。德国著名作家约翰·保罗说："一个人真正伟大之处，就在于他能够认识自己。"但古人所说"人贵有自知之明"又说明一个人认识自己并非易事。认识自己的过程艰难而曲折，并且贯穿人的一生。我是谁？我是否有价值？我为什么要生活？我努力奋斗为的是什么？我的人生目的是什么？青年成长中各类困惑的背后往往都是有关自我形象的问题。

一 良好的自我形象是成功的基础

俄国心理学家科恩在他的《青年心理学》中指出："青年初期最重要的心理过程是自我意识和稳固的'自我'形象的形成"，"青年初期最有价值的心理成果就是发现了自己的内部世界，对于青年来说，这种发现与哥白尼当时的革命同等重要"。

(一) 自我形象及其作用

自我形象也称自我概念，是一个人在社会化过程中逐步形成和发展起来的，对自我以及自己与周围环境关系的多方面、多层次的认知、体验和评价，是个体关于自我的全部的思想、情感和态度的总和。比如，你喜欢自己的外表、能力、性格、家庭背景吗？你满意你自己的成绩和努力吗？你认为别人对你评价如何？别人是喜欢你还是讨厌你？

自我形象不仅影响人的心理健康，而且影响人的成就水平。正如马斯洛所指出的那样，一个有稳固基础的自我形象是迈向自我实现的先决条件。一般而言，人有自尊心才能尊重别人，有自信才能相信别人。健康正确的自我形象是成功人生、快乐人生的基础。

表 3-1　不同自我形象的表现

高自我形象的表现	低自我形象的表现
接纳自我	否定自我
喜欢、尊重自己	不尊重、讨厌自己
有安全感,自我肯定,清楚个人的能力	不安全,怀疑自己,不清楚个人的能力
独立、自主、自律	依赖他人,情绪化
对自己的行为负责	逃避责任
对自己有恰当的期望	没有恰当的期望
有勇气,开放表达自己	羞怯,不敢表达自己
对自己的成就感到自豪	害怕成功

　　自我形象是在人生每一阶段慢慢成长和发展的,青少年阶段是最重要的时期。自我形象得到良好建立,人会对生活有信心、有动力,了解和接纳自己的优点和缺点,对自己有合理的期望,满足、从容,处事积极,善于利用每一个成长的机会改进自己;与人交往能真情流露,展示自己的内心世界,容易与人建立深厚的情谊;对自己充满信心,相信自己的生命拥有内在控制的能力,自己有能力达到个人的目标,从而进一步迈向成熟的阶段。人如果未能建立良好的自我形象,会产生一种角色混淆的感觉,不知道自己是谁,也不知道自己属于谁,与人愉快相处也会有困难。

　　自尊量表。下面所列的都是一些关于自我的陈述句,请你根据自己的实际情况作出选择,如果符合你的情况,请填"是",如果不符合则填"否",以了解你是怎样看待自己的。

　　(　)1.即便我存在缺点,我仍然喜欢自己。

　　(　)2.我在各方面对自己都比较满意。

　　(　)3.在陌生人面前,我常常无话可说。

　　(　)4.每到一个新环境,我很容易同别人接近。

　　(　)5.我喜欢参加社交活动,我感到这是结交朋友的好机会。

　　(　)6.我想,我起码是和他人具有同等价值的人。

　　(　)7.我经常感到自己确实没用。

（　　）8.对自己,我持有向前看的积极态度。

（　　）9.我没有多少能使自己感到得意的事情。

（　　）10.我愿意对别人表达自己的心情。

（二）自我形象的内容

人的自我是丰富的、立体的、多角度的,如生理自我、心理自我、家庭自我、学校自我、社会自我、道德自我等。自我形象一般包括三方面的内容:第一,个体对自身生理状态的认识和评价。指对自己身高、体重、容貌、身材、性别等的认识以及对生理病痛、温饱饥饿、劳累疲乏的感受等。如果一个人对生理自我不能接纳,嫌自己个子矮、不漂亮、身材差,就会讨厌自己,表现出自卑,缺乏自信。第二,个体对自身心理状态的认识和评价。指对自己知识、能力、情绪、兴趣、爱好、性格、气质等的认识和体验。如果一个人对自己的心理自我评价低,嫌自己能力差、智商不高、情绪起伏太大、自制力差、性格不成熟,就会否定自己。第三,个体对自己与周围关系的认识与评价。指对自己在群体中的地位、作用以及自己和他人相互关系的认识、评价和体验。如果一个人认为自己不善于交流和沟通,周围的人不喜欢自己,不接纳自己,没有知心朋友,就会感到很孤独、很寂寞。

（三）自我形象的构成

自我形象的构成指自我包含哪些成分。由于自我既是心理活动的主体,又是心理活动的客体,属于涉及认知、情感、意志过程的多层次、多纬度的心理现象,所以,自我形象的结构表现在认知、情感和意志方面。第一,自我认知。主要涉及"我是一个什么样的人"、"我为什么是这样的人"等,它包括自我感觉、自我观念、自我分析、自我观察、自我分析、自我评价、自我批评等。第二,自我体验。属于情绪范畴,以情绪体验的形式表现出人对自己的态度,主要涉及"我是否接受自己"、"我是否满意自己"、"我是否悦纳自己"等,它主要是一种自我的感受,以自尊、自爱、自信、自卑、自怜、自弃、自恃、自傲、责任感、义务感、优越感、成就感、自我效能感等表现出来。第三,自我调节。主要表现为人的意志行为,它监督、调节人的行为活动,调节、控制自己对自己的态度和对他人的态度,涉及"我怎样节制自己"、"我如何改变自己"、"我如何成为理想的那种人"等,以自主、自立、自强、自制、自律、自我监督、自我调节、自我控制等表现出来。

　　以上三者互相联系、有机组合、完整统一,成为一个人个性中的核心内容。见图3-1。

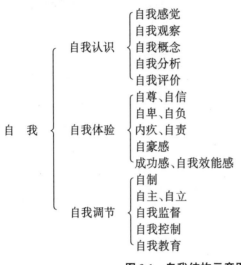

图3-1　自我结构示意图

二　关于自我发展的渐成说

　　心理学家艾里克森经过深入系统的研究指出,人的自我发展持续一生,但会经历不同的阶段,每个阶段都有一个核心课题,每个阶段都不可逾越,但时间早晚因人而异。自我在人生经历中不断获得或失去力量,保证个人适应环境,健康成长。虽然自我的发展是随着人的发展而发展,但青少年时期的主要发展课题是"自我同一性",即自我的建立和整合是青年期心理发展的主要任务。自我同一性发展不良者表现为对自己缺乏清晰而完整的认识,"自我"各部分是混乱的、矛盾的、冲突的,迷失自我和生活的方向,难以应付复杂的社会生活。相反,自我同一性发展良好者具有自我认同感,自我概念清晰,接纳自我,有生活的目标和前进的方向,这就为下一个阶段的发展打下了良好的基础。

表3-2　艾里克森的人生发展八阶段表

阶段	年龄	心理-社会转变期矛盾	发展顺利者的人格特征	发展障碍者的人格特征
婴儿期	0-1 岁	信任感与怀疑感	对人信任,有安全感	面对新环境会焦虑不安
幼儿前期	1-3 岁	自主感与羞怯感	能按社会要求表现目的性行为	缺乏信心,行动畏首畏尾
幼儿后期	3-6 岁	主动感与内疚感	主动好奇,行动有方向,开始有责任感	畏惧退缩,缺少自我价值感
学龄期	6-12 岁	勤奋感与自卑感	具有求学、做事、待人的基本能力	缺乏生活基本能力,充满失败感
青春期	12-18	自我同一与自我混乱	有了明确的自我观念与自我追寻的方向	生活无目的、无方向,时而感到彷徨迷失
青春后期	18-25	亲密感与孤独感	与人相处有亲密感	与社会疏离,时感寂寞孤独
成年期	25-65	创造力与自我专注	热爱家庭关怀社会,有责任心、有义务感	不关心别人与社会,缺少生活意义
老年期	65 岁以上	完美感与失望感	随心所欲,安享余年	悔恨旧事,消极失望

(一) 青年期自我发展的历程

青年期的自我发展,自我认识、自我体验、自我控制逐步协调一致。但在自我逐步成熟、确立这一过程中,青年也品尝了酸甜苦辣,付出了艰难代价,并为解决内心的矛盾冲突进行了不懈努力。

1. 自我的分化

青年期自我意识的发展是从明显的自我分化开始的。原来完整笼统的我被打破了,出现了两个我:主观的我(I)和客观的我(me),即青年既是观察者又是被观察者。伴随着主我和客我的分化,"理想我"和"现实我"开始分化。自我分化是自我形象开始走向成熟的标志。自我明显的分化,使青年主动、迅速地关注自己的内心世界和行为,产生了新的认识、体验,同时,由此而来的种种激动不安、焦虑、喜悦增加,自我沉思增多,要求有属于自己的一片空间和世界,渴望被理解、被关怀。

2．自我的矛盾

自我意识的分化，使青年开始意识到自己不曾注意的许多关于"我"的细节，另一方面也带来了主体我与客体我的矛盾斗争，呈现出理想我和现实我的矛盾并且加剧。随着自我冲突加剧，自我不能统一、自我形象不能确立、自我概念不能形成，表现出明显的内心冲突，甚至有很大的内心痛苦和激烈的不安感。他们对自我的评价常常是矛盾的，对自我的态度常常是波动的，对自我的控制常常是不果断的。归纳起来，当代大学生自我意识的矛盾主要表现在以下几个方面：

第一，主观我与客观我的矛盾。由于大学生活范围比较窄，交往多限于老师、同学、父母，相对简单、直接，因此大学生对自我的认识参照点少、局限性较大。又加之社会对大学生期望甚高，使大学生的自我认识也沾染上了光环色彩，而现实生活的自己很平凡，和想象中的自己仍有较大差距，这种差距给大学生带来苦恼和不满。

第二，理想我和现实我的矛盾。这是大学生自我意识最突出、最集中的表现，主要源于理想自我与现实自我的差距。大学生富于理想、抱负高、成就欲望强，对自己的未来充满了信心。然而，他们较少接触社会，还不能很好地把理想和现实有机地结合起来，而且自己的现实条件与自己的理想相差甚远，这给他们带来很大的苦恼和冲突。也正是因为这种冲突和差距，激发大学生奋发进取的积极性。但是，如果理想自我和现实自我迟迟不能趋近、统一，则会引起自我的分裂，导致一系列心理卫生问题。

第三，独立意向与依附心理的冲突。进入大学后，大学生独立意向迅速发展，他们希望能在经济、生活、学习、思想各方面独立，希望摆脱成人的管束。但他们在心理上又依赖成人，无法真正做到人格上的独立。这种独立和依赖的矛盾也一直是大学生苦恼的问题。

第四，交往需要和自我闭锁的冲突。大学生迫切需要友谊、渴望理解、寻求归属和爱。他们有强烈的交往需要，希望和朋友探讨人生，分享苦与乐。然而，大学生同时又存在着自我闭锁的趋向，他们把自己的心灵深藏起来，与人交往常存戒备心理，总是有意无意地保持一定距离。正是这种矛盾冲突，使不少大学生常处于孤独感的煎熬中。

此外,还有一些自我意识的矛盾冲突,如个人我与社会我、现实我与理想我、自我上进和自我消沉等矛盾冲突都是青年心理发展过程中的正常现象,是自我迅速走向成熟而又未真正完全成熟的集中表现。自我的矛盾和冲突使青年在心理和行为上出现某些不适应或适应困难,感到苦恼焦虑、痛苦不安,也可能影响其心理发展和心理健康,但这都是迈向成熟的必需的一步,是个体逐步获得自我内在力量的必要丧失。

3. 自我的统一

自我分化、矛盾所带来的痛苦不断促使青年寻求方法以求得自我的统一,即自我同一性。自我同一,主要指主体我和客观我的统一、自我与客观环境的统一、理想我与现实我的统一,也表现为自我认识、自我体验、自我监督的和谐统一。消除矛盾以获得自我统一的途径有三条:第一,努力改善现实自我,使之逐渐接近理想自我;第二,修正理想自我中某些不切实际的过高标准,使之与现实自我趋近;第三,放弃理想自我而迁就现实自我。按照心理健康的标准,不管通过哪种途径达到自我意识统一,只要统一后的自我是完整的、协调的、充实的、有力的,就是积极和健康的统一。

做自己的忠实朋友。人在世上都离不开朋友,但是,最忠实的朋友还是自己,就看你是否善于做自己的朋友了。要能够做自己的朋友,你就必须比那个外在的自己站得更高、看得更远,从而能够从人生的全景出发给他以提醒、鼓励和指导。事实上,在我们每个人身上,除了外在的自我以外,都还有着一个内在的精神性的自我。可惜的是,许多人的这个内在自我始终是昏睡着的,甚至是发育不良的。为了使内在自我能够健康生长,你必须给它以充足的营养。如果你经常读好书、沉思、欣赏艺术等等,拥有丰富的精神生活,你就一定会感觉到,在你身上确实还有一个更高的自我,这个自我是你人生路上的坚贞不渝的精神密友。(周国平)

(二) 不同类型的自我形象

由于每个人的社会背景、生活经验、智力水平、追求目标等方面存在差异,青年期自我分化、矛盾、统一的途径不同,其结果也不同,统一的类型也不同。国外学者常常将自我的类型分为四种：达成型(achievement)，理想自我与现实自我结合，独立性强，勤于思考，自我肯定，人格健全；早定型(foreclosure)，自我认识来自别人评价，缺乏独立思考，自主性不够，遇挫折易迷茫；延缓型(moratorium)，理想自我与现实自我的统一延迟，埋头读书，逐步开始思考自我发展；迷惘型(diffusion)，对现实自我不满，理想自我又难以实现，陷入自我确认的困惑中。国内的学者分类如下。

1. 自我肯定型

积极的自我意识统一即自我肯定，是指正确的理想我占优势，既符合社会需求，经过自我努力又可实现。此外，对现实我的认识比较清晰、客观、全面、深刻。理想我和现实我能通过积极的斗争达到积极的统一。统一后的自我完整而强有力，既适应社会发展的需要又有助于自身成长。自我肯定型在青年中占绝大多数。

2. 自我否定型

自我否定的人对现实自我评价过低，理想我与现实我差距甚大，或差距虽不大，但缺乏自我驾驭能力，缺乏自信，不但不接纳自己，反而拒绝自己甚至摧残自己，即个人不肯定自己的价值，处处与自己为敌。他们不是通过积极地改变现实自我去实现理想自我，而是在一定程度上放弃理想自我，趋同现实自我，以求得自我意识统一，其结果则更为自卑。自我否定型的人占极少数。

3. 自我扩张型

自我扩张的人对现实我的认识和评价过高，虚假的理想我占优势，认为理想自我的实现轻而易举，于是理想我和现实我达到虚伪统一。这类人时以幻想的我、理想的我代替真实的我，其自我带有白日梦的特点。在自我认识不足的情况下，个人所追求的学业、事业、友谊和爱情都因自己的主观条件远逊于客观条件，故而失败的机率较大。而他们喜盲目自尊、爱慕虚荣、心理防卫意识强，容易产生心理、行为障碍。个别学生还可能用违反社会道德规范或违法的手段来谋求自我意识的统一。

4. 自我萎缩型

此类人极度丧失或缺乏理想自我，对现实自我又深感不满，可又觉得无法改变。消极放任、得过且过,或几近麻木、自卑感极强,从对自己不满开始到自轻、自怨自恨、自暴自弃、孤独沮丧,最终把自己龟缩在极小的圈子里,自生自灭。这种类型的人在大学生中占极少数。

5. 自我矛盾型

此类人理想我和现实我难以统一,对自己所作所为缺乏"我是我"的整合感觉,而产生"我非我"、"我不知我"的分离倾向,自我意识矛盾强度大,延续时间长,自我认识、自我体验、自我控制缺乏稳定性和确定性,内心不平衡,充满矛盾和冲突,新的自我无从统一。大学生都要经历自我矛盾的阶段,但自我统一的最终结果是自我矛盾类型的人占极少数。

总之,青年期自我由分化、矛盾到统一这个过程并不是绝对的,具体到每一个人,由于其身心发育的水平、经历的不同,自我分化的早晚、特点,矛盾斗争的水平、倾向不同,统一的早晚、模式也不同。而且自我的发展是终生的,并不是说自我意识在青年这个阶段分化、矛盾、统一就意味着它不再发展,只是在青年期以后它的发展不再像青年期那么突出,比较稳定和平缓罢了。

三 自我形象与心理健康的关系

人对自己以及自己与周围世界关系的认识、体验和评价是心理健康的重要标志。我就是我。不要说,我若是某人,我就一定会成功。每一个人都是独特的。许多西方和东方的心理学家在界定心理健康标准时,不约而同地将自我认识作为主要的指标,一致认为基本的自我接纳是达到心理健康其他标准的先决条件。

(一) 自我形象影响心理健康

理查德(Richard T. Kinnier)博士1997年在总结归纳前人大量关于心理健康标准的研究之后,提出心理健康的九条标准,其中三分之一以上都是关于自我意识的:自我接纳;自我认识;自信心和自制能力;清晰洞察(带点积极乐观)现实情况;勇敢,有挫败时不会一蹶不振,具复原力;平衡和进退有度;关爱他人;热爱生命;人生有意义。艾里克森指出,人们必须首先去爱和尊重自己,才能真正地爱其他人。马斯洛指出,一个有稳固基础的自我形象是迈向自我实现的先决条件。偏低的自我形象往往隐含在许多精神病症里,例如情绪抑郁、人际关系问题和滥用药物等。相反地,与个人健康有最高和最持久关联的变数就是自我形象。日本心理学家前田重治提出从成熟度看三种水平的自我,非常清楚地描绘出自我影响心理健康的程度。可见,心理健康的人必然对自己有客观认知,能够接纳自我,自尊自爱,自我觉察力强。见图3-2。

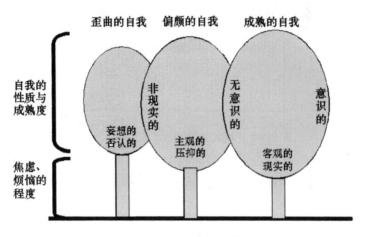

图 3-2 自我与心理健康关系

(二) 大学生自我形象与心理健康的研究

大学阶段正是一个人从青春期向成年期转变的重要时期,也是人的自我认识、自我探索更加主动自觉,自我发展、自我完善更加强烈的时期。客观地认识自我、正确地评价自我、积极地悦纳自我、有效地控制自我、科学地发展自我,以建立健康的自我形象是大学生心理健康的保证。2000年清华大学樊富珉、付吉元采用"田纳西自我概念量表(TSCS)"及"临床症状自评量表(SCl-90)",对1006名大学生的自我概念和心理健康进行了测量、统计

与分析。研究结果发现,大学生的自我概念与心理健康呈较高的正相关
(r＝0.601)。自我概念总分与忧郁、人际关系敏感、精神病性、强迫有直接
关系。其中消极的自我认同、自我满意、自我行动和自我心理与忧郁、人际
关系敏感有较高的正相关。见图 3-3。

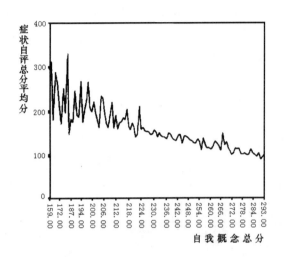

图 3-3　自我概念与心理健康的相关曲线图

这项研究得出以下结论:(1)大学生自我概念与心理健康呈较高正相
关。因此,培养大学生积极的自我概念是增进大学生心理健康的有效途径。
(2)大学生消极自我概念容易诱发忧郁、强迫、人际关系敏感、精神病性等不
健康的心理。因此,积极自我概念的培养有助于预防、减少心理疾病的发
生。(3)大学生心理疾病(尤其是忧郁)的发生与其自我认同程度、自我接纳
程度和自我调节能力均存在较高负相关。正确引导大学生客观评价自己、
积极悦纳自己、不断提高自我调节能力是促进大学生心理健康的具体途径
与方法。

(三) 认识自我的渠道

现代人有很多文化经验、科学知识,可说无所不知,但却少自知。而自
知乃是一个人自我意识发展的基础。美国心理学家约翰哈里(Jone Hary)提

出了关于人自我认知的窗口理论(见图3-4)。

	自知	自不知
他知	A 公开的自我	B 盲目的我
他不知	C 秘密的我	D 未知的我

图3-4 自我认知的窗口理论

他认为人对自己的认识是一个不断探索的过程。因为每个人的自我都有四部分:公开的自我、盲目的自我、秘密的自我和未知的自我。通过与他人分享秘密的自我,通过他人的反馈减少盲目的自我,人对自己的了解就会更多、更客观。一般而言,认识自我的主要渠道有以下三方面。

1. 比较法——从我与人的关系认识自我

他人是反映自我的镜子,与他人交往,是个人获得自我认识的重要来源。我们先从家庭中的感情扩展到外面的友爱关系,进入社会又体验到人与人之间的利害关系。有自知之明的人能从这些关系中用心向别人学习,获得足够的经验,然后按照自己的需要去规划自己的前途。但是通过和人比较认识自己应该注意比较的参照系。

第一,跟别人比较的是行动前的条件,还是行为后的结果?大学生来大学学习,如果认为自己来自农村,条件不如别人,开始就置自己于次等地位,自然影响心态和情结。而大学毕业后看行动后的成绩才有意义。

第二,跟人比较是看相对标准还是绝对标准?是可变的标准还是不可变的标准?经常有大学生认为自己不如他人。其实他们关注的可能是身材、家世等不能改变的条件,没有实际比较的意义。

第三,比较的对象是什么人？是与自己条件相类似的人,还是个人心目中的偶像或极不如己的人？前者会造成极度自卑,后者则会造成极度自负,都是有害无益的比较。

所以,确立合理的参照体系和立足点对自我认识尤为重要。

2. 经验法——从我与事的关系认识自我

即从做事的经验中了解自己。一般人通过自己所取得的成果、成就及社会效应来分析自己,却又常受成败经验的限制。其实任何一种活动都是一种学习,不经一事,不长一智。

成败得失,其经验的价值也因人而异。对聪明又善用智慧的人来说,成功、失败的经验都可以促他再成功,因为他们了解自己,有坚强的人格特征,善于学习,因而可以避免重蹈失败的覆辙。对于某些自我比较脆弱的大学生,失败的经验会使其更失败。这也是最常见的现象。因为他们不能从失败中学到教训,改变策略追求成功,而且挫败后形成害怕失败的心理,不敢面对现实去应付困境或挑战,甚而至于失去许多良机。而对于有些自我夸大的人而言,成功反可能成为失败之源。他们可能侥幸成功便骄傲,以后做事便高估自己,往往遭失败的多,或成长过于顺利,又有家世、关系,一旦失去"保护源"便一蹶不振,不能支撑起独立的自我。因此一个大学生由成败经验中获得的自我意识也要细加分析和甄别。

3. 反省法——从我与己的关系中认识自我

古人曰:"吾日三省吾身。"从我与己关系中认识自我,看似容易实则困难。大概可以从以下几个"我"中去认识自己:①自己眼中的我。个人实际观察到的客观的我,包括身体、容貌、性别、年龄、职业、性格、气质、能力等。②别人眼中的我。与别人交往时,由别人对你的态度、情感反应而觉察自我。不同关系的人对自己的反应和评价不同,它是个人从多数人对自己的反应归纳的结果。③自己心中的我,也指自己对自己的期许,即理想我。我们还可以从实际的我、自觉别人眼中的我、自觉别人心中的我等多个我来全面认识自己。

但是,对于现代大学生而言,虽然有多个"我"可供认识,但形成统合的自我观念比较困难。因为现代社会急剧变迁,受改革开放后多元价值的影响,现在的大学生自我认识往往难以客观、全面。

投射活动——理想我

假如我是一种动物,我希望是_____,因为_____。

假如我是一种花,我希望是_____,因为_____。

假如我是一棵树,我希望是_____,因为_____。

假如我是一种食物,我希望是_____,因为_____。

假如我是一种交通工具,我希望是_____,因为_____。

假如我是一种电视节目,我希望是_____,因为_____。

假如我是一种电影,我希望是_____,因为_____。

假如我是一种乐器,我希望是_____,因为_____。

假如我是一种颜色,我希望是_____,因为_____。

假如我有万能的力量,我希望_____,因为_____。

四　完善自我的有效方法

(一) 战胜自卑的有效方法

自卑是对自己不满、否定的情感,往往是自尊心屡屡受挫的结果。这类人自我认识不客观,往往只看到自我缺点而忽略了自我的长处,不喜欢自己,不能容忍自己的缺点和弱点,否定、抱怨、指责自己,看不到自己的价值,或夸大自己的不足,感到自己什么都不如他人,处处低人一等,丧失信心,严重的还可能由自我否定发展为自我厌恶甚至走向自我毁灭。

在大学里,课业的各种成绩评定,或是校内外的各类活动中,人与人之间比赛竞争而定胜负、争荣誉的情况是无法避免的。而且,如果以能力、成绩、特长以及身体、容貌、家世、地位等所有条件相比,没有一个人是永远胜利、成功的。每个人在不同层面上都有他自己的成败经验,己不如人的失败感受人皆有之,只是程度不同而已。大学校园是人才济济之地,有些人在某些方面曾有自卑的倾向和感受,也很正常。但有的同学过度自卑,斤斤计较于自己的缺点、不足和失误,结果因自卑而心虚胆怯,凡有挑战性场合即逃避退缩，或对自己所作所为过分夸张、过分补偿，其结果捍卫的是虚假的、脆弱的、不健康的自我。

事实上，过强的自尊心和过强的自卑感是密切联系、互为一体的。那些自尊心表现得越外显、越强烈的人往往是极度自卑的人，自尊心、自卑感过强都会影响大学生的心理发展和人格成熟。如何调整过度的自我接受和过度的自我拒绝呢？

为了改变过度自卑，首先应对其危害有清醒的认识，有勇气和决心改变自己；其次，应客观、正确、自觉地认识自己，无条件地接受自己，欣赏自己所长，接纳自己所短，做到扬长避短；第三，正确地表现自己，对自己的经验持开放态度，同化自我但有限度；第四，根据经验，调整对自己的期望，确立合适的抱负水平，区分长期目标和近期目标，区分潜能和现在表现；第五，面对外界影响相对独立，正确对待得失，勇于坚持正确的、改正错误的，同时保持一定程度的容忍。

（二）克服自我中心的建议

青年阶段是自我发展最强烈的阶段。青年人强烈关注自我，往往愿从自我的角度、标准去认识、评价和行动，容易出现自我中心倾向。当这种倾向与某些不健康的思想意识（如个人主义、自私思想）和心理特征（过度的自尊心）结合时，就会表现出过分的、扭曲的自我中心。自我中心的人凡事从自我出发，不能设身处地进行客观思考，只关心自己，一事当前先替自己打算，不顾忌他人的感受和需要。他们往往以同学的导师或领袖身份出现，处事总认为自己对、别人错，好把自己意志强加于人。因而他们不易赢得他人的好感和信任，人际关系多不和谐，行为做事难得他人帮助，易遭挫折。

要克服自我中心，首先得摆正自己的位置，既重视自己也不贬抑他人，自觉地把自己和他人、集体结合起来，走出自我的小天地；其次要实事求是、恰如其分地评估自己，既不高抬自大也不妄自菲薄；最后要学会多设身处地从他人的角度思考问题，尊重他人感受、关心他人。

从醉心"自我"到自我毁灭。 在北京某学院宁静的校园里曾发生过一起凶杀案。该院计算机系二年级的一名女学生惨遭杀害。杀人凶手是该院管理系四年级学生刘勇,案发当夜畏罪自杀。刘勇原在西部省某厂办子弟学校上中学,高中期间,他是"三好"学生、优秀团干部。同时,他的身上也滋长着一种自命不凡的优越感,喜欢发号施令、指挥别人。他被北京某院校录取后,听有人说到:"管理系是培养厂长、经理的摇篮。"不以为然地说:"我是奔着某部部长才报考管理系的。"入学后当上团总支委员并不干实事,只想出风头。社会上出现了不少公司,刘勇也组办了一个"大学生信息与开发中心"。他自任总经理,任命了七、八十个正、副部长,甚至想把学校所有学生团体囊括,都从属于他。平日里刘勇身着一身黑衣,头戴黑礼帽,胸前插着羽毛笔、白手帕,迈着绅士步,自称"黑衣少年"、"佐罗"。他给自己印了名片,取笔名为"文岛永丽",名片的背面用英文印上了他崇拜的"爱德蒙·邓蒂斯(基度山伯爵)"。到了三年级,刘勇的兴趣开始转向写作,坦言自己有政治野心,写作是为做伟人创造条件。他在《哲人世语:一个自由人的内心独白》中,通篇充满了自我中心:"您崇拜谁? ——我自己。""只有自我才是构成世界的千百万细胞,如果没有自我,宇宙人类将是广袤的虚无⋯⋯""如果世人要问:谁说过我是伟大的? 没有别人,正是我!""自我万岁⋯⋯"进入四年级,刘勇五门功课不及格,补考仍有两门不及格,肯定不能毕业;刘勇追求了两个多月的一名女生公开表示不再和他往来,他觉得"太丢面子",精神彻底崩溃了。他为了实现"如果正常的途径不能出名,就杀死一个无辜者"的罪恶念头,找不到报复他追求的那个女生的机会,就用谎话把该女生同宿舍的一位同学骗到校园里杀害了。

从刘勇的悲剧中不难看出,一个不能摆正自己位置的人,一个过分夸大自我的人,一个自我中心的人,一个自我恶性膨胀的人,最终将葬送自己。正确认识自己、客观评价自己是大学生心理健康的标志,也是一个人不断完善、进步的必要条件。一个人只有摆正自己与他人、与集体、与社会的关系,排除大而无当、好高骛远的想法,目标切合实际,脚踏实地从小事做起,认识自己、丰富自己、完善自己、超越自己,将个人的发展与社会责任联系起来,才能真正实现自己的价值。

(三) 过分追求完美的危害

不能客观地认识和评价自我的情况有许多种,最明显的是对自我的苛求和追求完美。尽管"人皆有爱美之心",也有"追求完美之心",但过分追求完美则易引起自我适应障碍。过分追求完美的人对自己持过高的要求,期望自己完美无缺,却不顾自己的实际状况。此外,他们不能容忍自己"不完美"的表现,对自己"不完美"的地方过分看重,甚至把人人都会出现的问题都看成是自己"不完美"的表现,总对自己不满意,从而严重地影响了自己的情绪和自信心。他们对自我十分苛刻,只接受自己理想中的"完美"的自我,不肯接纳现实中平凡的或有缺点的自我,其后果往往是适得其反,对自我的认识和适应更加困难。

过分追求完美的原因有不了解自己、过分受他人期望的影响等。改善的途径与方法包括:首先,要树立正确的认知观念。人不能十全十美,每个人都有优缺点。人既不会事事行,也不会事事不行;一事行不能说明事事行,一事不行也不说明事事不行;优点和缺点不能随意增加或丢掉,成功失败也不是自说自定。一个人应该接纳自己,并肯定自己的价值,不自以为是也不妄自菲薄。其次,确立合理的评价参照体系和立足点。人只有在比较中才能定出高低优劣。自我评价以其不同的方式(相符的、过高的、过低的)可能激发或者压抑人的积极性。以弱者为参照会自大;以强者为标准则自卑。因而人应该选择合适的标准,更重要的是以自己为标准,按照自己的条件评定自己的价值。有的大学生往往无形中重视了别人,贬抑了自己。人应该立足自己的长处,接受并尽力改进自己的短处。成功时应多反省缺点以再接再厉,失败时多看到优点和成绩,以提高自信和勇气。再次,目标合理恰当。在充分了解自己的基础上,对自己有恰当的目标和要求,目标符合自己的实际能力,不苛求自己,不被他人的要求左右。虽然,每个人都不可能完全不顾他人对自我的期望和评价,但不能被他人期望所束缚,只为父母、老师或他人学习、生活。事实上,个体越能独立于周围人的期望,其自我意识的独立性就越强,所遭遇的冲突也越少。对大学生来说,必须明确自己的期望是什么,以及这种期望是来自我的本身能力和需要,还是从满足他人的期望出发。只有明确这一点,才可能真正地认清自己、规划自己的发展方向,最终确立独立的自我。最后,接纳自己的不完美。人各有所长所短,每个人都是独特的、与众不同的。要欣赏自己的独特性,不断自我激励。

好好发挥自己的长处。有一天,一群动物聚在一起,彼此羡慕对方的优点,抱怨自己的缺点,于是决定成立一所学校,希望透过训练,使自己成为通才。他们设计了一套课程,包括奔跑、游泳、飞翔和攀登。所有动物都注了册,选修了所有的科目。最后的结果是:小白兔在奔跑方面名列前茅,但是一到游泳课的时候就发抖;小鸭子在游泳方面成绩优异,飞翔也还差强人意,但是奔跑与攀登的成绩却惨不忍睹;小麻雀在飞翔方面轻松愉快,但就是不能正经地奔跑,碰到水就几乎精神崩溃;至于小松鼠,固然爬树的本领高人一等,奔跑的成绩也还不错,却在飞翔课中学会了翘课。大家越学越迷惑,越学越痛苦,终于决定:停止盲目学习他人,好好发挥自己的长处。他们不再抱怨自己、羡慕他人,因此又恢复了往日的活泼和快乐。

五 悦纳自我与超越自我

每个人都知道"自我"是最重要的,可总有些人不能真正地尊重自己、爱惜自己。他们可以喜欢朋友、喜欢知识、喜欢自然,却不愿意喜欢自己。结果是他们不快乐。实际上悦纳自我是发展健全自我的核心和关键。

悦纳自我首先要无条件地接受自己的一切,好的和坏的、成功的和失败的,接纳自己的缺点和限制,欣赏自己的优点和长处;其次要喜欢自己、肯定自己的价值,对自己有价值感、自豪感、愉快感和满足感;再次要接纳自己的不完善和失败,接纳自己的不完善也是自信的表现,是完善自我的起点,因为每个人在外表、身材、能力、个性方面都有一定的限制,对过去的错失不要耿耿于怀,要勇于大胆尝试;最后要珍惜自己的独特性,建立实际的目标,不对自己有过高的要求,拓宽社交圈子,不为讨好他人喜欢而去做事,积极思考,善用时间,不断学习,定期反省个人的自我成长,多对自己的成就作出鼓励和奖赏。

天生我才

请继续以下未完成语句。写完后与周围的朋友交流,你会发现每一个人都很优秀。

1. 我最欣赏自己的外表是＿＿＿＿＿＿＿。

2. 我最欣赏自己对朋友的态度是＿＿＿＿＿。

3. 我最欣赏自己对学习的态度是＿＿＿＿＿。

4. 我最欣赏自己的一次成功是＿＿＿＿＿。

5. 我最欣赏自己的性格是＿＿＿＿＿＿。

6. 我最欣赏自己对家人的态度是＿＿＿＿＿。

7. 我最欣赏自己做事的态度是＿＿＿＿＿＿。

加强自我修养,不断进行自我塑造,达到完善自我、超越自我境界是健全自我的终极目标。健全自我的过程也是一个塑造自我、超越自我的过程。

每个青年人都有很高的抱负和远大的理想。经验告诉我们,自我认识已是不易,自我控制亦很难,若再期望自我开拓、提升、超越则更是难上加难,但做人一生唯求成为自己。对于大学生而言,塑造自我、实现自我更是终生努力的目的。我国优秀的传统文化历来重视自我教育,强调修身养性。孔子曰:"见贤思齐焉,见不贤而内自省也。"强调一个人不论看到好事或坏事,都应当对自己进行省察,从正反两方面吸取教训。他还强调"克己"、"自讼"。孟子主张"爱人不亲,反其仁;治人不治,反其智;礼人不答,反其敬。行有不得,皆反求诸己",强调"自反"。荀子亦主张"日三省乎己"。要"齐家、治国、平天下"须从"修身养性"开始,即从点滴小事开始,从积极行动开始,知行并重。要想运动健身,就天天练习自己喜欢的体育活动;要想开阔思路,就多读书,多听讲座。在行动时,无论对人对事,均全力以赴,使自己能力、品性得到最大限度的发挥。行动之后再反省得失原因,再度投入行动。一旦有所成果,便再反省总结。如此往复进行,自我便一步一步得到扩展和深化,自我的境界也就自然而然得到开拓与提升。

完善自我、超越自我并不是一帆风顺的过程,需要付出艰辛的努力和沉重的代价,也是一个"新我"形成的过程,是从"小我"走向"大我",从"昨天之我"向"今日之我"、"明日之我"迈进。要珍惜已有的自我,追求更好更高的自我,做一个"自如的、独特的、最好的自我"。

建议阅读书目:

1. 樊富珉主编:《大学生心理健康与发展》,北京:清华大学出版社,1997 年。

2. 刘兆瑛:《建立学生自我形象 70 式》,香港:香港教育图书公司,1997 年。

3. 王焕琛、柯华崴:《青少年心理学》,台北:心理出版社,2001 年。

第四讲

情商与情绪管理

情商 EQ 与人生

情绪健康与成熟的标准

青年期常见情绪困扰

管理情绪提高情商

"大概是从高三下开始,大概是从确立了以考名校为目标开始,不知不觉,我变了,变得计较于分数、排名,似乎什么都想争第一,似乎除了学习什么都可以放弃,关注的只是周围的同学念了多少书,做了多少练习,考了多少分。那时的情绪似乎很容易波动,总是无缘无故想哭。我压制着自己远离电脑、动画、漫画,远离我所感兴趣的一切学习之外的东西。尤其是考前一两个月,父亲的病发作了,整天在家里闹。有家不敢回,为了不影响学习,我每天在学校里念到很晚。那时校园里总是空荡荡、黑漆漆的,伴随着一种寂寞和失落。后来我才发现,这种精神状态并没有随着高考的结束而消失,而是被我带进了大学。同一宿舍,朝夕相处,看到每个人都是那么用功,于是只是想着要超过她们,要拼命念书。也许当时大家都有一种心态,希望自己能比别人多念一分钟书。虽然觉得半夜三更念书实在没什么效率,并且一直告诉自己她们这样不过是为了一种心理安慰,但自己依然做着一样的事。每天所在意的还是周围的人念了多少书,做了多少练习,考了多少分。对同学怀有一种敌对的情绪,尽管每天笑脸以对,却觉得自己戴着面具。郁闷的情绪充斥着我的生活。好渴望被剥夺了的笑容重新回到我的脸上。"

每个人都有七情六欲:有时积极,有时消极;有时温和,有时暴躁;有时平静,有时起伏;有时焦虑,有时轻松;有时痛苦,有时幸福;有时烦恼,有时快乐……情绪与人的生活密切相关,我们每时每刻都伴随着一定的情绪状态。情绪就像大海的波涛,有起有伏,太平静就没有生气,太汹涌了就会冲垮堤坝。很多心理学研究显示:情绪成熟的人,在人生各个领域都占优势,对生活的满意度也较高。但是在生活中能做到情绪成熟真的很不容易,几乎每个人都曾受到不良情绪的困扰,青年人更不例外。

一　情商 EQ 与人生

一提起"智商"(IQ),人们都知道是怎么回事。至于"情商"(EQ),近几年来,也已逐渐成为人们耳熟能详的一个术语。

其实,第一个使用 EQ 这个词的人是心理学家巴昂(Reuven Baron),他在1988 年编制了一份专门测验 EQ 的问卷(EQ-i)。根据他的定义,EQ 指那些能对我们适应环境产生影响的情绪及社交能力,包含五大项:(1)自我 EQ,(2)人际 EQ,(3)适应力,(4)压力管理能力,(5)一般情绪状态(乐观度、快乐感)。

1990 年代初期,美国耶鲁大学的心理学家彼得·萨洛韦(P. Salover)和纽罕布什大学的约翰·迈耶(J. D. Mayeer)提出了情绪智能、情绪商数的概念。在他们看来,一个人要在社会上获得成功,起主要作用的不是智力因素,而是情绪智能,前者占 20%,后者占 80%。他们还列举不少事例来证明这个观点。

然而,真正让 EQ 一词走出心理学的学术圈,而成为人人朗朗上口的日常生活用语的心理学家是哈佛大学的戈尔曼(Daniel Goleman)教授。他在

图 4-1　戈尔曼

1995 年出版的《情绪智力》(*Emotional Intelligence*)一书,登上了世界各国的畅销书排行榜,在全世界掀起了一股 EQ 热潮。戈尔曼认为"情商"是个体重要的生存能力,是一种发掘情感潜能、运用情感能力影响生活各个层面和人生未来的关键品质因素。简单说,EQ 是一个人自我情绪管理以及管理他人情绪的能力指数。戈尔曼认为,在人成功的要素中,智力因素是重要

的,但更为重要的是情感因素,即情商。情商大致可以概括为五个方面。(1)自我认知能力(自我觉察):认识情绪的本质是 EQ 的基石。这种随时认知感觉的能力对了解自己非常重要。不了解自身真实感受的人必然沦为感

觉的奴隶,反之,掌握感觉才能成为生活的主宰,面对婚姻或工作等人生大事较能知所抉择。(2)自我控制能力(情绪控制力):情绪管理必须建立在自我认知的基础上。在自我安慰,摆脱焦虑、恐惧或不安方面能力较匮乏的人常须与低落的情绪交战,自控强的人则能很快走出情绪的低谷,重新开始。(3)自我激励能力(自我发展):无论是要集中注意力、自我激励还是发挥创造力,将情绪专注于某一目标都是绝对必要的。成就任何事情都要有情感的自制力——克制冲动与延迟满足。保持高度热忱是一切成就的动力。一般而言,能自我激励的人做任何事效率都比较高。(4)认知他人的能力(同理心):同理心就

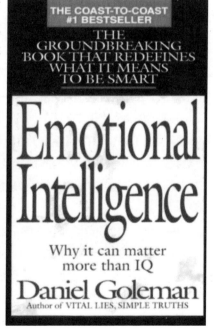

图 4-2　《情绪智力》一书封面

是能想他人所想,设身处地理解他人,这也是基本的人际技巧。具有同理心的人较能从细微的信息觉察他人的需求,这种人特别适于从事医护、教学、销售与管理的工作。(5)人际关系管理的能力(领导与影响力):人际关系就是管理他人情绪的艺术。一个人的领导能力、人际和谐程度都与这项能力有关,充分掌握这项能力者常是社会上的佼佼者。

一个人在校成绩优异并不能保证他一生事业成功,也不能保证他攀升到企业领导地位或专业领域的巅峰。虽然我们并不否定在校的学习能力,但在今天这个竞争日益激烈的社会中,这绝不是成功的唯一条件。换句话说,在现代社会中 EQ 的重要性绝不亚于 IQ。值得研究的是如何在理性与情感之间求得平衡,否则徒有智慧而心灵贫乏,在复杂多变的时代极易迷失方向。诸多证据显示,EQ 较高的人无论是谈恋爱、人际关系还是理解办公室政治中不成文的游戏规则,成功的机会都比较大。此外,情感能力较佳的人通常对生活较满意,较能维持积极的人生态度。反之,情感生活失控的人必须花加倍的心力与内心交战,从而削弱了他的实际理解力与清晰的思考力。

二 情绪健康与成熟的标准

情绪的字面含义是指一种被激起的状态。古代汉语只用"情"字,到了南北朝以后,才出现"情绪"两个字连用。绪是丝端的意思,表示感情多端如丝有绪。"剪不断,理还乱"生动地表现了情绪的复杂性、难以辨清和难以控制的特点。

情绪是人对待认知内容的特殊态度,它包含情绪体验、情绪行为、情绪唤醒和对情绪刺激的认知等复杂成分。情绪指人们在内心活动过程中所产生的心理体验。现代心理学研究表明,情绪对认知的水平和发展、对现实态度的形成和发展、对人格的形成和发展都有很重要的影响作用,也影响着社会交往和人际关系的协调。

情绪体验。"当我情绪高涨时,我就像一座喷发的火山,心花怒放,充满着豪情壮志,好像有使不完的力量和精力,我愿意将我的所有的热情和智慧,与我认识的所有人分享;而当我情绪低落时,我又好像是一座冰山,对什么都失去了兴趣,我会感到命运乃至周围所有的人都在和我作对,我是那样的沮丧与无奈,甚至想到过死……"

(一) 情绪及其表现

每个人在生活中都体会过不同的情绪,如成功时会快乐、遇到不如意的事会忧愁。一般人说到情绪时都是就主观体验而言的,认为情绪是人对客观事物的体验及相应的行为反应。但实际上,完整地理解情绪应从三个方面来考察和定义,即:主观体验(subjective experience)、生理唤起(physical arousal)、表情行为(emotional expression)。

1. 情绪是人的一种内心感受和主观体验

人的不同情绪状态必然会反应在人的知觉上,反应到人的意识中来,从而形成人的不同的内心感受和体验。通常可以用各种语词对人们的主观体验加以描述,如害怕、生气、快乐、悲伤等。如人在受到伤害时,会感到痛苦;在朋友聚会时,会感到由衷地快乐;当面临着极度危险境地时,会产生毛骨悚然的恐惧感;当自己的某些需要得到充分满足时,会感到幸福愉快;在遭到欺辱时,会感到愤怒;在失去亲人时,会感到悲伤。面对同样的客观事物,不同的个体有不同的主观体验,因为情绪是以个体的愿望和需要为中介的。如两个大学生小王和小张的数学测验成绩都是 85 分,小王可能很高兴,原来总是 70 分左右的他终于取得了很大的进步,但数学总是能考 90 分以上的小张就很不开心,因为他的期望值没有达到。

2. 情绪有其生理基础

生理唤起是指情绪产生的生理反应,即情绪的生理成分,它包括所有的身体变化,如我们在日常语言中经常用"像有小兔子在心里扑腾"表示害怕、忐忑不安的情绪,用"犹如咽下一只苍蝇"表示厌恶的情绪,用"嗓子里像堵了一块东西"表示悲伤的情绪,用"我感觉好像飞上了云霄"表示快乐的情绪等等。由于情绪体验需要有神经系统、内分泌系统的参与,所以情绪活动常常伴随有内部脏器如心脏、胃的活动感受。任何情绪都伴随着一系列的生理变化,即生理唤起状态,它是一种生理的激活水平。不同情绪的生理反应模式是不一样的,如满意、愉快时心跳节律正常,恐惧或暴怒时心跳加速、血压升高、呼吸频率增加甚至出现间歇或停顿,痛苦时血管容积缩小,焦虑时呼吸急促、心跳加快,愤怒时则会出现汗腺分泌旺盛、面红耳赤等生理特征。这些变化都是受人的自主神经支配的,不由人的意识所控制。因此情绪状态下的这些变化,具有极大的不随意性和不可控制性。例如,当我们遇到考试失利、情感挫折、学习上的压力时,不可避免地会出现一些情绪上的反应,即使你再不愿意,努力去控制,情绪也会出现。

3. 情绪的表现形式是表情行为

情绪不仅体现为生理上的反应和内心的体验,而且也会直接反映到人的行为中,主要是表情行为,可分为面部表情、姿态表情和语调表情。

面部表情是所有面部肌肉变化所组成的模式,如高兴时眉头舒展、面颊上提、嘴角上翘。面部表情模式能精细地表达不同性质的情绪,最直接地反映着人的情绪状态,是鉴别情绪的主要标志。人们可通过一个人面部表情的变化,来了解一个人的情绪状态。比如一个人双肩颤抖、满面流泪,表明他正处于极度的悲伤之中;而全身肌肉紧张、双目圆睁是害怕的表示;当自己所希望的球队获胜时,脸上不由自主地会喜笑颜开;生活中遇到困难和挫折,就会愁容满面。

姿态表情是指面部表情以外的身体其他部分的表情动作,包括手势、身体姿势等,如人在痛苦时捶胸顿足、愤怒时摩拳擦掌等。而在考试过后,坐立不安、手舞足蹈和垂头丧气都可以反映出不同人此时此刻的情绪状态和面临的境地。

语调也是表达情绪的一种重要形式,是指人们在与人交流时声音的声调、音色和节奏快慢等方面的变化。如一个人悲伤时,会语调低沉、言语缓慢、语言断断续续;而兴奋时则会语调高昂、语速加快,声音抑扬顿挫、清晰有力。

(二) 情绪的分类

人们的情绪是复杂的、各种各样的,其类型难以有一个统一的划分方法。情绪的类型大致可概括为以下几种分类方法。

1.七情之分

喜怒哀乐是人们最为普遍的情绪反应。在我国,自古以来人们通常将情绪按其表现分为喜、怒、哀、惧、爱、恶、欲,人们称之为七情。喜,即喜悦,是人在其需求达到充分满足时而产生的一种满意、愉快和欢乐的情绪体验。喜悦会使人感到轻松、舒畅和满足。怒,即愤怒,往往是因为当事者的愿望、需求不能得到满足或是为此而进行的活动受到阻碍时而产生的一种不满、恼怒的情绪体验。愤怒的情绪会使人产生紧张、压抑甚至狂躁的感觉。哀,即悲哀,常起因于当事者的愿望不能得到实现和满足,或是遭遇重大的丧失而引起的一种悲凉、哀叹的内心感受。悲哀的情绪会使人感到失落、无奈和痛苦。惧,即惧怕、恐惧,是当一个人面对危险境地或是巨大灾难时而产生的一种极度的恐慌、畏惧感。恐惧的情绪会使人感到呼吸急促、紧张、心悸、全身颤栗,甚至使人本能地想逃离。

除此之外,情绪还有喜爱、憎恶、渴望、害羞等表现,而且一个人的情绪状态很多时候会表现为复合情绪反应,例如,一个人做了错事后,会有一种内疚感,它包含着自责、悔恨等方面的内心体验;当一个人经过了多年的努力,终于取得了学位,会有百感交集的情绪状态,它包含着各种酸甜苦辣的心情。

2.基本情绪和社会情绪

从情绪形成与发展的角度,可将情绪分为基本情绪和社会情绪。基本情绪主要是指与人的生理需要相联系的内心体验,例如人的恐惧、焦虑、满足、悲哀等等。人的基本情绪在人的幼年时期就已经形成了,更带有先天遗传的因素。社会情绪是指与人的社会性需要相联系的情绪反应,表现为一种较为复杂而又稳定的态度体验,例如人的善恶感、责任感、羞耻感、内疚感、荣誉感、美感、幸福感等。人的社会情绪是后天随着人的成长而逐步发展和形成的。

社会情绪是在基础情绪上形成和发展起来的,同时又通过基础情绪表现出来。大学生在大学阶段,更多地是形成和丰富自己的社会情绪的感受和体验。

3．正性情绪与负性情绪

有人从情绪的功效角度,将愉快、欢乐、舒畅、喜欢等视为正性情绪,而将痛苦、烦恼、气愤、悲伤等视为负性情绪。也有人将情绪划分为积极情绪、消极情绪等等。

所谓负性情绪,通常是指那些不愉快甚至引发人痛苦、愤怒的情绪体验。不少人对于愤怒、恐惧、焦虑、痛苦等负性情绪,都认为是不好的,不该出现。其实很多情绪,包括一些负性情绪,在我们生活中也是必要的,有其不可替代的作用。曾经有一个小伙子,在爬山比赛时手臂后甩摔在岩石上,当时没感觉怎样,直到后来发现胳膊红肿到医院检查,才发现是手臂骨折了,原来他患了一种骨髓炎症,痛感神经已坏死,丧失疼痛感,所以即使骨折也全然不知。可见,一个人一旦丧失了痛感,也是很危险的。

每一种情绪都是有其功能的,比如当人处于危险的境地时,恐惧的情绪反应能促使人更快地脱离险境;当人在工作或学习中承担的负荷超出了自身的承受能力时,疲惫的情绪状态会使人不得不放弃一些工作,以获得休息;在人被侮辱、伤害时,愤怒的情绪会促使人奋起反抗,自我保护。而正性情绪则有助于增加生活的乐趣,提高工作学习的效率,促进潜能开发,并有助于人的自信心的建立。

培养积极健康的情绪,是心理健康的重要内容。

微笑的作用。在纷繁芜杂的现实生活中,微笑可以带给你一方明净的天空;在蜿蜒崎岖的人生道路上,微笑可以带给你一阵无声的鼓点,帮你抛却倦怠与委靡,重新昂起不屈的头颅。酝酿情绪,给自己一个微笑吧。让心情舒展成风,你就打开了一扇心门;酝酿情绪,给别人一个微笑吧,让眉宇展露真诚,你就收获了一份友谊。

人生如画,微笑是画卷中亮丽的色彩;人生如酒,微笑是醇香诱人的美酒;人生如歌,微笑是歌声里动人的旋律;人生如书,微笑是字里行间闪光的主题。用心去微笑吧,有什么会比拥有一颗快乐的心更富有呢?(吴溪)

(三) 什么影响情绪

我们每天的活动都伴随着一定的情绪,有时轻松、有时焦虑,有时欢乐有时忧愁。那么,是什么在左右着我们的情绪?情绪发生的机制是什么?

1. 情景影响情绪

人的情绪不会无缘无故地产生,必然有其发生的情境。正如俗语所说,人逢喜事精神爽,学业的成功、优美的环境都可让人产生愉快的心情;反之,人际的冲突、学习的压力、生活中的挫折甚至恶劣的气候,都会使人感到烦躁和抑郁。

除了外在的环境和事件会直接引起情绪变化外,人自身生理的和心理的反应也同样会引起情绪的变化。例如,人在青春期阶段,由于身体上的急剧变化,引起内分泌的紊乱,并由此造成情绪上的躁动。女生因为月经周期带来的生理上的变化,也容易导致情绪的不稳定。

2. 需要影响情绪

一名男青年在漂亮的异性同学面前常会感到紧张和羞怯,有时还会面红耳赤,为此,他感到自责和困扰。人的情绪为什么有时候难以自制?情绪产生与变化的背后,实际反映着我们的需要。例如当自己得到他人称赞时,满足了自尊和成就的需要,从而感到一种荣誉和喜悦感;相反,当自己受到他人冷落时,就会产生失落和孤独感,因为自己的被接纳和获得亲情的需要没有得到满足。

大学的学习和生活的过程,也是大学生追求和实现自身各种需要的过程。大学生的需要是多样化的,如完成学业、培养能力、发展自我、追求爱情,还有娱乐、健康、实现兴趣的需要等等。这些需要是多层次的,有些是眼前的需要,有些是长远的需要,需要之间还相互矛盾。实现和满足这些需要,会受到各种条件的局限与制约,必然会引起情绪上的波动。

3. 认知影响情绪

一位心理学家曾经做过这样一项实验,要求被试者把每一天的一件最重要的事记录下来,然后下一个判断,这是一件令人高兴的事,还是一件令人不高兴的事;每一周后,要回顾一下7天来所发生的事,然后为自己的心情打一个幸福感的分(如一点都没感到幸福、有点幸福……非常幸福)。如此下去,每天记一件重要的事,判断是否高兴,每周评价幸福感。进行了几个月后,他将这些被试者的资料收集起来进行分析。结果发现,被试者中对于幸福感的评价依据大相径庭:有的人是根据每周所发生的高兴的事是多还是少来评价幸福感;而另外的人则是以每周令人不高兴的事是少还是多来评价幸福感。请问,假如他们经历了同样的事,他们的幸福感分值会相同吗?谁的分值会更高一些?为什么呢?

情绪虽然与客观事物是否满足人的需要相联系,但是面对同样的事物,不同的人却会有着截然不同的情绪感受。比如同一门考试中,成绩都是刚刚及格的学生却有着不同的感受:有的人庆幸,好歹及格了;有的人惋惜,怎么没考得更高一些;有的人会感到无地自容,因为他从小到大从没得过这么低的分。为什么会如此?这源于认知的作用。心理学研究表明,人们只有通过认知对客观事物与需要的满足作出判断与评价,才会产生相关联的情绪反应。认知改变了,情绪也相应发生变化。

烦恼实验。心理学家为了研究人们常常忧虑的"烦恼"问题,做了下面这个很有意思的实验:要求实验者在一个周日的晚上把自己未来七天内所有忧虑的"烦恼"都写下来,然后投入一个指定的"烦恼箱"里。过了三周之后,打开"烦恼箱",让所有实验者逐一核对自己写下的每项"烦恼"。结果发现,其中九成的"烦恼"并未真正发生。然后,心理学家要求实验者将记录了自己真正"烦恼"的字条重新投入"烦恼箱"。又过了三周之后,再打开这个"烦恼箱",让所有实验者再一次逐一核对自己写下的每项"烦恼"。结果发现,绝大多数曾经的"烦恼"已经不再是"烦恼"了。实验者切身地感到,烦恼这东西原来是预想的很多、出现的很少。心理学家从对"烦恼"的研究中得出了这样的统计数据和结论:"一般人所忧虑的'烦恼',有40%是属于过去的,有50%是属于未来的,只有10%是属于现在的。其中92%的烦恼未发生过,剩下的8%则多是可以轻易应付的。因此,烦恼多是自己找来的。这就是所谓的烦恼不寻人,人自寻烦恼。"

(四) 情绪的理解与表达

理解情绪和情绪的恰当表达在人际沟通中有很重要的作用,它可以增进你和他人之间的相互了解,从而改善你的人际关系。很多人以为只要不说出自己的感受就可以与对方维持和谐的人际关系,只要自己不多说,任何不愉快都会随时间的流失而消逝。殊不知,只有你表达出自己的感受,别人才能了解你的立场、观点,你才可能交到真正的朋友。而且被压抑的情绪并不会随时间的流逝而自动消失,它只会在你心中郁积起来,在以后的日子里突然爆发,可能产生更糟糕的结果。因而,学习有效地表达情绪对我们每一个人都是很重要的。有效表达情绪的方法如下。

1. 要觉察自己真正的感受

常常有报道指出一些人会因一时情绪失控伤害他人,而情绪失控主要是因为当事人当时不太清楚自己的真正感受,放纵情绪,随意发泄,从而导致了恶果。因而,任何情境下都保持清醒,了解自己的真实感受,并让别人也意识到你的感受,进行有效的交流和沟通,才可能建立和促进良好的人际关系。觉察自己真正的感受是有效表达情绪的第一步。

2. 要选择适当的时机表达出情绪

了解自己的感受后,在适当的时候表达出来也很重要。如果别人没有心情、没有时间关注你的情绪,而你自己又没有意识到这一点,沟通也可能受阻,你的情绪可能仍然得不到理解或正确解读。

3. 正确、清楚、具体地表达

每个人都需要学习面对情绪并清楚地把它表达出来,因为让别人了解你的唯一方法就是直接告诉他你的情绪、你的感受、你的需要、你的期待。有效的表达方式是平静地叙述出真实的情绪体验,而不是发泄。同样是表达出情绪,方式得当与否效果迥异。在表达情绪时要清楚地告诉对方你产生这一情绪的理由和当时特定的情境,这样别人才可能真正了解你的状况。如果你还没有更娴熟的表达技巧,不妨试用如下"公式"来表达情绪:"当……的时候(引发情绪的具体情境),我觉得……(你的感受),因为……(引发情绪的理由)。"

此外,适时表达出你的积极情绪也可增进人际关系。在人际交往中时常会有一些好的感觉,不妨将它表达出来,因为真诚的赞美可以拉近彼此的关系。当然赞美必须是发自内心的，是事实，是你的真实想法，并且是你愿意与对方分享的。如"谢谢你的帮助，这让我的效率高多了"，"和你在一起的日子，让我感到很愉快"……

如何面对他人的情绪？将心比心，别人也会找我们来倾诉、来表达他的感受，那时我们应当作出怎样的反应呢？要积极倾听，与对方保持眼神接触，保持轻松、自然、开放的姿势与表情，适当运用点头、蹙眉、微笑等身体语言，表达出你对他的接纳与尊重，专注地听他的言辞，仔细辨别他所表达的真正含义。更高的要求则是在交往中要有"同理心"，即要能站在对方的立场体会他的感受，了解他的内心想法，并告诉他。如果能做到这样，相信你的人缘一定会很不错。

（五）情绪健康的标准

健康的情绪，即良好的情绪状态。良好的情绪状态，首先是情绪上的成熟，指一个人的情绪的发展、反应水平和自我控制的能力与其年龄和社会对此的要求相适应，并为社会所接受。美国心理学家马斯洛在阐述关于"自我实现者"的情绪特点中，曾经提出了健康情绪的六个特征，即：（1）平和、稳定、愉悦和接纳自己；（2）有清醒的理智；（3）有适度的欲望；（4）对人类有深刻、诚挚的感情；（5）富于有哲理、善意的幽默感；（6）有丰富、深刻的自我情感体验。台湾黄坚厚教授认为，正常的情绪包括：（1）由适当的原因引起，情出有因；（2）情绪反应的强度与引起它的情景相称；（3）情绪作用的时间以客观情况为转移，不会漫无止境地持续。

我们认为情绪健康的表现如下。

（1）保持积极乐观的心态。其中包括保持好奇心，善于关注和发现生活、学习中积极的事物，并能够充分地享受愉快，主动创造能使自己感到快乐的生活和事业。快乐不是等待和被赐予，而是一种发现和创造。

（2）接纳自己的情绪变化。喜怒哀乐人皆有之，不能也不必过分压抑。要能接受自己的情绪，使情绪获得适当的表现，不苛求自己，不过于追求完美，以平常心来面对自己情绪上的波动，尤其是当负面情绪出现时。

（3）善于及时调整自己的不良心态。其中包括能够保持正确、客观的理性认知,善于采用多种方式及时宣泄自己的情绪,在遇到生活的挫折时能够积极地自我暗示,或使自己的情感升华。

(4)宽容别人增加愉快体验。保持良好的人际沟通,并能够理解和宽容别人,尤其在对方有过失时,不去怨恨别人,更不拿别人的错误来惩罚自己。好话一句三冬暖,怨恨是一把双刃剑,既会伤人,更会伤己。宽容别人首先是为了让自己释然。

(5)掌握有效的情绪调节方法。其中包括保持幽默的方法、自我认知的方法、行为调节的方法、自我积极暗示的方法、转移升华的方法和自我宣泄的方法等。

三　青年期常见情绪困扰

青年正处于青春期向成年期的过渡时期,在生理发育接近成熟的同时,心理上也经历着急剧的变化,尤其反映在情绪上。

(一) 青年期情绪的特点

青年的情绪特点往往比较鲜明,表现如下:

(1)外向、活泼、充满激情。就青年整体水平而言,在情绪特点上表现为乐观、活泼、开放、热情,精力旺盛、积极向上,充满着朝气和激情。

(2)情绪延迟性及趋向于心境化。情绪的心境化指情绪往往受制于外界情境,随着情境的变化,情绪反应来得快,消失得也快。

(3)情感体验更加深刻、更加丰富。青年的情绪体验更加丰富多彩,并随着自我意识的不断发展及各种需要和兴趣的扩展而表现为更加丰富、敏感细腻和深刻,且更加具有社会内容。

(4)波动性与两极性。青年正处于未成年人到成年人的转变阶段,在情绪状态上反映着两种情绪并存的特点。一方面,相对于少年期,情绪趋于稳定和成熟;而另一方面,与成年人相比,情绪带有明显的起伏和波动性,容易从一个极端走向另一个极端,有时会表现为大起大落、大喜大怒的两极性。

(5)冲动性与爆发性。青年的情绪特点还表现在情绪体验上特别强烈和富有激情。对任何事都比较敏感,一旦情绪爆发,自己也难以控制,甚至表现为一定的盲目狂热和冲动。在处理同学关系、师生关系的矛盾,对待学业生活中的挫折时,常常易走极端,给自己及他人带来伤害。

(6)矛盾性与复杂性。青年期是面临着许多人生重大选择的时期,青年人常常会呈现出一种矛盾和复杂的情绪状态。例如,希望自己独立和希望依赖于他人的需要同时存在,对自己既不满又不想承担责任、既希望得到他人的理解又不愿意接受他人的关心等等复杂矛盾的心态。

(7)内隐与掩饰性。青年的情绪表现,虽然有时也会喜形于色,但已经不像青少年时期那样坦率直露。不少青年常会将自己的情绪隐藏和掩饰,体现为外在表现与内在体验并不一致。这也无形中给相互交流带来障碍,使一些学生出现孤独和苦闷的情感困惑。

(8)想象性。有时青年还会陶醉于以前的某一特定的愉快情绪状态,或是沉湎于某种负性的情绪状态之中,甚至会陷入某种想象出来的欢乐或是忧虑之中而不能自拔。例如,有的人一次运动会比赛失利,就感到无地自容,后来竟然泛化想象为周围人都在轻视自己,从此产生处处都不如人的不良心态。

表 4-1　情绪龙虎榜

(1) 请以"√"从下表中选出你生活中 10 个重要的情绪。

(2) 在这 10 个情绪中,有较多表达的情绪以 ↑ 表示,较少表达的以 ↓ 表示,没有表达的是 X。

序　号	情　绪	√	↑ X ↓	序　号	情　绪	√	↑ X ↓
1	愤怒			11	被安慰		
2	愉快			12	失望		
3	冷漠			13	尴尬		
4	兴奋			14	轻松		
5	烦恼			15	紧张		
6	满足			16	放松		

(续　表)

序　号	情　绪	√	↑×↓	序　号	情　绪	√	↑×↓
7	内疚			17	羞怯		
8	自信			18	热情		
9	害怕			19	急躁		
10	安全			20	镇定		

(3) 思考:你是否是敢于表达情绪的人? 你愿表达的情绪多是正面还是负面的? 什么原因使你有困难去表达情绪? 你如何克服这些困难? 你是否有需要向人表达情绪,包括负面情绪?

(二) 青年期常见情绪适应不良

常见的情绪困扰又称为情绪适应不良。按其起因,它又具体表现为情绪反应过度、情绪反应不足、负性情绪泛化或持续时间过长以及不能接受或无法控制情绪等几个方面。

1. 情绪反应过度造成的情绪困扰

张某,是某大学三年级的学生,平时少言寡语,但周围的同学能从他冷漠和充满敌意的目光中,感到此人难以接近。一天,他因一点小事与外班一学生发生冲突,大打出手,还动用了凶器,使对方致残,被开除学籍。事后了解到,该生在中学期间曾受到过校园暴力的伤害,从那之后,他对任何人都抱有敌意,凡是他认为有意伤害他的人,他马上会产生企图报复的愤怒情绪,以致最终酿成恶果。

这类情绪困扰包括:

(1) 愤怒。这是人的基本情绪反应,从程度上可分为不满、气恼、生气到愤怒、暴怒、狂怒等。上例中张某的行为表现已远远超出了引发愤怒的客观起因的强烈程度,面对自己的愤怒情绪无法自控,实际是过去经历中的被伤害记忆所遗留下来的仇恨和愤怒情绪的一种转移,也称为迁怒。结果伤害了别人也伤害了自己。

如何解决呢? 曾经有过被伤害经历而常有愤怒情绪的人,应主动找心理老师进行心态调整,早日解脱愤怒的阴影;情绪表达过激和方式不当者,应学会采用心理调节的方法,缓解自己的冲动情绪。

(2) 焦虑过度。考试前的焦虑,几乎每个学生都曾经历过。焦虑情绪本身并非是一种情绪困扰,这里所说的,是指自身的焦虑程度已经构成了对学习和生活的不良影响或干扰。应该说,适度焦虑有益于个人潜能的开发。如果一个人没有焦虑或是焦虑不足,就会导致注意力涣散,工作、学习效率下降。所以,无论是听课还是课下自习,都需要保持一定的焦虑。但是过度的焦虑,往往又会使人因过度紧张而造成注意力分散和工作力学习效率降低。

焦虑情绪的发生原因是多方面的,可分为情境性焦虑、情感性焦虑和神经性焦虑。情境性焦虑又称为反应性焦虑,指由于面临考试、学习及当众演说等外界的心理压力所造成的焦虑情绪;情感性焦虑是指由对预期发生的事的担心、对自己过错的自责等引起的焦虑反应;神经性焦虑则是指由于情绪紊乱、恐慌、失眠、心悸等心理和生理原因引发的焦虑。克服焦虑的方法也是很多的,主要有放松训练方法、改变认知方法、角色训练方法等。

(3) 过度应激状态。应激状态是指当事者在某种环境刺激的作用下产生的一种适应环境的反应状态。在过度应激状态下,往往会伴随着多种负性情绪,例如在应激产生的同时附加着失望、震惊、厌恶、恐惧、痛苦等情绪感受。

2. 情绪反应不足造成的情绪困扰

在心理学课上,老师让每位学生写出近一周来自己每天的情绪状况,然后进行课堂小组的交流与讨论。讨论结束时,一名学生谈了自己通过此课的感受:"我这一周情绪都特别的不好,很郁闷;只有今天,我感到很轻松。"当老师问到为什么时,他幽默地说道:"因为我听到了小组中很多同学都和我同样郁闷,所以我感到轻松了……"他的话还没讲完就引起了全班学生的哄笑和打趣。

这类情绪困扰包括:

(1) 忧郁。这是一种愁闷的心境,表现为情绪反应强度不足,如没有激情、忧心忡忡、长吁短叹、话语减少、食欲不振等生理和心理反应。忧郁在大学生群体中表现较为普遍。例如,有些学生因为无法面对学业中的竞争和压力,或是对于所学的专业不满意,而陷入忧郁的情绪状态,表现为对生活学习失去兴趣,无法体验到快乐,行为活动水平下降,回避与人交往等。严重者,还伴有心境恶劣、失眠,甚至有自杀倾向。

特别需要指出的是,忧郁情绪与抑郁症(depression)彼此既有联系,又有质的区别。前者属于一种不良情绪困扰,需要的是心理上的调整;后者则属于精神疾病,需要及时到医院就诊。

(2) 冷漠。这同样是情绪反应强度不足,表现为对人、对事漠不关心的消极状态。处于冷漠情绪的大学生,在行为上常表现为对生活没有热情和兴趣,对学习漠然置之、无精打采,对周围的同学冷漠无情、无动于衷,对集体活动漠不关心、麻木不仁。日本心理学家松原达哉教授形容此种情绪状态的学生是无欲望、无关心、无气力的"三无"学生。

冷漠是一种对环境和现实自我逃避的退缩性心理反应,它本身虽然带有一定的心理防御的性质,但是会导致当事者委靡不振、退缩躲避和自我封闭,并严重影响一个人的身心健康。克服冷漠情绪,首先要从建立责任意识入手,逐步建立起生活目标,同时应展开人际交往,积极投入到生活和学习中来。

3. 负性情绪泛化或持续时间过长引发的情绪困扰

一位大学生一次在课堂上回答老师提问时,由于一时的紧张,出现了口误,引起班上同学的哄笑,并被老师批评。从这以后,每次上这位老师的课,他都感到极度的紧张、焦虑,而后发展到恐惧。为此,每次上课他都坐在最后一排,但他还是恐惧老师注视他的目光,并逐渐严重到不敢进教室听课,后又发展到恐惧进教室和恐惧所有上课教师的目光。

上述事例是将当初偶然事件所引发的负性情绪的体验,逐渐泛化到了所有相似的情境之中,造成了学习和人际交往中的情绪障碍。前面我们曾经谈过,负性情绪并非一定是不良情绪,因为伴随着一定紧张状态的愤怒、憎恨、忧愁、恐惧、痛苦等等负性情绪的产生,同样是人们适应环境的一种必要的反应,可以激起人的内在潜能,使之改变或脱离造成这种不良心态的环境。但是，如果此种情绪反应泛化或者持续时间过长，就会严重影响到人的正常的工作、学习和生活，而且给人的身心带来严重的负面作用。对此类问题的解决，可以采用系统脱敏、暴露治疗、认知改变等多种心理调节的方式。

4. 不能接受或无法控制情绪引发的情绪困扰

日常生活中，大学生的情绪困扰，有时还来自因不能接受或无法控制自己的情绪现状而产生的不适感。例如一名大学生在平时学习时，常为自己头脑中闪现一些毫无意义的杂念而烦恼不已，本想将其克服，但没想到尽管绞尽脑汁，杂念不仅没有减少，反而越来越严重了。这位学生的情绪困扰来自他对自己的情绪反应不能接受。前面我们曾经讲过，情绪是人的一种自然的和本能的感受，无论是否愿意，也无论它是否为负性情绪感受，都是不以人的意志为转移的。当我们对某一种情绪排斥和不接受时，实际却正在关注和强化它。

情绪实验。心理学家韦格纳曾做过这样一个有趣的实验：让一些大学生做被试，事先规定，要求他们在实验的5分钟时间内，谁也不得想到白熊，如果要是想到了，就必须按眼前的电铃按钮。结果在实验开始后的5分钟内，这些大学生被试者几乎都在不停地按电铃。因为这些大学生被试者们在排斥自己的心理活动的过程中，正在关注和强化着这些观念和感受。（L. A. 珀文）

这个实验解释了为什么一些学生越是惧怕考试时紧张，结果考试过程中反倒越紧张；越是担心自己在与陌生人交往时出现畏惧情绪，与陌生人接触时就越会产生担心和恐惧感。这也是一些人感到自己的情绪难以控制的原因所在。造成这种情绪困扰的内在因素是多方面的，比如过于追求完满的不良心理定势、由于早年负性事件所造成的阴影、神经性焦虑等。对此类型的情绪困惑的解脱，一是要尝试着接受自己的情绪状态；二是让自己学习不追求完美。

四 管理情绪提高情商

情绪控制指选择情绪反应的方式和内容以及情绪反应的程度。一般而言,喜怒哀乐是人的情绪的正常反应。但是,在什么时间、什么地点和场合、对什么人、采取什么样的方式反应,就有社会和道德的规范标准。也就是说,情绪的反应以及情绪所表现的行为要符合社会的规范。情绪的控制,还包括自我的情绪调节能力。例如,表达愤怒的情绪时,要控制在使他人能够接受的限度内;当情绪兴奋时,也要将之控制在不使自己失态的状态下;在自己忧虑时,要尽量将之控制在不影响正常的学习和生活的范围内等等。

(一) 管理情绪的意义

良好的情绪状态,不仅有利于提高工作学习的效率,而且也有益于身心健康。现代医学研究证明,人们的生理疾病中,70%同时伴有心理上的病因。尤其是现代社会中的高血压、心脏病、癌症等直接威胁人类的重要病症,都与人的情绪状态有着直接的关系。许多人出现失眠、紧张、神经性头痛、消化系统疾病等,大都是因为情绪状态没能得到很好的调整。在青年中所常见的抑郁症、恐惧症、强迫症等心理障碍和疾病,也大都与不良情绪密切相关。情绪如果失控,后果更无法预料。

奋斗 20 年毁于 10 分钟。2005 年 2 月 5 日,浙江省丽水市缙云县山岭下村村民马彩杏家因翻建房屋,与邻居马开亮产生矛盾,尚未解决,又要重新开工。马开亮从家里拿出铁撬,冲向了邻居的房子,嚷着"再盖我就要撬了"。此时,马彩杏的几个儿子坚持不让停工。一场混乱的殴斗开场了。北京某著名高校的公共管理博士生董秀海与其哥哥们一起参与了混战。马开亮头部挨了三记重击致死。缙云县公安局刑侦大队以涉嫌故意伤害罪拘留了董家四兄弟。董秀海从本科到研究生一直表现优秀,担任过班里的团支书,热心为大家服务。本科毕业时,以排名班级前 4 名的成绩保送公共管理学院管理科学与工程专业读博士,研究生期间被评为 2003—2004 年度优秀团干部。从山岭下村到北京,从农村孩子到北京名校博士生,董秀海苦苦熬了 20 年才改变了自己和董家在村里的地位。然而,从前程远大的优秀博士生,到涉嫌杀人的嫌疑人,仅仅不过 10 分钟。一时的情绪冲动导致行为失控,让董秀海付出了沉重的代价。

人人都是自己最好的医生,你能使自己痛苦,也能使自己快乐,生活的主宰者就是你自己。人是可以做情绪的主人的,而不是任由情绪控制我们的思想、行为和感受。

1. 情绪调控有利于青年的全面成长

弗洛伊德曾说,学习掌握自己的情绪是成为文明人的基础。一个个性成熟的人懂得适时调控自己的情绪,在各方面表现出得体的行为举止,从而表现出良好的高素质人才的风貌。反之,失控的情绪会带来极大的恶果。作为一个完整意义的人,仅有良好的智力和一定的学识是远远不够的。懂得调控情绪才可能使你的人格更健全,使你的生活更丰富,才可能使你真正成才。一个人一生的成长都离不开情绪的调节适应机制,该机制包括正确辨认、解读别人的情绪,理解别人的感受以适应社会的需要,包括控制自己情感的外部表现以适应文化环境,还包括借助情感的表达功能实现人际情感沟通和情感认同。不解决情感表达问题,通向学习和生活之门便关闭着。早些学会正确理解、表达情绪及调控情绪,对于人一生的顺利成长、人际适应、工作的拓展、生活的充实、满意度的增加等各个方面均有重要影响。

2. 良好的情绪有利于开发人的潜能

潜能的开发和利用必须有情绪的参与和支持。情绪既有其外部表现,又是一种主观体验,既是调节器又是监视器,对生活、学习可能有促进或阻碍两方面的作用。有较好的情绪调控能力,经常拥有积极的情绪状态,对于自身的潜能开发有巨大的意义。良好的情绪可以激发起热情、好奇心、美感,推动青年挖掘自身的潜力,自觉学习,趋向学习目标,还可以激发人的想象力,有利于产生创见。积极的情绪也会带来良好的人际关系,创造良好的工作、学习氛围,有利于创造力的发挥。

3. 良好的情绪有利于身心健康

情绪稳定、有积极健康的心态原本就是心理健康的重要标志之一。积极的情绪有利于保持身心健康,不良情绪会干扰学习、人际适应、身心健康等各个方面。生活中不可避免地会有各种负性事件(如学业不顺利、失恋等)发生,相应地产生负性情绪,如烦恼、悲伤等,此时如果情绪调控力差,往往往会缺乏自控、丧失有效的沟通能力,产生不良后果。如某重点大学男生,因与同学在食堂买饭发生争执而大打出手,造成一人死亡,自己也受到法律制裁;某大学男生,因与同学在游戏过程中的一点争执,双方都要争个高下,相约到操场比试一下,结果一人眼睛失明,一人被判三年监禁;某大学研究生,因相恋多年的女友提出分手,在求爱不成的情况下,挥刀砍死了女友。

以上真实而令人扼腕叹息的惨痛案例无一不是当事人处于激情状态之下,无法控制自己的情绪、失去理智而酿成的惨祸。可见,大学生学会调控情绪的意义尤其重大,与自己一生的关系尤为密切。

(二) 情绪调节的类型

情绪调节可从不同的角度进行分类。依据情绪调节过程的来源不同,可分为内部调节和外部调节。内部调节来源于个体内部,如个体的生理、心理和行为等方面的调节;外部调节来源于个体以外的环境,如人际的、社会的、文化的以及自然的等方面的调节。依据情绪的不同特点可分为修正调节、维持调节和增强调节。修正调节主要指对负性情绪所进行的调整和修正,如降低狂怒的强度使之恢复平静。维持调节主要指人们主动地维持对自己有益的情绪,如兴趣、快乐等。增强调节指对情绪进行积极的干预。这种调节在临床上常被采用,如对抑郁或淡漠进行增强调节,使其调整到积极的情绪状态。依据调节的内容可分为原因调节和反应调节。原因调节是针对引起情绪的原因进行调整,包括对情境的选择、修改、注意调整与认知策略的改变等,以及通过改变自己的注意来改变情绪,对诱发情绪的情境进行重新认识和评价等。反应调节发生在情绪激活或诱发之后,是指通过增强、减少、延长或缩短反应等策略对情绪进行调整。依据调节的效果可分为良好调节和不良调节。当情绪调节使情绪、认知和行为达到协调时,这种调节称为良好调节。相反,当调节使个体失去对情绪的主动控制,造成其心理功能受到损害,阻碍认知活动,并导致作业成绩下降时,这种调节就是不良调节。

钉钉子。有一个男孩脾气很坏,于是他的父亲就给了他一袋钉子,并且告诉他,当他想发脾气的时候,就钉一根钉子在后院的围篱上。第一天,这个男孩钉下了40根钉子,慢慢地,男孩可以控制他的情绪,不再乱发脾气,所以每天钉下的钉子也跟着减少了,他发现控制自己的脾气比钉下那些钉子来得容易一些。终于,父亲告诉他,现在开始每当他能控制自己的脾气的时候,就拔出一根钉子。一天天过去了,最后男孩告诉他的父亲,他终于把所有的钉子都拔出来了。

(三) 管理情绪的方法

怎么样才能较好地调控自己的情绪,做情绪的主人呢? 首先要能接纳自己,接纳自己的情绪。紧张、焦虑、烦恼……并不可怕,它们一旦出现,我们也不需要惊慌失措,这样反而会减低焦虑,让我们有更多的精力去考虑应当如何应对所面临的真正的问题,从而也使问题更容易得到解决。其次,我们应当学会对自己的情绪负责。如脾气暴躁的同学,请不要轻易断言"我不能控制我的坏脾气",而试着去反省自己是不是"其实并不想控制自己的坏脾气"。或许正是这种潜意识的观念让你对自己的不良情绪和行为无能为力,而任由情绪控制你的生活。再次,一个人对生活是否有幸福的感觉,并不在于他遇到负面情绪的多少,而在于他是否能有效地处理、应对。我们的情绪尽管多变,但并非完全不可控,无需压抑,无需伪装,只需认清自己的情绪,了解引发它的原因,找出有效的应对方法,那么我们就可以做情绪的主人。有效的应对方法包括认知调节法、环境改变法、行为调整法、注意力转移法、放松训练法等。

自我暗示放松训练引导语。自我暗示放松训练是要帮助你缓和生理反应,体验轻松的感觉。好,现在开始,请你选择一个恰当的姿势,调整一下身体,尽量舒服些。现在请注意听,然后按照我所说的去做!

首先,请你把眼睛闭上,尝试去感觉你全身的重量是不是很均匀地分配在你的两只脚、大腿、臀部、背部或者手部。请你感觉你左右两边的重量是否平衡。然后,请你把一部分注意力转移到你的心跳,尝试着去感觉你的心跳。现在,你试着把你的注意力分散在两方面,一方面感觉身体的平衡,一方面试着去感觉你的心跳。

好,接下来请你再把一部分注意力转移到你的呼吸,轻轻地吸进来,慢慢地呼出去,自然地吸,尽量慢慢地呼出去。现在,请你把注意力分散到三方面,一方面注意身体的平衡,一方面试着去感觉你的心跳,一方面试着去控制你的呼吸,轻轻地吸,慢慢地呼。接下来请你把注意力转移到你的两个手掌心,然后在心里很强地暗示自己"让我的手心温暖起来",继续尝试下去。现在请你把注意力分散到四方面,注意身体的平衡,感觉心跳,控制呼吸,注意你的手掌心、很强地暗示自己"让我的手心温暖起来",继续尝试、继续尝试下去。

好,现在你正处于十分轻松舒适的状态,请轻轻地活动一下身体各个部位,因为太急促剧烈的活动会对你造成伤害,请慢慢地活动一下,再开始做你想做的事情。

(四) 通情达理练习

著名心理学家艾利斯曾提出理性情绪疗法(RET),让人们用来调整自己的情绪,经过多年的实践检验,颇为有效。理性情绪疗法的基本假设是我们的情绪根源于我们的信念、评价与解释。人同时具有理性与非理性的信念。人们的困扰源自于本身的非理性思考,而不是外在世界的某些事件。他认为人之所以会有强烈的不适当的情绪主要是非理性的思考导致的,而这些不合理与不合逻辑的非理性思考根源于早期不合逻辑的学习或者受到父母与环境的影响。但人具有改变认知、情绪及行为的潜能,不必受制于早年经验,可以让自己学习理性思考,降低不良情绪的发生频率,增加积极的正性情绪的发生频率。

1. ABC 人格理论

ABC 人格理论是艾利斯理性情绪疗法的精华,不仅说明人类情绪与行为困扰的原因,也提供了解除情绪及行为困扰的应对方法。A(activating events)代表引发事件,B(beliefs)代表个人持有的信念,C(consequences)代表最后的结果。即事件本身(A)并不是情绪反应或行为后果(C)的原因,人们对事件的非理性观念或信念(B)(想法、解释、看法)才是真正的原因。

艾利斯常用这句名言来阐述自己的观点:人不是被事情本身所困扰,而是被其对事情的看法所困扰。例如,有一位男大学生,在失恋(A)后,变得消沉抑郁(C)。虽然失恋本身给他带来痛苦,但这种负性情绪的根源可能是他的完全自我否定的态度(B)。在他看来,女友离开自己和别人好,表明自己不如别人,注定自己在这方面永远是个失败者,因此才会变得消沉抑郁。又如,有一个女孩,因得喉炎变得声音沙哑(A),于是她整个人变得很畏缩、自卑、孤立(C)。艾利斯的 ABC 理论认为,声音改变的事实并不直接导致该女孩的情绪和行为,而是她坚持认为女性的声音一定要娇柔清脆、富于女性化,这种观念(B)才使她处于情绪困扰之中。

同样的事情如果发生在其他人身上,也许他们不会有这样过分强烈的负性情绪反应,因为他们可能有不同的看法,如"没有证据表明我注定要失败,如果是失败,那也只是这一次,它不能表明我以后会怎样",或"女性的价值为什么一定要表现在嗓音上,我还有比自己的声音更重要的东西"。这些都是合理的观念,它们会保护个体避免陷入不适应的情绪困扰中。

可见,面对同一事件,不同的观念可导致不同的结果。如果 B 是合理的、现实的,由此产生的 C 也就会是适应的,否则会产生情绪困扰和不适应行为。即不合理的信念是导致情绪困扰的根本原因。因此可以通过改变观念 B 来调控情绪。这也正是理性情绪疗法的核心,重要方法是对不合理信念(irrational beliefs)加以驳斥和辩论,使之转变为合理的观念(rational beliefs),最终产生治疗效果。

2. 改变非理性观念

理性情绪疗法认为人的想法应分为理性与非理性,理性是指人们对自己、他人或生活中的情况持有健康的想法与信念,而非理性就是指对自己、他人或生活中的情况持有不健康的想法与信念。非理性想法可以归纳为两种类型,一种是"夸大",另一种是"不切实际的要求"。产生"夸大"这个非理性想法的关键字常常是"受不了"、"糟透了",产生"不切实际的要求"这个非理性想法的关键字则常常是"应该"、"必须"、"一定",虽然并不是句子中含有这些字眼都是非理性想法,不过这些关键字确实可以作为我们寻找非理性想法的线索。

理性情绪疗法强调情绪困扰来源于个体的非理性观念,治疗的重点也在于改变这些观念。那么这些观念都有些什么内容呢?艾利斯通过临床观察,总结出日常生活中常见的产生情绪困扰的 11 类不合理信念,并对其作了分析(Ellis,1967、1973)。这11类非理性信念分别为:(1)一个人应被周围的人喜欢和称赞,尤其是生活中重要的他人;(2)一个人必须能力十足,各方面都有成就,这样才有价值;(3)那些邪恶可憎的人及坏人,都应该受到责骂与惩罚;(4)当事情不如意的时候,是很可怕也很悲惨的;(5)不幸福、不快乐是由于外在因素所造成的,个人无法控制;(6)我们必须非常关心危险可怕的事情,而且必须时时刻刻忧郁,并注意它可能再次发生;(7)面对困难和责任很不容易,倒不如逃避较省事;(8)一个人应该要依靠别人,且需要找一个比自己强的人来依靠;(9)过去的经验决定了现在,而且是永远无法改变的;(10)我们应该关心他人的问题,也要为他人的问题感到悲伤难过;(11)人生中的每个问题都有一个正确而完美的答案,一旦得不到答案,就会很痛苦。非理性信念会带来情绪困扰,可通过咨询、治疗、训练等方式转变认知,从而提高情绪管理能力,拥有健康快乐的高质量人生。

找找自己的不合理想法

以下列出五项不合理想法,你是否有过? 若有,尝试调整你的想法,因为不合理的想法会给你造成压力,可能带来不良后果。

不合理的想法	合理的想法
1.二分化、全有/全无的思考方式	认为你"不是完全成功,就是完全失败"是不符合现实的想法,没有人会完全成功或完全失败。
2.忽略或贬低好的结果	扩大负面事件、忽略好的结果或成就,对你一点帮助都没有,只会令你批评自己、否定自己。
3.灾难化——假定最坏的情况就要发生	有人以为此种想法可避免失望,事实上此种想法会令人绝望、丧气。
4.贴标签——当你犯了错后,你可能告诉自己"我真是个白痴"。	用"我犯了一个错误,让我想想如何改善"来取代负面的想法(被贴上的标签)
5.个人化与自责——将与自己无关的事件认为与自己有关,特别是针对失败的事件,认为是自己造成的。	此种归因除了使你更难过之外,没有任何帮助。当你这么想时,最好仔细看清楚有哪些因素会影响事件成败,而不是把事情一股脑儿地往自己身上揽。

建议阅读书目：

1. 樊富珉等编著:《大学生心理素质教程》,北京:北京出版社,2003 年。

2. 〔美〕Dennis Greenberger 等著、张忆家译:《理智胜过情感:改变思维模式,排除情绪障碍》,北京:中国轻工业出版社,2000 年。

3. 〔美〕丹尼尔·戈尔曼著、耿文秀等译:《情绪智力》,上海科技出版社,1999 年。

4. 〔美〕Paul Pearsall 著,董利晓、常晓玲译:《快乐处方》,北京:中国轻工业出版社,2000 年。

第五讲

逆商与挫折应对

逆商 AQ 新概念

挫折及其产生过程

挫折反应与防卫机制

提高挫折承受力

1996 年 5 月 10 日,来自五个登山队的 31 名攀登者到达顶峰,大家还没有来得及好好体味成功的喜悦,突然袭来的狂暴风雪笼罩了一切,深陷其中的攀登者在下山途中相继死亡。面对困境,威勒斯(Beck Weathers)也倒在雪地上,天太暗,风太大,路太险,救援队已经对救助他不再抱有希望。威勒斯的妻子接到了丈夫死亡的噩耗,悲痛万分。"我仰卧在冰雪中,彻骨的寒冷简直无法想象。右手套已经不见了,我的手看起来像是塑料的,毫无知觉。"丧失了设备、营帐、队友,筋疲力尽,几乎已无生机的他没有放弃求生的希望,而求生的唯一办法就是设法移动、站立,离开险峻的道路,回到营地。坚定的决心促使他采取行动,停下就等于死亡,他不断地爬行,几个小时长得像几个世纪。天亮时被一块岩石绊倒,意外发现帐篷,随即昏死过去。队友将他拖入帐篷,用刀割开他的衣服,给他吸氧,没有人认为他可以存活。但是,几小时后,奇迹发生了,威勒斯活下来了。

人生逆境十有八九，这句话或许有点夸张，但如果我们真的去计算一下自己生活中所遭遇的不尽如意的事情，也确实数不胜数。俗话说，挫折是人生的伴侣，谁也不可能一生都一帆风顺。因此，对于成长中的青年人而言，学会如何面对逆境，远比懂得如何接受顺境重要得多。

一 逆商 AQ 新概念

逆商 AQ 是英文 Adversity Quotient 的缩写，这一概念是美国学者保罗·史托兹（Paul G. Stoltz）于 1997 年提出的。他在著作《逆境商数》中将逆商定义为一个人面对困境的态度和超越困境的能力。构成逆境商数的因素包括：C(Control)控制：我对挫折有多大控制力？Or(Origin)起因：挫折的起因是什么人或事？Ow(Ownership)责任：我对挫折应负多大责任？R(Reach)影响：挫折对我的生活会有多大影响？E(Endurance)持续：挫折会持续多久？

(一) 逆商及其研究

史托兹认为人生就像登山一样，必须一步一个脚印，不断攀登，才能达到完满的地步。为什么有的人能继续坚持，而有的人中途退缩？为什么有许多天赋很高、智商优异的人却没有发挥出他们的潜能？为什么有的企业家能克服深不可测的逆境，其他人却轻易放弃？为什么有些人遭到挫折能采取积极行动重塑自己的命运，而有些人却陷入愤怒和沮丧之中？为什么有些机构在竞争环境下脱颖而出，其他的却不堪一击？史托兹在书中这样定义成功：人在追寻一生的目标时，克服所有障碍或其他各种形式的逆境，向前、向上移动的程度。逆商高的人虽然面对似乎无法超越的困境，却能继续前行，在别人都被持续变化打倒之际，却能一再站起，把每个困难看做挑战，每种挑战都充满机遇，在人生的旅途上乐于接受变化，勇往直前，直至达到自己的目标。遗憾的是，大部分人在面对逆境时，都会在潜力还没有完全发挥的情况下就半途而废。史托兹认为，无论是职业生涯还是个人生活，成功取决于逆境商数 AQ。后来，史托兹还专门写了一本《工作逆境商数》。

史托兹经过大量的调查，将人群中逆境商数的分布描绘成状态曲线，并

图 5-1 《工作逆境商数》一书封面

提出三种类型的划分,即低 AQ 者、中 AQ 者和高 AQ 者。低 AQ 者也叫放弃者,他们根本不愿意接受挑战,放弃登山,也拒绝山岳带来的机会,忽视、隐藏或者舍弃人类想登峰造极的冲动,也因而放弃了人生所提供的丰富体验。中 AQ 者也称半途而废者,他们走到一半就说"我只能走到这里",不愿意再继续努力,中途停下,找到一块可以躲避逆境的平坦草原,平静地度过余生。他们与放弃者不同的是至少还接受过攀登的挑战,已经达到某种特定的目标。但是若不继续攀登就不能真正成功。唯有终生成长和进步,才是成功的必然选择。高 AQ 者也称攀登者,他们是终生志在登峰造极的人,不顾环境优劣、不计较得失成败、不管运气好坏,都持续不断地攀登,没有任何障碍能够阻挡他们不断前进的步伐。攀登者最有可能接纳、甚至主动促进积极正面的改变,乐于迎接挑战和变化。

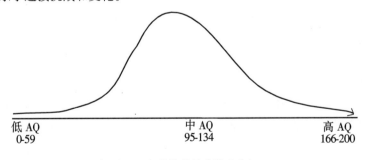

低 AQ	中 AQ	高 AQ
0-59	95-134	166-200

(7500 名受访者的分数分布)

图 5-2　AQ 分布图

对人类生存而言最大的威胁莫过于攀登逆境的斜坡时半途而废或者丧

失希望。放弃和绝望将使现有的逆境更难挽回。希望（相信这样能做到）、无助（人所做的一切无力回天）和逆境之间的关系如图5-3。AQ是人们在困境中是否能保持希望、掌控一切的决定因素。美国文学家爱默生曾经说过，逆境有一种科学价值，一个好的学者是不会放过这一大好学习机会的。AQ高的人往往表现出这样一些特征：保持乐观态度；积极看待挫折；灵活调整策略；明确奋斗目标；保持自信。

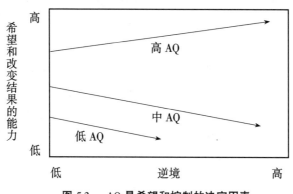

图5-3　AQ是希望和控制的决定因素

对逆境的反应会影响个人的效率、表现和成功。认为挫折源于自己，无法控制，范围广大而时间持久的人，往往会受逆境折磨；而认为挫折属于一时不顺，影响有限，源自外在的原因，努力便能使之改变的人，则能够继续向前。成功的窍门就在于你怎样看待命运与危机，能否化逆为顺、转危为安。

梁启超论挫折。梁启超先生在其《饮冰室合集·论毅力》中对挫折曾有精辟的论述，他说："那些智力意志薄弱的人，开始坚决地说我要如何、如何，他认为天下的事本来是很容易的。等到事情迅速来到面前，而不少困难阻力也突然随之而来，他就灰心丧气委靡不振了；那些次一等的坚强人，凭一时的意气，通过了第一个难关，等到再遇挫折，也会退下来；那些更坚强一点的人，遇上五、六次挫折，也是要退下来的。因此，事情越大，遇到的困难挫折越多，能够不后退的也就越困难；除非最坚强的人，是没有能善始善终进行到底的。假如遇到挫折而不退缩，那么度过了小的逆境之后，必然会有小的顺利；度过了大的逆境之后，必然会有大的顺利。错综复杂的困难和挫折都经过了,随后就会有迎刃而解的一天了。那些旁观的人,白白地羡慕人家事业的成功,认为那些成功者大概是幸运的人,是上天有意宠爱他们。因为我的遭遇不顺利,所以成就不如他们。怎么知道所谓的不顺利还是顺利,那些成功者和我们都是一样,能不能克服所遇到的困难,利用那些顺利条件,就是人家之所以成功我之所以失败的分界线。"

逆商这个概念不如情商使用得广,但提出来希望能引起大学生朋友思考。下面所谈到的挫折及应对可以帮助你更好地理解逆商。

(二) 人生与挫折

人的一生短暂而又漫长,生活历程是不平坦的,有一帆风顺的时候,也有连遭挫折的境遇。在顺利时,各方面的条件很有利,个人的才智和能力能够得到充分的发挥,成功和赞誉将伴随而来,人生的道路如同顺风行船、坦途行车;在不顺的时候,各方面的条件都很不利,挫折甚至打击接踵而来,人生道路如同逆水行舟般费力难行。虽然人人希望时时幸运、事事顺利,可是难免要遇到这样或那样的挫折,如家庭变故、身体疾患、考试落榜等等。事事幸运,从来没有遇到过任何挫折的人,是不存在的。伟大人物是这样,普通人也是这样,考上大学的青年也不例外。

在社会生活中,人们总会有各种需要得不到满足,愿望和目标的实现受到阻碍,或遇到天灾人祸的打击而遭受挫折的情况。如:工作方面的挫折,不知道干什么好,工作不被肯定,好的方案不被采纳,下岗等;爱情方面的挫折,从情窦初开到热恋,直至结成姻缘,不知经过多少考验;生活中的挫折,身遭不测,病魔缠身,流言蜚语,孤单无助等。挫折浸透了人类个体生活的历史。当代大学生由于过去生活简单顺利,从小学到中学再到大学,对挫折更需要有心理准备。

带着妹妹上大学。在 2005 年感动中国的候选人中,一位带着妹妹上大学的青年洪战辉榜上有名。他的故事感动了千百万群众。洪战辉是 2003年从河南省西华县考入湖南怀化学院经济管理系的学生。由于父亲患精神病,母亲离家出走,家境贫寒的洪战辉带着曾是父亲捡来的、与自己没有血缘关系的妹妹,靠给餐馆洗碗碟、推销电话卡、做销售代理等方式挣钱给父亲看病,维持自己和妹妹的生活、上学费用。其间所经历的苦难、困境、痛苦是他人难以想象的。学校为洪战辉组织了捐款活动,可是他没有要这笔钱,他说:"人最可怕的不是没钱,而是缺精神.不接受捐款,是因为我觉得一个人自立、自强才是最重要的!苦难和痛苦的经历并不是我接受一切捐助的资本。一个人通过自己的奋斗改变自己劣势的现状才是最重要的!我现在已经具备生存和发展的能力!这个社会上还有很多处于艰难中而又无力挣扎出来的人们,他们才是我们现在需要帮助的!"读一读洪战辉写的小诗,也许更能懂得他的内心世界:"背负着整个家园前行/肩头的重担注定会耽误我的行程/扛着家园却拥有无家的感觉让我心痛/也许逃避、放弃可以使我跑得飞快/但责任又让我宁愿忍受苦痛/扛也是苦/放也是痛/苦痛中脚步不停/记不清多少次/风雨中渴盼着望见彩虹/泥泞中渴盼着想念着温暖的家庭/向天长啸/为何偏要我负重前行? /苍天不应;伏地呻吟/为何要让我心竭背疼? /大地无声;明白了/长啸无用/怨恨无能/脚下的路无论踏不踏实/我来走过/都该是寂寞无声"。人生,总是在成功与失败、希望与失望、欢乐与痛苦中演绎一幕幕忧伤与难忘。人生的路上有平川坦途,但也会碰上没有舟船的渡口、没有小桥的河岸,这时候只能自己摆渡自己了。孑然一身孤独无助的时候,洪战辉说坚持不懈的追求才是人生的真谛! 2005 年 12 月 22 日共青团中央、全国学联作出决定,授予洪战辉"全国自立自强优秀大学生"荣誉称号。

二 挫折及其产生过程

所谓挫折就是指人们在某种动机的推动下,在实现目标的活动过程中,行为遇到了无法克服或自以为无法克服的障碍和干扰,使其动机不能实现、需要不能满足、目标不能达成时,所产生的失望、不满意、沮丧等负面感受。人生挫折谁都无法避免,挫折带给人的影响具有两重性。失败是成功之母,就是挫折中成长最经典的描述。法国大文豪巴尔扎克根据自己丰富的人生体验,形象地把挫折比做一块石头,他说:"世界上的事情永远不是绝对的,结果完全因人而异,苦难对于人才是一块垫脚石……对于能干的人是一笔财富,对弱者是一个万丈深渊。"可见挫折既可以培养人的坚强意志,引导人总结经验、汲取教训,使自己的追求得到完善和提高;但同时,它又可能使人消沉、情绪低落,甚至诱发心身疾病。因此,正确应对挫折有助于发挥挫折的积极作用,防止和克服其消极作用。

(一) 挫折产生的过程

　　挫折的产生与以下五个方面有关:其一是需要和由此产生的动机;其二是在动机驱使下有目的的行为;其三是使需要不能获得满足或目标不能实现的内外障碍或干扰的情境状态或情境条件,称为挫折情境,挫折情境可以是实际存在的,也可能是当事人想象中的;其四是对挫折情境的知觉、认识和评价,称为挫折认知,挫折认知既可以是对实际遇到的挫折情境的认知,也可以是对想象中可能出现的挫折情境的认知;其五是因受到挫折而产生的情绪和行为反应,称为挫折反应。

　　在以上五个方面中,挫折认知是产生挫折的最重要因素,因为只有在挫折情境被知觉后人们才会产生挫折感,否则,即使挫折情境实际存在,只要不被知觉,人们也不会有挫折感。所以,挫折感的实质是当事人的一种主观感受,当事人是否有挫折感和挫折反应的强弱,主要取决于当事人对挫折情境以及对自己的动机、目标与结果之间关系的知觉、认识和评价。不同的人,需要和动机的强度、对实现目标的评价标准、对自我的预期以及对挫折的归因等都不尽相同。如同样是考试不及格,有的学生痛不欲生,有的学生懊悔不已,有的学生则不以为然,这就是因为他们对考试不及格这一挫折情境的认知不同所造成的。图5-4是挫折产生的过程。

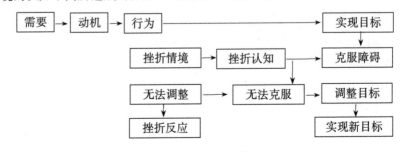

图 5-4　挫折产生过程

（二）挫折原因解析

造成挫折的原因是多方面的和复杂的,挫折的形成与自然环境、社会环境、自身条件以及个人的动机冲突等多种因素有关。青年人处于人生发展的关键时期,一方面他们精力充沛,思想活跃,自我意识强,发展欲望强烈,需求广泛而执著,个人的理想抱负水平普遍较高;一方面他们人格发展尚不够成熟,社会阅历浅,挫折经验不足,加上现在激烈的竞争环境,因此,遇到挫折是必然的,也是普遍的,甚至遭遇挫折的频率相对还会更高一些。

1. 源自环境方面的原因

构成挫折的环境因素是指个人自身因素以外的自然因素和社会因素给人带来的限制与阻碍,使人的需要和目标不能满足和实现而产生挫折。(1)构成挫折的自然因素是指个人不能预料和控制的天灾人祸、时空限制、意外事件等,如地震、洪水、交通事故、疾病、死亡等。自然因素造成的挫折每个人随时都可能遇到,其后果可能很严重,对人的影响很大,如亲人去逝、因交通事故致残等;也可能不严重,对人只产生暂时的影响,如有些大学生刚入学时对当地的气候不适应、不习惯集体住宿等。(2)构成挫折的社会因素是指个人在社会生活中受到的各种人为因素的限制与阻碍,包括政治、经济、法律、道德、宗教、风俗习惯等方面。任何人都生活在一定的社会历史条件下,社会生活及其变化对人的影响和限制是无处不在的,因而人们因社会因素而产生的挫折是普遍存在的。当前,随着科学技术飞速发展,社会生活节奏不断加快,生存竞争日益加剧,使人们的紧张感和心理压力大大增加,挫折感不断增强。

2. 源自个人方面的原因

构成挫折的个人因素是指由于个人在生理、心理以及知识、能力等方面的阻碍和限制,使人的需要和目标不能满足和实现而产生挫折。如身高、体形、容貌、知识结构、健康状况、表达能力、自我期望、经济条件等都可能是挫折源。青年学生普遍自视较高,有强烈的自尊心,争强好胜和追求完美的心理较强,所以,大学生的挫折很多都是来自个人自身因素。在构成挫折的个人因素中,自身条件和能力与自我期望之间的矛盾是造成挫折的重要因素。

许多青年人往往过于自信,过高地估计自己的能力,对自我发展的预期和要求不是从客观实际情况出发,而是从主观愿望出发,常常对自己提出不切实际的要求,制定过高的甚至无法达到的目标和计划。一旦这些目标和计划因为能力不及无法实现,而自己又不能清醒地认识到这一点,就会产生强烈的挫折感。

不为生理条件所困扰。由于先天不足,如体力、外貌等某些生理缺限带来的限制,而产生自卑心理,失去上进、进取的心理的现象在青年中比较常见。不少人为了择业需要,纷纷去美容院整容。毋庸讳言,有的人的确长得很丑。如罗曼·罗兰在《贝多芬传》中曾对贝多芬的外貌作了这样的描写:乌黑的头发,异乎寻常地浓密,好似梳子从未在上面光临过,到处逆立;眼睛是"又细小又深陷",鼻子是"又短又方,竟是狮子的相貌",嘴唇则是"下唇常有比上唇前突的倾向",下巴还有"一个深陷的小窝,使他的脸显得古怪地不对称"。《巴黎圣母院》中的敲钟人卡西莫多,外貌也奇丑。在小说的描写中,他是一个独眼人、驼子,而且又聋。从降临人世的那一天起,他就是人们遗弃、唾骂、嘲笑的对象,尝尽了人间的苦涩辛酸。小说中有一个人对卡西莫多说:"凭十字架发誓,天父啊——你是我生平所看见的丑人中最丑的一个。"他们都曾因外貌在爱情上受到挫折,但贝多芬成了伟大的音乐家,卡西莫多也因他的善良和忠贞赢得人们的喜爱。

在现实生活中,人们的需要是多种多样的,常常会因多种需要而产生多个动机,并指向多个目标。当这些并存的动机相互排斥,或者由于种种条件的限制不可能全部实现而必须有所选择取舍时,就形成了动机冲突。动机冲突常常导致部分需要和目标不能满足和实现,于是就造成了挫折。动机冲突也是构成挫折的个人因素的一个方面。动机冲突在每个人的生活中是经常出现的,其表现形式主要有:第一,双趋式冲突,指人们在有目的的活动中,同时有两个并存的具有同样吸引力的目标,而这两个目标因条件所限又无法同时实现,从而产生难以取舍的冲突情境,即鱼和熊掌不可兼得。如在谈恋爱期间同时对两个异性有好感,但只能选择其中的一个而放弃另一个;有些学生想做好社会工作,又想不影响学习取得好成绩等。第二,双避式冲突,指人们同时遇到两个具有相同威胁性的目标,两者都想躲避,但因条件所限而必须选择其一,从而产生左右为难的冲突情境,即前有悬崖后有追兵。第三,趋避式冲突,指人们在面对同一目标时产生的互相矛盾的心态,即这一目标既具有吸引力,能够满足某些需要,同时又具有排斥力,构成某些威胁,即又要马儿好又要马儿不吃草。如考试时有些学生因平时没有认真学习和复习害怕考试不及格,于是就产生了作弊的想法,但又怕被监考老师发现受到校纪处分;有些学生想参加演讲比赛,但又怕失败有损自尊心等。第四,双重趋避冲突,指人们同时遇到两个或两个以上的目标,而每一个目标又同时存在趋避冲突。

三　挫折反应与防卫机制

当人遇到挫折时,就会引起心理上的感受和反应,对人的生理、心理与行为带来相应影响。这种感受和反应在不同人的身上是不同的,因为人们对挫折的承受能力是不同的。作为挫折应对方式,人会有意无意地寻求摆脱由挫折产生的心理压力、减轻精神痛苦、恢复正常情绪和心理平衡的自我调节和自我保护的方式,称为挫折防卫机制。了解挫折反应有助于及时识别与援助。

(一) 挫折反应

1. 挫折的生理反应

在挫折带来的强烈、持续的消极情绪作用下,人的神经、心血管、内分泌、消化等系统会出现反应,如心率加快、血压升高、呼吸加快、出汗等。如果紧张、焦虑情绪持续,会出现面色苍白、四肢发冷、心悸、气急、腹胀,危害人的身心健康。

2. 挫折的情绪反应

当遭受挫折时,常会表现为情绪的反应:有人反应过度,对鸡毛蒜皮的小事也做出很强烈的情绪反应,如发脾气、大哭大闹、怒不可遏;有人却反应过弱,一般人感到痛苦、惧怕或悲伤的事情,他却无动于衷、冷漠无情,或者在某些事情上,连正当的愤怒也不敢表示,过分压抑自己的情绪。压抑是指人们在受到挫折后,把意识所不能接受的、使人感到困扰或痛苦的思想、欲望或体验压抑到潜意识中,不再想起、不去回忆,主动遗忘,以保持内心的安宁,使自己避免痛苦。最常见的挫折情绪反应有愤怒、焦虑、沮丧、失望、压抑、抑郁。

3. 挫折的行为反应

挫折的外显行为反应因人而异,有积极的行为反应和消极的行为反应之区别。消极反应中最常见的是攻击行为。攻击有两种形式。一种是直接攻击,将愤怒的情绪直接导向造成其挫折的人或物。另一种是转向攻击,不能将愤怒的情绪直接导向造成其挫折的人或物,而只能转向自己或第三者,即向"替罪羊"发泄受挫情感。转向攻击通常在两种情境下发生:一是对自己缺乏信心、悲观失望,于是受挫后产生自责,把攻击转向自己;二是由于觉察到不可能或者不应该对引起挫折的对象直接攻击,而把挫折的情绪发泄到其他人、物上。

挫折与攻击理论。美国心理学家多拉德(J. Dollad)等人提出的"挫折与攻击"理论认为,挫折的经验和攻击行为之间有对应关系,攻击行为是因为个体遭受挫折所引起的,并宣称"攻击永远是挫折的一种后果"。这一理论包含两个基本论点,第一,侵犯行为的发生总是以挫折的存在为先决条件;第二,挫折的产生必然会导致某种形式的侵犯。后来的研究对此理论加以修正,但攻击行为仍被认为是挫折发生后多种反应中最常见的。

(二) 防卫机制及其作用

挫折防卫机制是一种自发的心理调节机能,具有两面性:一方面可以起到使人适应挫折、减轻精神痛苦、促进发展的作用;另一方面又会使人逃避现实,降低对生活的适应能力,从而导致更大挫折,甚至产生心理疾病。

挫折的防卫行为有多种,如升华、补偿、认同、抵消、幽默、文饰、压抑、投射、反向、幻想、否定、退化、移位等。当人们感觉自己的名誉、尊严、面子、地位等受到损失时常常会采用防卫行为,以减少内心的焦虑和不安。最常见的有合理化、退行、固执和冷漠。合理化也称文饰，是指当人们的行为未达到目标或不符合社会规范时，为了减少或免除因挫折而产生的焦虑和痛苦，寻找种种理由或值得原谅的借口替自己辩护。这是人们在日常生活中使用最多的一种挫折防卫机制，通常的表现方式是"找借口"、"酸葡萄心理"和"甜柠檬心理"。退行是指人受挫后，其行为表现有时会显得十分幼稚，与自己的年龄和身份不相称。这种受挫后倒退的行为模式称为退行，哭闹、歇斯底里等均是受挫后退行的表现。冷漠是指人在受挫后表现出对挫折情境漠不关心、无动于衷的态度。冷漠通常在人长期遭受挫折而无法对引起挫折的对象进行攻击，又找不到适当的"替罪羊"来发泄，而且看不到改变处境的希望时发生。这种冷漠反应只是暂时的、表面的，当情境改变时，会发生转化。在冷漠反应期，人心理上仍可能存在攻击与压抑之间的冲突。固执是指人在受挫后，以不变应万变，采取刻板的方式盲目重复某种行为，这种现象称为固执。如有些人失败或受到批评后，不仅不吸取教训、调整策略，反而一意孤行，往往会遭受更大的挫折。固执反应通常是由于挫折降低了人们的判断和学习新问题的能力所致。

积极的行为反应包括适当妥协、幽默、升华、寻求支持。妥协是指在挫折面前选择接受的状态。俗话说，退一步海阔天空。这在某种程度上可以缓解由挫折而造成的紧张，避免引起心理平衡的紊乱，减轻由紧张造成的有害心身健康的应激状态。升华是指一个人在受到挫折后，将自己不为社会所认同的动机或欲望转变为符合社会要求的动机或欲望，或将自己的情感和精力转移到有益的活动中去，使低层次的需要和行为上升为高层次的需要和行为，从而将不良情绪和不为社会所允许的动机导向比较崇高的方面，以保持情绪稳定和心理平衡。升华不仅可以使原来的动机冲突和受挫后的不良情绪得到化解和宣泄，而且能够促使人获得成功。历史上很多著名的科学家、艺术家和领袖人物，都是通过对挫折的升华取得辉煌成就的。寻求支持指在挫折的打击下，有些人往往感到自己势单力薄、力量有限，因而将注意力转向寻求他人和社会的支持，或找亲朋好友倾诉衷肠，或向组织、团体寻求关心和帮助，以此减轻挫折感和烦恼程度。

(三) 合理使用防卫机制

合理运用挫折防卫机制可以有效地缓解情绪上的痛苦,提高对挫折的承受能力,为人们最终战胜挫折提供条件,特别是积极的挫折防卫机制的运用,还可以促使人们面对现实,积极进取,战胜挫折,获得进一步的发展。在上述各种挫折防卫机制中,升华是最具有积极性和建设性的挫折防卫机制,补偿、认同、抵消、幽默等在很大程度上也具有积极意义。文饰、反向等具有掩饰性,压抑、幻想、否定、退化等具有逃避性,移位、投射等具有攻击性,在某种程度上都不利于提高人们对挫折的适应能力。因此,挫折防卫机制虽然在一定程度上能够帮助人们提高和保持个人自尊,躲避或减轻焦虑情绪,缓解心理压力,但如果使用过度,或使用不当,不仅减轻不了紧张和焦虑的程度,反而可能破坏心理活动的平衡,妨碍个人的社会适应,甚至还可能造成心理异常和行为偏差。

两种选择,两个结果。据悉,1998 年 10 月,北方某高校一名大一的女大学生 S 跳楼自杀。消息迅速传遍整个校园,众人惊愕不已,无不为之扼腕叹息。而在此后不久,同是这所高校的另一名女大学生 Z 却因敢于向厄运挑战,不畏艰难,刻苦学习,被评为全国三好学生标兵。两人相比,前者匆匆走完人生道路,生命轻于鸿毛;后者与命运顽强抗争,超越自我,实现了生命的价值。为什么同样是大学生,两人却作出了截然不同的选择,走上了相反的道路?

S 出生在普通的农民家庭,家境贫寒,性格内向孤僻,很少与父母沟通,更难以与同学交往。她唯一的精神支柱就是学习。当她以优异的成绩考入大学后,却发现自己唯一的优势——学业优秀不再像以前那样受人瞩目了,在家庭条件、言谈举止等方面也与他人存在很大的差距,强烈的自卑感缠绕着她,厌世的情绪油然而生,最终她选择了死亡。Z 同样出生在偏远贫穷的农村家庭,在入学报到途中不幸遭遇车祸,致使左手臂骨折,脊柱压缩性骨折,并留下脑震荡后遗症。在这种艰难的情况下,她克服了身体上的痛苦和家庭贫困的压力,以一种积极的人生态度,自强自立、努力学习、顽强拼搏,连续四年获得一等奖学金,被免试推荐为研究生,还被教育部、团中央评为全国三好学生标兵。

两种选择,两个结果,形成了鲜明的对照,也给我们留下了深深的思索。

四　提高挫折承受力

挫折承受力是指人们在遇到挫折时,能够忍受和排解挫折的程度,也就是人们适应挫折、抵抗和应对挫折的一种能力。挫折承受力包括挫折耐受力和挫折排解力两个方面。挫折耐受力是指人们受到挫折时经受得起挫折的打击和压力,保持心理和行为正常的能力。挫折排解力是指人们受到挫折后,对挫折进行直接的调整和转变,积极改善挫折情境、解脱挫折状态的能力。挫折的耐受力和排解力是两个既有联系又有区别的概念。二者的联系在于它们都是对挫折的适应能力,共同组成挫折的承受力。耐受力是适应的前一阶段,是对挫折消极、被动地适应,表现为对挫折的负荷能力,为排解力提供基础;排解力是适应的后一阶段,是对挫折的主动适应,表现为对挫折情境的改造能力,是对耐受力的进一步发展。耐受力是接受现实,能够减轻挫折情绪反应的强度;排解力是改变现状,促使需要的满足和目标的实现。

(一) 树立正确的挫折观

提高挫折承受力,首先要对挫折有一个正确的认识。要正确地认识挫折,并不是一件容易的事情。当自己处在旁观者的地位,看到别人遭遇挫折时,或许有时还能作出一些较为正确的分析,而当挫折降临到自己的头上时,要作出正确而清醒的认识就难了。

挫折是生活的组成部分,每一个人都会遇到。虽然我们不欢迎挫折,不喜欢挫折,但又总是躲避不开它。有人专门研究过国外 293 个著名文艺家的传记,发现有 127 人在生活中遭遇过重大的挫折,正所谓"宝剑锋从磨砺出,梅花香自苦寒来"。但是,人们更多的是注重成功而忘记挫折。过去,我们对挫折探求不多、理解不深。有时,挫折被排除在理性的视野之外,在离我们遥远的地方对人施加着影响,使我们无法摆脱它的干预和危害。因此,对挫折要有正确认识。它是普遍存在的,随时随地都可能发生。从某种意义上讲,人的一生就是不断战胜困难、化解挫折从而获得发展的过程。

困难和挫折对于人们来说,既是一种危机,也是一种挑战。因此,青年人应做好面对挫折的充分的心理准备,一旦遇到挫折,就不会惊慌失措、痛苦绝望,而能够正视现实,敢于面对挑战。同时,也应该看到,挫折也并不总是发生的,整个生活中还有很多快乐、幸运和幸福的事情。所以,在遇到挫折时,不应只看到挫折带来的损失和痛苦,还应看到自己的优点和已取得的成绩,不应始终停留在挫折产生的不良情绪之中,而应尽快从情感的痛苦中解脱出来,以理智面对挫折。

(二) 订立恰当的个人目标

挫折是人们在实现自己所追求的目标过程中遇到困难而产生的感受。目标对个人越重要,受挫后的反应就越强烈。如果目的恰当、方向准确、持之以恒,产生挫折感的机会就少,即使遇到挫折也能积极应对。如果目标不当,过高或者过低,与自己的条件不相适合,就应该及时调整。要检查主观的智力、能力、体力是否适应目标的达成,若目标过高,就要适当降低或改换目标,不要把远期目标当做近期目标。而如果目标方向错误,就像一个人终其一生奋力想爬到梯子顶端,最后他达到了,只是发现梯子搭错了墙。这是多么可悲的事啊! 南辕北辙的故事,也说明方向很重要。也有的人没有明确的目标或者目标太多,昨天的目标是从军,今天的目标是从政,明天的目标是经商,后天的目标是著书;昨天认为绘画容易,便想当画家,今天认为唱歌赚钱,便立志于学唱,明天又认为大款气派,便又弃唱下海,后天又觉得海水苦涩,便又上岸。一天一个想法,一时一个主意。结果,虽然表面上忙忙碌碌、辛辛苦苦,但实际上却是碌碌无为、劳而无功。目标太多,但没有一个可以实现,没有一个被实现。原因在于,这些目标没有一个被坚韧不拔地追求过。

人生没有放弃努力的借口。有一个人,一生遭受两次惨痛的意外事故,他就是米切尔,一位生活的强者,百万富翁、企业家、演说家。第一次不幸发生在 46 岁,由于飞机意外事故,他 65% 以上的皮肤烧坏,经过 16 次手术,脸变成彩色板,手指没了,双腿特别细,无法行动,只能瘫在轮椅上,然而 6 个月后他亲自驾驶飞机飞上蓝天。第二次不幸发生在 50 岁,驾驶的飞机起飞时突然摔在跑道上,他12块脊椎骨全部被压得粉碎,腰部以下永远瘫痪。但他没有将灾难当作消沉的理由。他说:瘫痪之前我可以做1万种事,现在只能做9000种,我还可以把注意力和目光放在能做的9000种事上。

(三) 培养积极思维

挫折并不可怕。从积极思维的角度看,首先,挫折能增长人的才智。挫折之后的思考、总结、探索、创造的过程,也是人提高认识、增长才智的过程。其次,挫折可以激发人的进取精神。对于有志的人来说,挫折的发生会激起再努力、再加把劲的想法和勇气,使自己成为生活的强者。再次,挫折还能够磨砺人的意志。挫折对人是一种打击,给人增加了一定的压力,但是,压力能够磨砺意志、造就人才。生活的强者会变挫折为动力,变失败为成功。但是生活中总有一些人思维习惯趋向消极。诚然,我们都有积极或消极、乐观或悲观的倾向:成功者拥有正向思维——导向成功的思维模式;失败者拥有负向思维——消极的、封闭的、破坏性的、导向失败的思维模式。不同的思维模式,对人的奋斗目标的驱动作用、理想信念的导向作用会产生意义不同的重大影响。我们可以扭转负向思维,因为积极的思维方式是人人都可以学到的。

快乐的城堡。一个叫塞尔玛的年轻女子,陪伴丈夫驻扎在某个沙漠的陆军基地。丈夫奉命到沙漠里演习,她一个人留在陆军的小铁皮房子里,不仅炎热难熬,而且没有人谈天——周围只有墨西哥人和印第安人,他们不会说英语。她太难过了,就写信给父母说要回家,她的父亲的回信只有两行,但是彻底改变了她的生活:两个人从牢房的铁窗望出去,一个人看到了地上的泥土,一个人看到了星星。塞尔玛把这封信读了许多遍,感到非常惭愧,决心在沙漠里寻找自己的星星。她开始和当地人交朋友,人们对她非常地热情。她对当地的纺织品和陶器很感兴趣,当地人就把纺织品和陶器介绍给她。她又研究那些迷人的仙人掌和各种沙漠植物,学习有关战鼠的知识,观看沙漠的日出日落,还动手找海螺壳,这些都是亿万年前沙漠还是海床时留下来的。沙漠没有变,印第安人没有变,只有塞尔玛的念头和心态改变了。这"一念之差"使她变成了另一个人,原先的痛苦变成了一生中最有意义的事情,她为自己的新发现而兴奋不已。两年之后,塞尔玛的《快乐的城堡》出版了,她从自己的"牢房"里望出来,终于看到了星星。

积极思维是成功的支点。挫折会给人以打击,带来损失和痛苦,但也能使人奋起、成熟,从中得到锻炼。平静、安逸、舒适的生活往往使人安于现状,耽于享受;而挫折和磨难却能使人受到磨练和考验,变得坚强起来。"自古雄才多磨难,从来纨绔少伟男",道理大概就在这里吧。痛苦和磨难,不仅会把我们磨炼得更坚强,而且能扩大我们对生活认识的广度和深度,使自己更加成熟。强者之所以为强者,不在于他们遇到挫折时根本没有消沉和软弱过,而恰恰在于他们善于克服自己的消沉与软弱,努力向积极方向转化。

表 5-1 积极思维与消极思维的差异

	积极(正向)思维	消极(负向)思维
感情、性格	爱情、友谊、宽厚、热情、自尊自爱、快乐、勇敢	偏见、嫉妒、孤独、冷漠、自卑、伤感、胆怯
行为方法	独立、自行负责、积极行动、广交朋友	依赖、行动懒惰、受制于人、缺少朋友
思想方法	开放、接受变化、前进和发展	封闭、抵制变化、墨守成规
对自身的理念	热爱自己的生命,确信个体生命的价值,相信自己与许多有成就的人一样,有许多潜力可以发掘,不相信上帝和命运,不屈从环境	忽视、轻视个体生命的价值,不相信自身拥有巨大的、可供发掘的潜能,屈从于命运和环境的压力
对社会(人际)理念	接受他人,能与人有效合作	拒绝他人,很难与人合作
对现实世界理念	接受现实,在现实中寻求和谐,能在适应环境的过程中寻求积极的变化,并在改造环境的过程中发展自己	因无法适应现实而拒绝现实,又因无法超脱现实而感到痛苦
对未来理念	面向未来,承认相对真理,乐于不断更新知识,适应变化	抱有"绝对真理"理念,拒绝接受发展变化中的"真理",适应不了社会的进步

（四）积极投身实践磨练自己和积累经验

　　挫折具有两面性,既有给人打击,使人痛苦的消极的一面,也有使人奋进、成熟,从中得到锻炼的积极的一面。挫折是前进中的暂时跌倒,生活中的挫折和磨难并不都是坏事。人总是需要不断前进的,在前进中,需要抗争,需要拼搏,需要用理性的利剑去披荆斩棘,才能在实践中完善自身。因此,青年人要积极投身实践活动,在实践中不断磨练自己,提高自己的意志力,培养坚强的意志品质。在实践过程中,不要惧怕失败,要善于从失败中总结经验教训,化消极因素为积极因素,使挫折向积极方向转化,不断提高自己解决困难、战胜挫折的能力。在总结经验教训时,应着重考虑确定的奋斗目标是否恰当、实施的途径和方法是否正确、造成挫折的原因来自何处、转败为胜的办法在哪里。

　　八倍的辛劳造就国务卿。2005 年美国国务卿赖斯访问我国。3 月 20 日,国家主席胡锦涛在北京人民大会堂会见她。一个曾经备受歧视的黑人女孩通过努力成为著名的女外交官,完成了从丑小鸭到白天鹅的变化。当被问及怎样获得成功时,赖斯说,我付出了八倍的辛劳。

　　在赖斯小时候生活的伯明翰,黑人地位低下,处处受到白人欺压。10 岁时她请假到首都游览,却因为身份是黑人而不能进入白宫参观。赖斯备感羞辱,发誓总有一天要成为那房子的主人。父母赞赏她的志向,告诉她改变黑人状况的最好办法就是取得非凡的成就。"如果你拿出双倍的劲头往前冲,或许能赶上别人的一半;如果你愿意付出四倍的辛劳,就能与白人并驾齐驱;如果你愿意付出八倍的辛劳,就一定能赶在白人前头。"从此,赖斯数十年如一日,发奋学习,除母语外,精通俄语、法语、西班牙语,考进名校斯坦福大学拿到博士学位,26 岁已

经是斯坦福大学最年轻的教授,随后又出任斯坦福大学历史上最年轻的教务长。她谈钢琴曾获得全美青少年第一名,在网球、花样滑冰、芭蕾舞、礼仪等方面也颇有造诣。天道酬勤,她终于脱颖而出。

(五) 建立支持系统与掌握调适方法

学习和掌握一些自我心理调适方法可以有效地化解因挫折而产生的焦虑、紧张等不良情绪,从而提高挫折承受力。常用的自我心理调适方法有自我暗示法、放松调节法、想象脱敏法、想象调节法和呼吸调节法等。

提高挫折的承受力,还应建立和谐的人际关系,营造自己的情感社会支持系统。当人遇到挫折时,一般都伴有强烈的情绪反应,处于焦虑和痛苦之中,这时,如果有几个好朋友或者亲友能够给以安慰、关心、支持、鼓励和信任,将有效地缓解心理压力和降低情绪反应,从而增强对挫折的承受力。所以,大学生在遇到挫折时,不应将自己封闭起来,而应尽快找自己的好朋友和家人进行沟通,寻求他们的支持和帮助。

(六) 主动寻求专业的帮助

当一个人受到挫折后陷入不良情绪中不能自拔时,还可以寻求心理咨询师系统、专业的疏导和帮助。受挫者在心理咨询师的引导下,校正主观认识,发挥内在潜力,消除心理障碍,明确前进方向,化解不良情绪和行为反应,最终获得心理上的成长,提高挫折承受力。

挫折是客观存在的,关键在于我们怎样认识它和对待它。如果对挫折没有正确的认识,缺乏应有的心理准备,遇到挫折就会惊惶失措、痛苦绝望;如果有了正确的挫折观,做好了充分的心理准备,认识到挫折是人生中不可避免的一部分,并且敢于正视面临的挫折,敢于向挫折挑战,就能把挫折当做进步的阶石、成功的起点,从而不断取得进步。

撞到南墙也别回头。美国篮球明星迈克尔·乔丹谈到自己成功的经验时这样总结:"我从来不关心输掉一场大赛会有什么后果,因为顾及后果时,总是会想到消极悲观的一面。有人在失败的恐惧前止步不前。我认为,要成就一番事业,就要不畏艰险,孜孜以求。任何畏惧都是虚幻的,看起来荆棘丛丛,实际上都是纸老虎。即使结果未能尽如人意,我也不会思前想后,失败只不过让我下次加倍努力罢了。我的建议就是:乐观积极地思考,从失败中寻找动力。有时候,失败恰恰使你向成功迈近了一步,世界上的伟大发明都经历过成百上千的挫折和失误才获得成功。我认为畏惧有时来自缺乏专注。如果我站在罚篮线上,脑中却想着有 1000 万观众在注视着我,可能就会手足无措。所以我努力设想自己是在一个熟悉的地方,设想自己以前每次罚篮都未曾失手,这次也会发挥我训练有素的技术,不必担心结果如何,因为我知道自己不会失手。于是放松、投篮,一切就成定局。我对平时的训练和正式比赛一视同仁,绝不厚此薄彼。你不能期望训练中的马马虎虎会给以后的比赛带来好成绩。有很多人临阵磨枪,说到做不到,这正是他们失败的原因。要知道,成功的崎岖之路,困难和艰险对谁都是均等的、不留情面的。然而你不必因此踌躇不前。要是前面有一堵墙,不要折回头放弃努力,想办法爬过去,超越它,即使被撞到也不要回头!"(《讽刺与幽默》2005 年 12 月 23 日第 13 版)

推荐阅读书目:

1.〔美〕保罗·史托兹著、庄安祺译:《逆境商数》,台北:时报文化出版,1997 年。

2.〔美〕斯宾赛·约翰逊:《谁动了我的奶酪》,北京:中信出版社,2002 年。

3. 陈家辉:《如何提高你的 AQ、CQ、EQ 和 IQ》,香港:明窗出版社有限公司,1998 年。

4. 冯江平:《挫折心理学》,南昌:江西教育出版社,1991 年。

5.〔美〕弗兰克·哈多克著、高潮译:《意志力训练手册》,北京:中国发展出版社,2005 年。

6.〔美〕拿破仑·希尔、N. V. 皮尔著,刘津译:《积极心态的力量》,成都:四川人民出版社,2001 年。

第六讲

培养良好的个性

解析人的个性

影响性格形成的因素

性格决定命运吗

个性优化的策略与方法

　　周国平在他的杂文《性格就是命运》一文中这样阐述:古希腊哲人赫拉克利特说:"一个人的性格就是他的命运。"这句话包含两层意思:第一,对于每一个人来说,性格是与生俱来、伴随终身的,永远不可摆脱,如同不可摆脱命运一样;第二,性格决定了一个人在此生此世的命运。那么,能否由此得出结论,说一个人命运的好坏是由天赋性格的好坏决定的呢? 我认为不能,因为天性无所谓好坏,因此由之决定的命运也无所谓好坏。明确了这一点,可知赫拉克利特的名言的真正含义是:一个人应该认清自己的天性,过最适合于他的天性的生活,而对他而言这就是最好的生活。

　　一个灵魂在天外游荡,有一天通过某一对男女的交合而投进一个凡胎。他从懵懂无知开始,似乎完全忘记了自己的本来面目。但是,随着年岁和经历的增加,那天赋的性质渐渐显露,使他不自觉地对生活有了一种基本的态度。在一定意义上,"认识你自己"就是要认识附着在凡胎上的这个灵魂,一旦认识了,过去的一切都有了解释,未来的一切都有了方向。

赫拉克利特的名言也常被翻译成："一个人的性格就是他的守护神。"的确，一个人一旦认清了自己的天性，知道自己究竟是什么人，他也就知道自己究竟要什么了，如同有神守护一样，不会在喧闹的人世间迷失方向。

在现实生活中，有些人很有才华，也有机遇，然而却与晋升、财富、幸福无缘；有些人在校成绩平平，出了校门若干年后，你对他却要刮目相看；有些人生活清贫却很幸福，有些人家产万贯却终日郁郁寡欢；有些人美如天仙却让人厌恶，有些人其貌不扬却魅力无限……这一切的"不公平"，你想过原因吗？实践告诉我们：许多人的一生，并不缺才华、能力和机遇，却总与晋升、机遇、成就、财富擦肩而过，根本原因就是不具备健康的心理和良好的个性。人的命运就掌握在自己手中，良好的个性乃事业成功、家庭幸福的关键。

一　解析人的个性

生活赋予了每个人独有的特质，造就了亿万个不同的个体。"人心不同，各如其面"，个性就像人的面孔一样千差万别、千姿百态。有人活泼、有人文静，有人勇敢、有人懦弱，有人聪明、有人笨拙，这些差异就是心理学研究的个性。每个人都有自己的个性。个性影响和制约着人的发展与成就。

个性，也称人格，指一个人的整体的精神面貌，即具有一定倾向性的心理特征的总和。个性的结构是多层次、多侧面的，包括活动倾向性方面的特征，如需要、动机、兴趣、信念、理想等，也包括个性心理特征，如气质、性格、能力等。这些因素相互渗透、相互影响、相互制约，结合成一个有机整体，对人的行为进行调节和控制。

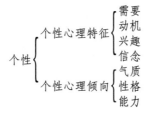

图6-1　个性的构成

(一) 个性心理倾向

个性心理倾向是个性结构中最活跃的因素。它是一个人进行活动的基本动力,决定着人对现实的态度,决定着人对认识活动的对象取向和选择。主要包括需要、动机、兴趣、理想、信念和世界观。各个成分并不是孤立的,而是相互联系、相互影响。个性心理倾向较少受生理因素影响,主要是在后天的社会化过程中形成的。其中需要又是个性心理倾向乃至整个个性积极性的源泉,只有在需要的推动下,个性才能形成与发展。动机、兴趣和信念等是需要的表现形式。个性心理倾向是以人的需要为基础的动机系统。

(二) 个性心理特征

个性心理特征是一个人经常地、稳定地表现出来的心理特点,集中反映了人的心理面貌的独特性。每个人的心理特征是不同的,因此个性表现也是千差万别的。个性心理特征主要包括气质、性格和能力。这些特征可以通过心理测验来了解和认识。

(三) 个性的特点

人的个性具有独特性、社会性、稳定性和完整性的特点。个性最突出的特点就是独特性,即一个人区别于他人的特征。比如一个大学生由于诚实、正直、乐观、坚忍、助人等特点而与周围的人不同。世界上绝对没有个性完全相同的两个人,"我就是我","我是独特的,与众不同"。人的个性心理特征受个性心理倾向的调节,个性心理特征的变化也会在一定程度上影响个性心理倾向。

(四) 良好个性的特征

个性在发展过程中协调、健康,称为和谐的个性或正常的个性,在心理学上称为"整合的个性"。其特征是在不同的空间和时间内,个人的思想、观念、目的及所表现的活动虽有不同,但能互相协调,也无内心的冲突和矛盾。良好的个性是指个体的生理、心理、社会、道德和审美各要素完美地统一、平衡、协调,人的才能得以充分发挥。马克思所描述的"全面发展的、自由的人"就是良好个性的理想标准。人只有在自己所处的特定的历史条件下,不断进取、不懈努力,才能使自己的个性不断优化。良好的个性具体表现在:(1)各主要特征如道德品质、智慧能力以及体格等都得到均衡的发展;(2)感情的冲动常受到理智的控制;(3)内心无冲突;(4)言行一致、可靠,容易得到别人的信任;(5)人际关系适宜,易与人合作;(6)有较强的义务感和工作责任感。

(五) 了解个性的意义

人生成败有两大影响因素,即个性和能力。大学阶段是人的个性发展、完善的重要时期。青年学生的气质、性格、能力相对比较定型,但仍有可塑性。向往成才、追求卓越是每个大学生的期盼。因此每个大学生都应该了解个性的知识,关注自己个性的发展,积极主动地塑造良好的个性,使自己的人格不断完善,为走向成功奠定坚实的基础。

1. 个性影响交往

了解自己和他人的个性特征,对有效的人际交往有重要的意义。比如,气质不同的人,在说话、走路、与别人交往、学习、工作、休息以及怎样表现自己的痛苦和欢乐、怎样对不同的事件做出反应等方面都会有不同的特点。了解这一点,对于同学之间加深理解、融洽相处很有好处。大学生大都有这样的体会,彼此摸透了脾气,自然就增加了谅解,于是不再为别人说话急躁、不爱与人打交道、不热情之类的表现而感到不快,减少了人际关系问题上的苦恼。

2. 个性影响活动效率

个性中的气质特征对活动效率有一定的影响。例如,要求速度的活动,多血质和胆汁质特征的人更适合;要求稳定、持久性的活动,粘液质特征的人更适应;要求精细、敏锐的活动,抑郁质特征的人更能胜任等。所以了解气质特征可对选择活动起参考作用。但是,在一般的学习和工作中,这种影响并不显著。这是由于气质的积极方面对其消极方面有补偿的作用。多血质的人注意转移灵活可弥补其注意不稳定的弱点;粘液质的人细致、耐心可适当补偿其速度慢的不足。认识这一特点,可以使大学生消除因自己的气质弱点而感到的苦恼。

3．个性影响健康

对气质是神经系统弱型的人来说,承受外界刺激的能力较低,所以容易在不良因素的刺激下产生心理障碍或身心疾病,如神经衰弱、抑郁症或胃溃疡;而对于神经系统强而不均衡型的人来说,经常处在兴奋、紧张和压力之下,容易患心血管疾病等。

讲究个性心理卫生不仅是为了避免疾病,更重要是为了发挥积极个性的作用,以增进人的社会适应能力,促进人的健康和完善,进而促进社会的文明和发展。比如,一个性情开朗、热情、善于交际、为人诚恳的人,往往容易得到群体和他人的接纳和帮助、欢迎和喜爱,容易建立起和谐的人际关系,不仅自己过得心情愉快、情绪欢畅,也给周围的人带来欢乐,并使自己的才华得以施展。新入学的大学生和走上社会的毕业生,其对学校及社会的适应状态往往是他的个性素质的综合反应。

4．个性影响人生成败

个性的核心是性格,性格是人对现实的态度和行为方式中较为稳定并具有核心意义的个性特征,如聪明与愚笨、诚实与虚伪、自尊与自卑等,都是对人性格特征的描述。性格在个性特征中处于重要地位,具有核心的意义,它对兴趣、能力、气质等其他个性特征有着制约的作用。因此,关注性格,就是关注命运。

良好个性造就航天英雄。2003 年 10 月 15 日北京时间 9 时,杨利伟驾乘我国自行研制的"神舟"五号飞船从位于戈壁深处的酒泉卫星发射中心起飞,"长征"二号 F 型火箭把飞船推向地球 200 公里之外的空间。面对考验,面对挑战,他不辱使命,英勇顽强、沉着冷静、果敢坚毅,在茫茫太空飞行 21 小时 23 分,环绕地球 14 圈,圆满完成了首次载人航天飞行任务,为实现中华民族的千年飞天梦想作出了巨大贡献,为祖国和人民建立了不朽的功勋。

2005 年 10 月 17 日凌晨 4 时 33 分,经过 115 小时 32 分钟的太空飞行,航天员费俊龙、聂海胜完成我国真正意义上有人参与的空间科学实验后,神

图 6-2　航天英雄聂海胜和费俊龙

舟六号载人飞船返回舱顺利着陆,安全返回。航天员费俊龙过人的勇气、过硬的技术与冷静的头脑,使他在 32 岁那年成了一位年轻的空军特级飞行员。在 1500 多名优秀空军飞行员中脱颖而出的费俊龙的细腻与执著甚至到了令教员也感到吃惊的地步。有一次训练时,教员出了一道题:"导致某异常情况返回的故障模式有几种?"教员准备的标准答案是 5 种,费俊龙竟答了 6 种。检验结果证明费俊龙是对的。而在杨利伟眼中,出生在鄂豫交界处偏僻乡村的聂海胜有着农村人固有的坚韧与持重。"平时话不多,但做事踏实,而且配合精神好,一旦认为是正确的就会无条件去做。"杨利伟回忆,在 2002 年那次艰苦的沙漠生存训练中,聂海胜的吃苦精神让他至今难以忘怀。

二　影响性格形成的因素

人的性格从何而来,在其形成过程中,会受哪些因素的影响? 俗话说,"龙生九子,各有不同",这表明人的性格特点一方面有遗传的因素,另一方面也有环境的影响。那么遗传与后天环境各有怎样的作用呢? 巴甫洛夫曾指出,性格的生理基础是神经类型特征和生活环境影响的"合金"。性格是先天和后天的综合产物。

（一）性格的结构特征

性格的结构很复杂,它是由多成分、多侧面交织在一起构成的,并形成了多种多样的特征。通常可以把这些特征分为四种:

1. 性格的态度特征

人的性格是现实社会关系在人脑中的反映,一个人做什么、如何做,总是和他对世界、对别人、对自己本身的态度相联系的,如对他人、社会和集体的态度是正直还是虚伪、礼貌还是粗暴、富有同情心还是冷酷无情、合作还是孤僻、猜疑还是信任、热爱集体还是自私自利等等,对学习和工作的态度是认真还是敷衍、积极还是消极、主动还是被动、勇于创新还是墨守成规等,对自己的态度是谦虚、骄傲,自卑、自负,自律还是放任等,对物的态度是奢侈还是节俭、爱护还是漫不经心等。

2. 性格的意志特征

人对自己行为的调节方式和水平方面的性格特征。每个人对自己的思想和行为的调节及驾驭水平有很大差异,主要表现为行为的目的性明确与否、对行为的自觉控制水平等,如目的性或盲目性、独立性或易受暗示性、自制或放纵、果断或犹豫、果敢或怯懦、持久或无恒心、坚韧或软弱等。

3. 性格的情绪特征

一个人在情绪活动中表现出情绪的强度、稳定性、持久性及主导心境方面的性格特征,如有的人遇事反应强烈,有的人反应平和;有的人喜怒无常,情绪经常波动,有的人情绪稳定,很少大起大落;有的人心境总处于振奋、愉快中,似乎每天都拥有明媚的春光,而有的人整天没精打采,处于郁闷低沉之中,似乎快乐总与他无缘等。

4. 性格的理智特征

人与人之间在认识活动中所表现出来的差异是性格的理智特征,主要表现在感知、记忆、思维、想象等认知方面,如在观察事物时有人偏好分析,有人偏好综合;有人擅长直观记忆,有人善于逻辑记忆;有人富于想象,有人想象贫乏;有人善于独立思考,有人容易受别人的影响等。

复杂的性格。性格的各种特征并不是孤立、静止地存在着,随着环境的多变性、人的活动的多样化,人的性格特征也以不同的方式结合而具有了动力性。因此,可以根据某人的一种性格特征来推知他的其他性格特征,如急躁多与冲动、粗心、好激动等特征有关。另一方面,性格会随着人的活动的多样化而表现出多样性。也就是说,一个人的性格会随着个人角色的转变、环境和情境的变化以及自我要求的不同而呈现出不同的特征,因此具有丰富性和复杂性。认识到这一点,对于完整地把握人的性格具有重要意义。虽然在不同的场合下一个人可能表现出不同的性格特征,但总的说来有些是经常的、有些是暂时的、有些是整体的、有些是局部的、有些是稳固的、有些是可变的。只有那些比较稳定的、习惯化了的态度和行为方式才是性格的主要方面,才称得上是性格。

(二) 性格的分类

性格的分类方法很多,可以从不同角度来反映一个人性格的某一侧面。

1. 西方的大五结构

表 6-1　西方五因素人格结构

人格因素	有代表的人格特质	两极表现
神经质 N neuroticism	焦虑、敌对、压抑、自我意识、冲动、脆弱、自我防卫等	平静—烦恼;坚韧—脆弱;安全—危险
外向性 E extraversion	热情、社交、健谈、果断、活跃、冒险、乐观、激动、好动、表现等	孤独—交际;寡言—多语;克制—冲动
开放性 O openness to experience	想象、思考、审美、情感丰富、求异、智能、创造、兴趣等	守旧—创新;胆怯—勇敢;保守—开明
随和性 A agreeableness	信任、直率、利他、依从、谦虚、同情、体贴、友好等	暴躁—温和;粗鲁—文静;自私—无私
谨慎性 C conscientiousness	胜任、条理、尽职、自律、谨慎、可靠、能力、责任、效率等	粗心—细心;独立—依赖;冷漠—热忱

2. 外向——内向型

最常见的性格分类是由瑞士心理学家荣格根据心理活动倾向于内部还是外部,将人的性格分为内向和外向两大类。他认为,当一个人的兴趣和关注点指向外部客体时,就是外向型;而当一个人的兴趣和关注点指向主体时,就是内向型。外向型的人心理活动倾向于外部,情感表露在外,热情奔放,独立自主,善于交往,活泼开朗,处世不拘小节,独立性强,能适应环境,但易轻信,自制力和坚持性不足,有时表现出粗心、不谨慎、情感动荡多变等等;内向型的人心理活动倾向于内部,感情较内蕴、含蓄,处世谨慎,自制力较强,善于忍耐克制,富有想象,情绪体验深刻,但不善社交,应变能力较弱,反应缓慢,易优柔寡断,显得有些沉郁、孤僻、拘谨、胆怯等。

表 6-2 内、外向性格的特点比较

外向型特点	内向型特点
◎总是注意外界所发生的事情,追求刺激,敢于冒险 ◎无忧无虑,随和乐观,容易冲动,易怒也易平息,不加思索地行动 ◎有与他人交流的需要,好为人师,有许多朋友 ◎善于交际,对人热情,不喜欢独自学习 ◎喜欢变化,能面对挑战	◎倾向于事先计划,三思而后行,严格控制感情,较少攻击行为 ◎性情孤独、内省,生活有规律 ◎对书的爱好胜于对人的交往,除亲密朋友外,对人冷漠,保持一定的距离 ◎安静,不善交际 ◎重视道德标准,但有些悲观

3. 独立——顺从型

性格按个体独立程度可划分为独立型与顺从型。独立型的人意志较坚强,不仅善于独立地发现问题、解决问题,而且敢于坚持自己正确的意见,自主、自立、自强。但是独立性过强的人,喜欢把自己的思想和意志强加于人,固执己见、独来独往,不易合群。而顺从型的人服从性好,易与人合作,随和谦恭,但独立性差,依赖性强,易受暗示,在紧急情况下易惊慌失措。

表 6-3 独立、顺从型性格的特点比较

性格类型	性格特点
独立型	善于独立发现问题和解决问题,自信果断,喜欢表现自己。易主观偏激。喜欢独处。
顺从型	缺乏主见,易受暗示。碰到紧急情况不知所措。社会敏感性高,善与人相处。

4. 心理机能类型说

19 世纪英国心理学家培因和法国心理学家查理按照在性格特征中哪种心理机能占主导地位,将人的性格划分为理智型、情绪型和意志型。理智型的人理性特征十分鲜明,善用理智控制自己的情绪,自制力强,处事谨慎,但容易瞻前顾后,缺少应有的冲动。情绪型的人情绪体验深刻,举止易受情绪左右,为人热情大胆,情绪反应敏感,但易起伏,有时甚至过于冲动,注意力不够稳定,兴趣易转移等。意志型的人行为目标一般比较明确,行动积极主动,自制力较强。

5. 职业类型说

美国心理学家霍兰德根据性格特征与职业选择的关系,将人的性格划分为六种类型。这六种不同性格的人在选择职业上具有明显的差异。

表 6-4 性格的职业类型说

代号	职业类型	表现特征
R	现实型	这种人不重视社交,而重视物质的、实际的利益。遵守规则,喜欢安定,感情不丰富,缺乏洞察力。在职业选择上希望从事有明确要求、需要一定的技能技巧、能按一定程序进行操作的工作,如机械、电工技术等。
I	研究型	这种人有强烈的好奇心,重分析,好内省,比较慎重。他们喜欢从事有观察、有科学分析的创造性活动和需要钻研精神的职业,如科学研究。
A	艺术型	这种人想象力丰富,有理想,易冲动,好独创。他们喜欢从事职业非系统的、自由的、要求有一定艺术素养的职业,如音乐、美术、影视、文学等与美感直接或间接有关的职业。

（续　表）

代号	职业类型	表现特征
S	社会型	这种人乐于助人,善社交,易合作,重视友谊,责任感强。他们希望从事那些直接为他人服务、为他人谋福利或与他人建立和发展各种关系的职业,如教育、医疗工作等。
E	企业型	这种人喜欢支配别人,有冒险精神,自信而精力旺盛,好发表自己的见解。他们愿意从事那些为直接获得经济效益而活动的职业。如经营管理等。
C	常规型	这种人易顺从,能自我抑制,想象力较差,喜欢稳定、有秩序的环境。他们愿意从事那些需要按照既定要求工作的、比较简单而又刻板的职业,如办公室事务员、仓库管理员、出纳员等。

6. A-B-C 型

按人的行为方式,即人的言行和情感的表现方式,可将人的性格分为 A 型性格、B 型性格和 C 型性格。20 世纪 50 年代后期,心脏病学家 Friedman 和 Roseman 指出大多数冠心病人都有共同的行为模式,即 A 型行为模式或 A 型性格。与之相对的是 B 型性格和 C 型性格。

表 6-5　性格的 A-B-C 型分类

类型	特征	表现
A 型	争强好胜、雄心勃勃、勇于进取、急躁易怒、缺乏耐心	典型 A 型性格的行为表现是常有时间紧迫感,行动匆忙,总想一心二用;事无巨细,必要恭亲;说话坦率,言不择辞,往往出口无心,极易得罪人;习惯于指手划脚,给人以咄咄逼人之感。
B 型	情绪心理倾向较稳定,社会适应性强,为人处事比较温和,生活有节奏,干事讲究方式,表现为想得开、放得开	B 型性格的人悠闲自得,不求名利,不在乎能否做出成就;缺乏时间观念,喜欢慢步调的生活节奏;待人随和,不爱与人竞争;从容不迫,对工作和生活比较满意。
C 型	指有产生癌症倾向的性格(C 是 Cancer 的头一个字母)	C 型性格不善于表达,过分压抑自己的焦虑或抑郁等负性情绪,特别是竭力压抑本该发泄的愤怒情绪。这种性格会严重妨碍人体内的免疫机能,使这种机能不能充分发挥抗癌的作用。

通过大量实验及调查表明,A型性格是发生冠心病、高血压的重要因素。A型性格中对外界的敌意态度和高度生气、发怒的特征联合作用,成为冠心病与高血压的诱因。因为人体在激动、紧张、气愤的状态下,肾上腺素分泌增加,一方面引起呼吸加深加快,心搏加快加强,外周血管阻力增加,舒张压升高;另一方面引起血粘度和血小板聚集性增加,促发冠脉痉挛或血栓形成,成为高血压与冠心病的病理基础。国内外的研究还发现,C型性格的人易患癌症。北京大学医学部王效道认为"抑郁是癌症的激化剂。癌症病人有78%爱生闷气"。由此可见,不良的人格因素危及人体健康。

A 型性格问卷

按各题所问事项在是否处填答。如果半数以上题目答是,希望你改变习惯,放慢生活的节奏。		
问　　题	是	否
1.你说话时会刻意加重关键字的语气吗? 2.你吃饭和走路时都很急促吗? 3.你认为孩子自幼就该养成与人竞争的习惯吗? 4.当别人慢条斯理做事时你会感到不耐烦吗? 5.当别人向你解说事情时你会催他赶快说完吗? 6.在路上挤车餐馆排队时你会感到激怒吗? 7.聆听别人谈话时你会一直想你自己的问题吗? 8.你会一边吃饭一边写笔记或一边开车一边刮胡子吗? 9.你会在休假之前先赶完预定的一切工作吗? 10.与别人闲谈时你总是提到自己关心的事吗? 11.让你停下工作休息一会你会觉得浪费了时间吗? 12.你是否觉得全心投入工作而无暇欣赏周围的美景? 13.你是否觉得宁可务实而不愿从事创新或改革的事? 14.你是否尝试在时间限制内做出更多的事? 15.与别人有约时你是否绝对遵守时间? 16.表达意见时你是否握紧拳头以加强语气? 17.你是否有信心再提升你的工作绩效? 18.你是否觉得有些事等着你立刻去完成? 19.你是否觉得对自己的工作效率一直不满意? 20.你是否觉得与人竞争时非赢不可? 21.你是否经常打断别人的话?		

(续　表)

问　　题	是	否
22.看见别人迟到时你是否会生气？ 23.用餐时你是否一吃完就立刻离席？ 24.你是否经常有匆匆忙忙的感觉？ 25.你是否对自己近来的表现不满意？		

（三）影响性格的因素

遗传和环境是影响性格形成的主要因素。社会环境是通过家庭、学校、工作岗位等广泛的活动领域去影响人的。一个人必须学习他所在的社会中人们的生活习惯、技能、行为规范和价值体系，以便取得对社会生活的适应。也就是说，性格的形成是在特定的人类社会中，通过与社会环境的相互作用，由自然人转化为能参与社会生活、担负起一定角色的社会人的过程。研究表明，在性格形成中，后天环境因素更重要。

1. 遗传：先天的基础

遗传对性格是否有影响，影响有多大，尚无定论。家谱研究和双生子的研究均表明，遗传对性格有一定的影响。

曾有心理学家在学前儿童(年龄为四岁半)中选取 139 对出生后共同生活的同性别孪生子为对象，单就情绪(稳定或激动)、活动(爱动或好静)、社会(活泼或羞怯)三方面人格特质为范围，采取观察评定法、分析比较遗传与环境两因素的分别影响。表 6-6 列出了该项研究的大概结果。

表 6-6　孪生子间人格特质的相似度

人格特质	同卵孪生(男)	异卵孪生(男)	同卵孪生(女)	异卵孪生(女)
情绪	0.68	0.00	0.60	0.05
活动	0.73	0.18	0.50	0.00
社会	0.63	0.20	0.58	0.06

总之,遗传在性格形成中有多大作用,目前很难做出明确的定论,但可以肯定的是,遗传是性格形成中不可缺少的影响因素。

2. 家庭:塑造性格的工厂

家庭是人出生后最早的教育场所,人一出生就体验着由家庭环境带给他们的一切影响,亲子关系和亲子交往的质量直接影响性格的形成。家庭所处的经济地位和政治地位,父母亲的教育观点和教育水平、教育态度和方法,家庭成员之间的关系,对人性格的形成也有非常大的影响。

一般家庭的教养方式可以分为三类:第一类是权威型,在这种环境下长大的孩子容易形成消极、被动、依赖、服从、懦弱等特点。第二类是放纵型,在这种环境下长大的孩子多表现为任性、自私、野蛮、无礼等。第三类是民主型,父母的这种教养方式能使孩子形成活泼、快乐、自立、合作、思想活跃等特征。

表 6-7　父母教养方式对儿童个性的影响

父母的态度	孩子的性格特征
支配的	消极、缺乏自主性、依存、顺从
干涉的	癔病、神经质、被动、幼稚
娇宠的	任性、放肆、幼稚、神经质、温和
拒绝的	自我显示、冷淡、狂暴
不关心的	攻击性、情绪不安定、冷酷、自立
专横的	反抗性、情绪不安定、依存、服从
民主的	协力性、独立、坦率、善与人相处

除了家长的教养方式影响一些孩子的个性外,家庭成员之间的关系、家庭氛围、父母自身表现出来的性格特点都会对儿童产生潜移默化的影响。家庭氛围大致可以分为融洽和对抗两种。在融洽氛围中,夫妻之间彬彬有礼,和蔼可亲,处事通情达理,孩子也表现得温文尔雅,有安全感,生活乐观,信心十足,待人友善等。而在对抗型家庭中,夫妻反目,战争不断,亲子关系

不和谐,儿童在性格方面会受到很大影响,如对人冷漠、暴躁、不信任人、缺乏安全感,情绪不稳定,易出现情绪和行为问题。许多单亲家庭的孩子往往会走向两个极端,要么独立性强、有主见、成熟,要么孤僻、反抗、攻击性强。

良好的家庭氛围为儿童、青少年形成成熟的性格、品质创造有利的条件。有研究表明,如果个体在婴儿期与照料者建立了安全型依恋,那么他们在以后的人际关系中会表现得更积极,对人际关系的观念更健康,对自我的态度更积极,更能适应社会的竞争。

3. 学校:再造性格的大师

学校是通过各种活动有目的、有计划地向学生施加影响的场所。学生在学校中不仅掌握一定的科学文化知识,也接受一定的意识形态和掌握一定的道德标准,学会为人处世的方式,形成自己的性格。

在课堂教学传授系统科学知识的过程中,训练学生习惯于有目的的、连续的、有条理的工作作风,使学生在克服困难中培养坚毅、顽强的品质,在集体活动中锻炼组织性和纪律性。

教师和学生的关系是以教师为主轴,学生常以教师的行为、品德作为衡量自己的标准。尤其是低年级的学生,他们倾向于把教师的行为、思想方式和待人接物作为自己的典范,教师的形象和言行无形中影响着他们的生活,也影响他们性格的形成。每个教师都有自己的风格,这种风格为学生创造了一种氛围。在教师的不同工作氛围下,学生会表现出不同的行为表现。洛奇在一项教育研究中发现:在性格冷酷、刻板、专横的老师所管辖的班集体中,学生的欺骗行为增多;在友好、民主的教师管理下,学生欺骗行为减少。

(四) 影响大学生性格发展的因素

1. 社会文化对大学生性格的影响

社会文化包括政治、经济、国家的宣传体系、宗教、风俗习惯、传统及生产力水平等。每个人出生后都处在一定的文化模式下,而这种文化模式是上几代人在历史发展中形成的。社会化是在一定文化模式影响下进行的,必然会对个性产生影响。中国人的含蓄、勤俭、关注群体与美国人的开放、进取、关注自我无不与社会文化有关。

当代大学生的个性一方面受到中国文化特征的影响,同时也受到所处的时代特征的影响。进入 21 世纪,中国社会政治经济都发生重大变革,科技发展日新月异,社会越来越开放,竞争越来越激烈,这使得大学生的眼界越来越开阔,有利于形成积极主动、独立自主、适应变化、善于交往的个性特征。

2. 校园文化的影响

学校是有计划、有组织、有目的地向人们传授知识、技能、价值标准、社会规范的专门机构。校园文化构成了高校的育人环境,具有导向、调适、辐射和凝聚的作用,对大学生的性格发展有着潜移默化的影响。

校园文化从内容上可以划分为物态文化、制度文化和精神文化。物态文化指校园环境、建筑特色、美化程度、图书设备、文体设施、校徽校标、校刊校报等校园文化的物质体现和外显特征;制度文化指学校的各种教学、行政、学生管理制度、奖惩条例、组织架构等;精神文化指通过校风、学风和教风所体现出来的价值观、舆论、传统等。例如,学校是否关心学生性格的培养、非智力因素的提升,是否鼓励学生自由发展,对学生有不小的影响。学校如果一味强调智育,忽视体育和德育,也会对学生产生不良影响。

3. 大学同学的影响

大学同学是年龄、特点、爱好、兴趣、地位相近,并时常在一起的同龄人。学校的环境扩展了学生的交往面。大学生除了和老师交往外,还和许多同龄人及高、低年级学生交往,在交往中学习与他人合作的技能,逐渐减少对家庭的依赖。大学生由于自我意识的增强,情感日益丰富,渴求友谊和理解。在这种心理背景下,同辈群体之间的共同体验、共同语言、共同情感体验、共同需要使他们相互认同、相互摹仿、相互接纳,获得心理上的满足,以创造一个适合自己心理适应和发展的小环境。

心理学家研究发现,大学生交朋友非常重视个性特征。比较有人缘的学生一般具有以下个性:对人一视同仁,有同情心,待人热情开朗,有责任感,忠厚诚实,谦逊,独立思考,兴趣爱好广泛。而在学生中不受欢迎的人个性往往表现为:自我中心,不为他人着想,缺乏责任感,把自己置身于集体之外,不尊重他人,操纵欲支配欲强,对他人冷漠,孤僻,不合群,情绪不稳,喜怒无常,狂妄自大,自命不凡,气量小,人际关系过于敏感,嫉妒心强,有敌意,不求上进,生活懒散,兴趣贫乏等。而同学间个性的影响主要取决于群体内的价值取向。比如好学生的小群体内,话题多是学习、成绩、升学等,这种价值上的认同可以引发学习上相互竞争,相互启发,坚定信念,获得支持;相反则会产生消极的影响。

4. 互联网的影响

随着网络时代的到来,大学生上网人数和上网时间越来越多,网络对大学生的影响也越来越大。网络的方便快捷满足了大学生求知的愿望,拓宽了大学生的视野;网络的个性化特征与大学生张扬个性的特点不谋而合,学生在网上可以自由表达自己的思想、观点,展现自己独特的个性,满足好奇心。网络正在改变着大学生的生活方式、学习方式、交往方式。大多数学生上网的动机主要在于获取更多、更新的知识、交朋友、发布信息、通讯、玩游戏等。但也有一部分学生沉溺于网络,脱离现实生活,患上网络综合症,影响了正常的生活,也影响了个性的健康发展。

上述多种因素对个性发展的影响是交织在一起的。除此之外,遗传因素也起一定作用。遗传决定个体的性别、身高、体型、肤色、血型等,个体的智力、知觉、动作等行为心理特征也与遗传有密切关系。西方搞诺贝尔获奖者的精子库,正是想把最优秀的头脑遗传给下一代。但是遗传因素只是人社会化的潜在基础和前提,个性的成长主要是社会环境因素的作用。

三　性格决定命运吗

要想把握住自己的命运,就要了解性格的作用。在一定程度上,性格会决定一个人的生活方式,甚至是一个人的人生道路。

(一) 性格:幸福、快乐的根本

健康是生命之本,是幸福人生的根基,而人的健康与自身性格有着十分密切的关系。科学研究已发现,许多心身疾病都有相应的性格特征,这些性格特征在疾病的发生、发展过程中起着生成、促进、催化的作用。

国内外的研究资料均表明，A型性格的人由于具有不可抑制的雄心、争强好胜的驱力以及生活节奏快、时间观念强，因而心理上常处于紧张、急躁、忙乱的状态，情绪反应强烈，容易失眠、头疼，影响消化系统功能，易患心血管疾病等。这类性格是引起心身疾病的高危险因子。对冠心病人的调查表明，A型性格的人数接近三分之一。此外，溃疡病人中70%的人是A型性格的人。而C型性格的人易患癌症。又如偏头疼患者多有好强、好竞争、好嫉妒、敏感、刻板、追求完美的性格特征；结肠炎、胃溃疡患者多有矛盾、强迫性、吝啬、抑郁等性格特征；哮喘患者多有过分依赖、幼稚、暗示性高的性格特征；高血压患者常有追求完美、好竞争、易怒、好激动等性格特征；癌症患者多有争强好胜、惯于克制、忧虑重重，常压抑情绪，常有心理冲突、不安全感和失望感等性格特征。总之，性格因素对于生理疾病的发生、发展及预后效果均有明显的影响。

另一方面，某些性格类型的人更容易产生一些心理问题和疾病，而严重的性格缺陷本身就是一种心理疾病，即人格障碍或变态人格。研究表明，几种神经症的发生都与不良的性格有着密切的关系。如神经衰弱的人往往性格偏于胆怯、自卑、抑郁、敏感、多疑、依赖性强，或偏于主观、任性、急躁、易兴奋、好强、自制力差等。焦虑性神经症患者一般来说易于紧张、焦虑，对困难估计过高，遇到挫折易过分自责，谨小慎微，优柔寡断，敏感多疑，依赖性强。许多强迫症患者在病前大都主观任性、急躁、好强、自制力差，或胆小怕事、优柔寡断、谨小慎微、缺乏自信、墨守成规、追求完美、喜欢过细地思考问题等。恐怖症患者也有一些共同的特点，如谨慎小心、胆小羞怯、内向多思等。抑郁症患者大多性格不开朗、抑郁悲观、好思虑、敏感、依赖性强。癔症患者常具有情感丰富而极不稳定、自我中心、富于幻想、易受暗示等特点。上述疾病无疑会给患者带来巨大的身心痛苦，进而影响其学习、生活和工作，成为自身发展的障碍。

（二）性格：人际和谐的根本

在人际交往中，一个人的性格会在很大程度上影响到他的人际吸引力。

人们一般都喜欢那些具有真诚善良、热情友好、积极乐观、宽容大度、守信可靠、机智幽默等性格特点的人,而讨厌那些为人虚伪、自私、孤僻冷漠、狂妄自大、嫉妒心强、悲观、刻板等的人。良好的性格是一个人内在美的展示,是产生持久吸引力的源泉。拥有良好的性格在交往中才会受到别人的青睐,与此同时,自己也才能真正体验到与他人和睦相处、得道多助的愉快体验,才会产生安全感、成就感。而不良的性格会成为人际交往的绊脚石,使自己陷入孤立无助的境地,产生寂寞、失落、烦恼、痛苦等情绪体验。

无论在学校、工作单位还是家庭,无论是陌生还是熟悉的人,无论是孩童、青年还是老人,无论时代如何变迁,良好的性格都是受人欢迎的资本,会带给你和谐的人际关系。

(三) 性格:事业成败的关键

性格直接制约一个人事业的成败。众所周知,无论做任何事,都需要具备一些起码的条件。各行各业,都对人的性格有一定的要求。现实生活中,有的人智力超群,然而不思进取,胸无大志,或没有恒心,不愿吃苦,只想投机取巧,结果事业平平。古今中外,这样的事例屡见不鲜。未来社会,竞争日益加剧,压力与日俱增,唯有那些自信乐观、积极进取、开拓创新、顽强不屈、坚持不懈的人,方能适应社会的变迁,取得较大的成就。

良好的性格品质。美国心理学家特尔曼等人从 1921 年开始对 1528 名智力超常的儿童进行了为期 50 年的大规模追踪研究,结果发现这些智商在140 分以上的天才儿童,长大后并非都是成功人士。特尔曼等人对其中的800 人进行了考察,其中卓有成就者仅占八分之一。他们进一步分析了这些人成功与否的原因。具体做法是把这些高智商的人分成两组,即高成就组与低成就组,比较他们之间的差异,结果发现,两组人的差异主要在他们的人格品质上。成就大的一组人在谨慎性、进取心、坚持性、坚韧性等性格特征上明显高于成就小的一组人。这充分说明良好的性格品质是一个人取得成功的必要条件。

许多成功者在谈到他们的成功经验时,都会让我们感受到性格的力量。

科学家贝费里奇说:"几乎所有有成就的科学家都具有一种百折不回的精神,因为大凡有价值的成就,在面临反复挫折的时候,都需要毅力和勇气。"北宋文学家苏轼说过:"古之立大事者,不惟有超世之才,亦必有坚忍不拔之志。"诸多名家大师的成功经验中无不折射出良好性格的力量。

做个魅力女人,活出精彩自我。 新世纪里,女性将面临更多的机遇和挑战,同时将承受更多的来自事业、爱情与家庭的矛盾与冲突。我们不得不承认社会依然用双重标准要求女性,一方面要求女性和男性一样努力拼搏,工作出色,事业有成,一方面又希望女性像个女人,知书达理,相夫教子。面对这种不争的现实,如何在双重标准中游刃有余呢?答案就是:做个有魅力的女人!

那么,怎样才算一个有魅力的女人呢?

美国人本主义心理学家罗杰斯认为,人格健全的人,是使自身功能充分发挥的人。概括为五个特征:他们的社会经验都能正确地、符号化地进入意识领域;协调的自我;以自己的内在评价机制来评价经验;自我关注;乐意给他人以无条件的关怀,能与他人高度协调。

就一般而言,这些健全的人格模型,适合所有男性和女性,但是对于当今社会的女性,尤其是我们女大学生而言,更应该强调以下几个重要的人格因素:

自信。自信是美丽女性重要的人格特征之一。一个自信的女性,能恰当地了解自己,对自己的气质、相貌、谈吐、修养、智力、能力等方面能够正确地评价,能扬长避短,使自己更加出色。自信的女人相信自己,同样也相信别人,因为对自己充满信心,就不会胡乱猜疑别人是否会伤害自己,就有可能做到宽容、善解人意,给别人充分的自由和空间。

独立。不仅仅指经济上的独立,更重要的是精神上的独立。女性,首先是她自己,然后才是某某的女朋友甚至妻子。女性有权利决定自己的事情,拥有自己的空间。如凤凰卫视主持人陈鲁豫所言:"人首先是独立的个体,两个人在一起生活可以有很多相互分享的东西,但是两个人必须要有独立的部分。人不管在任何场合、任何时间,都不能失去独立。"

德与才。儒家经典《大学》中道:物格而后知致,知致而后意诚,意诚而后心正,心正而后身修,身修而后家齐,家齐而后国治,国治而后平天下。这也正是当今所应推崇的德。德先于才,是一个人基本的素质,当然也是一个女性必不可少的。才就是所谓的能力,由于学校里高手如林,在这方面就不必多说。

愿我们每一个女大学生,每一位女性,每一个人,都能在潜移默化中修炼,从平淡走向生动,从简单走向成熟,从美丽走向魅力。(清华大学化学系2001级杨溢)

虽有"江山易改,本性难移"的说法,但性格并非不可改变,只是一旦形成,改起来不容易罢了。我们先通过一个例子来看人的性格是怎样形成的。

孪生姐妹研究。美国的有关专家曾对一对孪生姐妹的女大学生进行了观察研究。这对双胞胎姐妹俩外貌相似,先天遗传素质完全相同,家庭生活环境和所受教育的情况也相同,因为这姐妹俩一直在同一个小学、中学和大学接受教育。然而在遗传、教育和环境如此相同的条件下,姐妹俩在性格上却很不相同。姐姐善于说话与交际,自信主动,果断勇敢;而妹妹却相反,缺乏独立自主意识,说话办事总是随同姐姐。有关专家找她们交谈时,总是姐姐先回答,妹妹只是表示赞同,不爱说话,或稍作补充。总之,姐妹俩的性格明显不同。这是为什么呢?原来父母在她俩中认定一个是姐姐,另一个是妹妹。从小到大就责成姐姐照管妹妹,对妹妹的行为负责,做妹妹的榜样,带头执行长辈委派的任务。这样一来,姐姐从小就形成了独立、自主、善交际、较果敢的性格,而妹妹却养成了顺从姐姐的习惯。

大学生的性格还能不能改变?回答是肯定的。性格的培养和塑造是指在一定社会环境条件下,个体通过吸收一定的社会文化,经过自身主观努力和社会、学校教育的积极影响,使性格逐步优化的过程。

从个性的发展来看,随着年龄的增长、知识的积累、经验的丰富、实践的参与,个性将不断走向成熟;从变态个性的矫正来看,在异常个性的重整、矫治方面,西方个性理论家提出了各种理论,并发展了许多行之有效的技术和方法,取得了积极的效果。青年期是性格的再造期。抓住这个有利时机,发挥人的主观能动性,不断完善自我,提高人的心理素质、文化素质和道德修养,必将使当代大学生的个性层次不断提高。

四　个性优化的策略与方法

良好的个性特征如白天的光明,可以助人稳步前进;不良的个性特征犹如夜晚的黑暗,使人东倒西撞。优化个性一要克服个性中的不良特征,二要掌握优化个性的正确方法。

(一) 常见的不良个性特征

常见的不良个性特征有自卑、抑郁、怯懦、孤僻、冷漠、悲观、依赖、敏感、焦虑、悲观、羞怯、猜疑、急躁、嫉妒等。了解这些特征产生的原因及表现形式,有助于克服和改进。

1. 自大

自大即过分自信,在实践中往往表现为骄傲自满、目空一切。自满是骄傲的开始。自满者,满足于已有的成就,固步自封,躺在功劳簿上睡大觉。自满易生自负,自负情绪积聚,便产生骄傲。骄傲使人得意忘形、盲目乐观,夜郎自大,因而易产生错误和挫折。

骄傲自大的人,也很少尊重别人。一味自吹自擂、孤芳自赏,到头来只会事事落空、处处受挫。"谦受益,满招损"、"骄兵必败",乃是前人根据许多血的教训、沉重的代价而作出的经验总结。

2. 固执

固执妨碍着人们对真理的追求和认知。一旦陷入固执的牢笼,就会失去追求真理、探求未知的热情和勇气,认知就会停滞和脱轨。马谡之所以失去街亭,便在于他固执地认为"置之死地而后生";历史上的诸多昏君之所以多被奸臣所害,就在于他们固执地听信奸臣谗言而拒绝忠谏。固执所孕育的只能是挫折。

3. 怨天尤人

怨天尤人,指的是对不如意的事一味地归咎于客观而主观上不再做努力。抱怨自己的家庭环境不如人,抱怨自己没有别人那般优越的先天和后天条件,抱怨自己生不逢时,抱怨自己身处逆境。怨天尤人的人,往往用一只眼睛看世界,他们只看到不利局面的存在,却看不到自己改变这种不利局面的条件和能力,于是,就有了埋怨,埋怨社会、埋怨环境、埋怨命运、埋怨他人。通过埋怨,他们找到了自我解脱的理由:如学习成绩不好,主要是老师水平低;工作没做好,主要是他人没配合。

4.嫉妒

嫉妒是对同行或同自己利害相关的人中在某方面比自己强或比自己优越的人所具有的一种不安、痛苦、怨恨的有害心态。它产生于相关的人们之间。没有人去嫉妒狮王的威风,更没有人去嫉妒已在黄泉之下的能人、伟人。利害关系越密切,嫉妒就越厉害。正如培根所言:"人可以允许一个陌生人的发迹,却绝不能原谅一个身边人的上升。所以,该隐只是由于嫉妒就杀死了他的亲兄弟亚伯。"嫉妒产生于私心。当别人比自己强,或在某方面优越于自己,嫉妒会使人怀着仇恨的眼光去估量他人的成功。

嫉妒的后果。谚语云:铁生锈则坏,人生妒则败。嫉妒会使人身败名裂。由于嫉妒使人失去理智,因此它会使人的行为越轨失常。因为嫉妒,《三国演义》中的周瑜放弃了诸葛亮所提出的诸般良策;因为嫉妒,他多次陷害可成盟友的诸葛亮;因为嫉妒,他被诸葛亮"三气","怒气填胸,坠于马下",在三十六岁时英年早逝。他在临死之前,仍执迷不悟地悲叹:"既生瑜,何生亮?"

(二) 优化个性的有效方法

1.习惯:优化的核心

莎士比亚笔下哈姆雷特王子说过这样的话:"今晚再忍一下吧! 那么下次就不会太难于克制了,愈来则愈容易控制自己,因为习惯几乎可以改变一个人的个性。"

所谓习惯,就是人在一定的情况下自然而然地或自动化地去进行某些动作的习得的倾向。如有人习惯早睡早起、习惯把物品摆放整齐,有人习惯睡懒觉、乱扔垃圾等。一个人所以会表现出某种特殊的习惯,乃是由于一定的情景刺激和他的某些有关动作在大脑皮层形成了巩固的暂时神经联系。

有句名言说得好:"播下一个行动,收获一种习惯;播下一种习惯,收获一种性格;播下一种性格,收获一种命运。"习惯的养成最终会成为一个人性格中的一部分。英国诗人德莱敦(John Dryden)说过:"首先,我们培养习惯,然后,习惯塑造我们。"

行为主义创始人华生指出,人格就是我们的习惯系统的产物。优化人的性格首先要有自我改变的意识和自知之明,而改变过程的核心就是从改变习惯做起。有人将习惯比喻为"飞驰的列车,惯性使人无法停步地冲向前方。前方有可能是天堂,有可能是深谷,习惯就是你的方向盘"。而习惯就是由一点一滴、循环往复的行为动作养成的。通过语言和行为举止训练,可以改变坏习惯,养成好习惯,进而完善性格。

语言和行为举止训练。端坐,保持注意力,身体朝对方前倾,不回避对方的眼神,让对方感觉到你的认真;面部表情、手势和肢体动作也能增强口头表达效果,比如我们说话时可能会伴随着点头、皱眉、耸肩或竖起大拇指等,借助非语言力量表达语言无从表达的含义。

用尽量简洁、形象和准确的语言传达自己的意愿。这就需要我们平时广泛阅读,增加自己的词汇量,经常练习运用语言的技巧,比如和同学经常就有关问题展开讨论,经常听讲座。注意交谈的对象和场合。在各种不同的场合里,对待教育程度、职业、性别、年龄等不同角色的交谈者,恰当地使用不同的交谈风格。养成礼貌习惯,经常使用规范用语:"您好"、"请"、"谢谢"、"真对不起"、"没关系"等。

随时注意保持良好的自我形象,干净、整洁、大方得体。头发是一个人精神面貌的体现,美国有句俗语形容灰色的一天叫"a bad hair day"。文明、有教养的人都非常注意自己头发的整洁和发型的合宜。在任何场合,衣着端庄而合时都会给人以良好的印象。而整洁是在细微处对一个人是否讲究卫生的重要评判,因此也绝不能忽略。

在任何场合都有良好的仪态和礼貌,表现出你的风度。在任何时候举手投足之间都控制好自己的情绪和情感,始终稳重大方、亲切平和,让人愿意接近。切忌动作或表情冷淡而僵硬,或夸张而过于生动,这样都使人感觉没有底蕴和内涵。作为主人,总能面面俱到;作为客人,大方得体、仪礼相宜。

做一个善于主动沟通的人。总是以亲切关怀的态度对人,主动地打电话、写信与他人保持联络。

2. 择优汰劣

择优即选择某些良好的个性品质作为自己努力的目标,如自信、开朗、勇敢、热情、勤奋、坚毅、诚恳、善良、正直等;汰劣即针对自己个性上的缺点、弱点予以纠正,如自卑、胆怯、冷漠、懒散、任性、急躁等。对于那些期望改善性格的学生,建议在充分了解自己个性特征的基础上提出优化的方案。以下是对希望完善自己性格的学生的具体建议。

如何完善外向型性格:节制过于频繁的社交;避免学习、工作过度;周到地注意细小的事情;对事物不要简单下结论;注意丰富内心世界;交内向型的朋友。

如何完善内向型性格:积极进行社会交往;做事建立自己的风格;培养决断能力;追根问底要适度;发挥内在的独特性;想象力应面向创造。

3. 丰富知识

人的知识愈广,人的本身也愈臻完善,在知识经济时代尤其如此。这正如培根所言:"读史使人明智、读诗使人灵秀、数学使人周密、科学使人深刻、伦理学使人庄重、逻辑修辞学使人善辩,凡有所学,皆成性格。"学习知识、增长智慧的过程也是个性优化的过程。现实生活中,不少人的个性缺陷源于知识贫乏。如无知容易粗鲁、自卑,而丰富的知识则会使人自信、坚强、理智、热情、谦恭等。可见知识的积累与个性的完善是同步的。

大学生不能只局限于自己的专业知识学习,还应该扩大自己的人文社会科学知识面,加强人文修养,用丰富的知识充实自己。

4. 把握适度

个性发展和表现的"度"是十分重要的,否则就会"过犹不及"。因此,个性塑造的过程中把握好度很重要,具体地说应该是坚定而不固执,勇敢而不鲁莽,豪放而不粗鲁,好强而不逞强,活泼而不轻浮,机敏而不多疑,稳重而不寡断,谨慎而不胆怯,忠厚而不愚蠢,老练而不世故,谦让而不软弱,自信而不自负,自谦而不自卑,自珍而不自骄,自爱而不自恋。

　　把握个性优化的"度"还体现在要立足于自己已有的个性基础,实事求是地确立合理的、切合实际的个性发展目标。人人都想追求健康的个性,但不同的人由于客观条件和具体环境不同,个性层次也不同。个性目标过高会增加挫折体验;目标过低,个性发展就缺乏内在动力。健全个性的培养和塑造既是大学生成长发展的要求,也是时代的呼唤。只要坚持不懈地努力,就一定可以使自我的个性更加健康、完善。

建议阅读书目:

1. 樊富珉、刘丹编著:《尽展你人格的风采》,北京:高等教育出版社,2004年。

2. 许燕编著:《人格——绚丽的人生画卷》,北京:北京师范大学出版社,2002年。

3. 马建青主编:《大学生心理卫生》,杭州:浙江大学出版社,2004年。

4. 汤明、罗雪明、陈战胜编著:《心理素质超人一等》,北京:中国纺织出版社,1999年。

第七讲

现代学习与心理健康

现代学习观念的转变

影响学习活动效能的因素

心理健康与学习的关系

克服学习障碍的策略

努力提高学习能力

　　虽与拐杖结伴,她的生命依然多彩。四川大学中国高校文献保障中心副教授邢昭女士5岁时不幸残疾,靠着不懈努力,未读过大学的她直升研究生,远赴北美深造,成为高校教师。她的故事深深打动了每一个人。

　　5岁时,一场小儿麻痹症让她下肢终身残疾。从10岁开始,她先后经历了五次大手术:割下肌肉、取下髂骨,移植患肢;全身打上石膏,仅露出上肢和头部,两次卧床半年;在几乎没有麻醉的情况下切开皮肉,伸进止血钳弹拨神经主干进行强刺激疗法……在那些撕心裂肺的治疗间隙,邢昭依然坚持学习,并将英语作为自己的主攻科目。1977年,邢昭被四川大学外文系的国务院重点科研项目《英语语法辞典》编纂组择优录用。恢复高考的消息传来,邢昭却因身体原因失去了报考资格。痛定思痛后,邢昭又开始了前进的脚步——还是读书。1989年底,邢昭通过 TOEFL 考试,飞赴加拿大西部最古老的综合性大学——曼尼托巴大学攻读"人类生态学"硕士学位。当时，像邢昭这样能够通过 TOEFL，又参与强手间的竞争，最终为国外 5 所研究生院同时录取的残疾人，在中国可算是凤毛麟角。作为邢昭的老师，美国知名哲学教授 Ruf 曾感慨地说："邢昭的故事促使我们这样思考：生活常常以如此特殊的方式达到残酷的公平，最艰巨的任务总是给予最坚强的自救者。不知道当我们处于那种困境时，是否能像她那样保持如此的清醒、尊严和睿智……"

邢昭性格豪爽、谈吐奔放，处处显露着对美好生活的向往，全然看不出残疾留下的阴影。她的生活丰富多彩，工作繁忙充实，并用乐观、向上的生活态度感染和影响着周围的人们。

大学的生活围绕学习而展开，学习是大学生活的一个主要内容。广义的学习指思想意识和行为的培养、知识技能的获得、智力和能力的提高；狭义的学习指获得知识和技能、提高智力和能力的过程。学习是知识的继承和发展，是提高自身素质的要求，是服务社会的先决条件。随着社会的发展，来自于日常生活，来自于社会实践，来自于媒体、网络等其他信息传播渠道的学习也逐渐成为大学生成长发展的重要途径。如何理解学习的真正含义，如何有效地学习，如何通过学习真正地提高自我的素质，培养较高的创新能力，这些都是与大学生学习和心理健康有关的重要课题。

一　现代学习观念的转变

传统意义上，在大学里念书就是学习、掌握老师教授的内容。有一个好的考试成绩，几乎是评价学习好坏的唯一标准。然而随着社会的进步与发展，人们对学习的观念正在发生着深刻的变化，这对现实的大学学习生活，对大学生的学习心理也带来许多挑战。

成绩优异却为何在招聘中被淘汰？ 小明是学经济管理的一名大四学生，学习成绩在班里总是名列前茅，参加一家大公司市场销售部的招聘，顺利通过了笔试，但是在实力测试阶段却被淘汰下来。测试中，小明与其他组员合作时,不善沟通,制定计划时坚持己见,面对"竞争对手"的挑战时表现慌乱、紧张。为什么花了那么多时间在学习上,可一到实战中就不行了?好成绩并没有成为他获得梦想职务的保证。失望之余,他仍未找到问题的答案。

(一) 由依赖型学习观向自由型学习观转变

依赖型学习观,指的是一种学习上无自立性、无主动性,呈现被动、依赖等品质和特征的学习观。自主型学习观也称为主体型学习观,表现为自觉地、能动地、有目的地从事学习活动,个性化地学习、创造性地学习等。

(二) 由知识型学习观向智力—能力型学习观进而向人格学习观转变

知识型学习观,指的是一种重知识、轻能力,重理论、轻实践的传统学习观。智力—能力型学习观强调既重学习者能力的提高和智力的开发,又重学习者职业适应能力与职业发展能力的提高,它满足了现代社会能力本位人才观对学习所提出的要求。人格型学习观不仅重视知识和能力的相互促进和共同提高,而且更重视受教育者人格的健全发展,它要求"千学万学,学做真人"。

(三) 由封闭型学习观向开放型学习观转变

封闭型学习观,指的是一系列"以课堂为中心、以课本为中心、以教师为中心"的学习观的总称。开放型学习观则是与之相对立的一种面向社会、面向生活,多层次、全方位开放的学习观。

(四) 由传承型学习观向创造型学习观转变

传承型学习观,表现为重视学习在继承人类文化成果、传递生活经验方面的独特作用,但却忽视了学习者在学习过程中的探索、发现和创造,即创造性的培养。创造型学习观则是从适应与发展两大任务出发,既强调继承与适应,又强调创造与发展。

（五）由学会型学习观向会学型学习观转变

学会型学习观，指的是一种"教什么学什么，学什么会什么"的观念，它用"学懂"、"学会"来回答学习上的"学得如何"的问题，往往突出了实用，而忽视了创新。会学型学习观不仅包括"学懂"、"学会"，而且还用"懂学"、"会学"来回答学习上"如何学"的问题。古人说"授人以鱼不如授人以渔"，说的就是要学会学习，讲求学习的方法，善于学习。

二　影响学习活动效能的因素

大学学习是人生学习过程中的一个重要阶段。学会学习，培养良好的学习能力是大学生特殊的学习任务。要想有效能地学习，必须了解大学学习活动的特点，以及哪些因素影响学习效能。

（一）大学生学习活动的特点

大学生的学习与中学生相比，有着明显不同的特点，即学习过程的自主性、学习方式的多样性、学习内容的专业性和学习目的的探索性。

1. 学习过程的自主性

学习过程的自主性主要表现在自觉性和能动性两个方面。大学虽然也有老师讲课，但是老师授课之后的理解、消化、巩固等各个环节主要靠学生独立地去完成，这就需要较强的学习自觉性，而不能像中学生那样由老师布置、检查和督促。另外，大学生对学习内容有较大的选择性。除必修课外，学校里还开设了许多选修课。大学生可以根据自己的需要、兴趣进行有选择的听课、学习。此外，大学生自由支配的时间较多，这就需要学生充分发挥主观能动性，统筹规划、合理安排自己的学习内容，选择适宜的学习方式，以便在有限的时间内获得较高的学习效益。否则就会不得要领忙乱不堪，或是浪费时间收效甚微。

2. 学习方式的多样性

进入大学后，大学生普遍感到知识浩如烟海，各类活动繁多，为每个人的发展提供了广阔的天地。采取什么样的学习方式才能处理好课本知识与课外知识、专业学习与能力培养等诸方面的关系,是许多大学生深感矛盾、困惑的问题。

3. 学习内容的专业性

在校大学生是按国家需要培养的高级专门人才,从一入学就有一个专业定向问题。大学生对自己的专业是否有兴趣会直接影响学习热情,并进而影响整个学习面貌。

4. 学习目的的探索性

探索性是指大学生在学习过程中对书本结论之外新观点的寻求和钻研。爱因斯坦曾强调教育必须重视培养学生具备会思考、探索问题的本领。这就要求大学生不但要掌握所学的知识,而且要掌握知识的形成过程,了解学科发展状况、存在的问题以及解决这些问题的可能性,掌握科学的研究方法和培养独立思考、探索创新的精神。而死记硬背、墨守成规、缺乏灵活性、创造性的大学生将会较多地感到压抑和不适应。

上述这些特点既有区别又互相联系,说明大学生的学习活动是复杂的、紧张的,需要很大的心智能量和良好的心理素质、多方面的能力和健康的身体来保障。

(二) 影响学习活动效能的因素

大学生的学习活动主要由动机、感知、理解、巩固、应用五大要素构成。这些要素互相联系、协同作用。

1. 学习动机

动机指能引起、维持一个人的活动,并将该活动导向某一目标,以满足个体某种需要的念头、愿望、理想等。学习动机是直接推动大学生进行学习的内在动力。大学生要提高学习成效,单靠增加学习时间有时难以奏效,只有激发个体的学习动机,才能维持持久的积极性和主动性,并使学习活动有充足的后劲。心理学上将学习动机分为外在动机和内在动机。外在动机是在外部条件,如分数、竞赛、奖励、师长的期望和要求等刺激下产生的动机。

这种动机"内驱力"不大，也难以持久。内在动机是由内部条件，如需要、求知欲、兴趣、爱好、责任心等转化而来的，它的"内驱力"较大，也比较巩固和持久。这两种动机在一定条件下可以互相转化。只有把外在动机转化为内在动机，才能保持高涨的学习热情。

2．对学习材料的感知

个体在学习活动中获得信息靠的是感知。感知是一切认知活动的开始。学习者与所要认识的事物直接接触，调动各种感官去观察事物，听取讲解，阅读材料和进行操作，从而获得信息，掌握感性知识，这就是对学习材料的感知。

3．对学习内容的理解

理解是动用学生头脑中已有的知识、经验去认识事物间的联系和关系，直到掌握事物的本质特点和规律的思维过程。

4．对所获得信息的巩固

学习过程中的巩固是在感知和理解基础上的信息储存，即通常所说的记忆过程。根据信息论的观点，人在储存中具有选择功能，对有用的信息能牢固地储存在大脑中，而无用的信息则会被遗忘掉。

5．对所学知识的应用

应用就是用已掌握的知识来解决问题，并由此形成相应的技能和能力。知识的应用既是检验学习效果的有效手段，又是学习过程中的重要阶段，它是以对知识的理解和巩固为前提的，同时又使对知识的巩固和理解得到检验和发展。

三　心理健康与学习的关系

学习是指在教育情境中和在教师指导下，主要凭借掌握间接经验而产生的比较持久的能力或倾向的变化过程。大学生的学习则是指在教师有目的、有计划的指导下，个体积极主动地掌握知识、技能和形成高尚品德的过程。心理健康是指根据心理活动的规律，采取适宜的措施，消除心理障碍，促进学生身心健康发展。心理健康与学习是相互联系、相互影响、相辅相成的关系。

（一）心理健康状况对学习的影响

长期以来,大学生在学习过程中的心理健康问题没有得到应有的重视。通常人们常把那些突然对学习产生厌倦、学习成绩下降、考试不及格、受到黄牌警告、留级乃至不能坚持学习而辍学的学生视为学习不刻苦、对自己要求不严、智能不足或缺乏理想等等。不能否认这些因素确实影响了某些大学生的学习。但是严峻的事实告诉我们,大学生的心理健康状况也是影响大学生学习的重要原因。因此,了解大学学习活动的特点和规律,积极主动地学习,有助于促进心理的健康发展。同时,大学生应自觉地关注自身的心理健康状况,提高心理健康水平以促进学习,从而建立学习与心理健康的良性循环。

一般而言,心理健康的大学生,学习成绩优于心理不健康者。对于具备一定智力基础的大学生来说,非智力因素比智力因素对学习更具有影响力。非智力因素不直接参与认识活动,即不具有加工、处理信息的功能,它是个体内部的动力系统,影响人们认识和行为的方式及积极性。这个系统包括需要、动机、情感、兴趣、意志、性格、价值观等因素,它实现着对人的认识活动和行为的驱动、定向、引导、持续、调节和强化等功能。

学习活动是智力和非智力因素共同参与的过程。在学习过程中,非智力因素能够转化为学习动机,成为推动人们进行学习的内在动力。学生选择什么学科作为自己的主攻方面、探索哪一方面的课题,都和学生的需要、兴趣、情绪、态度、意志、个性特点等心理因素直接有关系。但是学习活动毕竟是艰苦的脑力劳动,长时间的学习也会产生疲倦、松懈、枯燥乏味等情绪,如果不消除这些不良的心理状态,就不可能推动智力活动的继续深入。这时就需要有顽强的意志、强烈的求知欲、热情和勤奋进取的性格介入。总之,良好的心理健康状况,即正常的智力、健康的情绪、坚强的意志、良好的个性、正确的自我意识、和谐的人际关系、较强的适应能力等等,对大学生的学习有很大的促进作用;反之,如果心理健康状况不佳,甚至有心理疾患,则会不同程度地妨碍大学生的学习,抑制大学生潜能的开发,甚至使某些大学生中断学业。

(二) 学习活动对心理健康的影响

就学习活动本身而言,是人与环境保持平衡、维持生存和发展所必需的条件,也是人适应环境的手段。学习能促进人的全面发展以适应社会的需要。因此,学习对心理健康是有益的。然而,对学什么、学多少、怎样学等与学习有关的问题如何把握、如何选择和规划却会对心理健康带来不同性质、不同程度的影响。这些影响大体上可分为两类:积极的影响和消极的影响。

学习无助感的心理学实验。自1960年代起,心理学家以狗为研究对象,进行制约学习实验。该实验分为实验组和控制组。实验组分两段进行:第一段将狗置于一个完全无法逃脱的情境(如拴在架子上或置于笼中),然后施予电击,电流强度以引起狗的痛苦但不致伤害其身体为度。电击引起狗的惊叫和挣扎,但它一直无法摆脱电击(无法因反应而带来负增强效果)。第二阶段将狗置于中间立有隔板的房间中,隔板的一边地板有电击设备,另一边则无。隔板的高度是狗不费力即可跳过去的。先将狗置于装有电击的一边,除了受到电击之初的半分钟之内惊恐一阵之外,它一直就躺卧在地板上,接受电击的痛苦,纵有逃脱机会也不肯去尝试。控制组的狗只进行了第二阶段的实验,省略了第一阶段,所有的狗都能逃脱。

此研究为学习无助感的研究。当个体(或动物)对目前变化的环境完全无法控制,或对未来将要发生的事情完全无法预测时,个体的认知功能势必因无法解决困难而解体。如果这种情况长期延续下去,个体将因无法克服焦虑、恐惧、痛苦的压力而丧失求生斗志,放弃一切追求,进而陷入绝望的心理困境,此种绝望心境被称为学习无助感。

1. 学习对心理健康的积极影响

通过学习活动可以发展智力、开发潜能。每个人都有与生俱来的潜能,但是这些潜能只有通过学习才能得以表现并进一步得到开发。而且,一个人的智力也是在学习过程中不断发展的。心理卫生学认为,一定的智力水平是心理健康的基础,而潜能的开发状况则与心理健康状况直接相关。

此外,学习也能带来心理上的满足,使人体验愉快的情绪。心理健康专家认为,献身于某些引人入胜的工作,是实现心理健康的基本条件。如奥尔波特倡导实现"成熟个性"就应"专注工作","全身心地投入某种工作";马斯洛提出"自我实现者"要求"以自身以外的问题为中心","与一般水平的心理健康者相比,他们的工作更刻苦";弗兰克尔提出的"自我超越者"是"献身于事业的"。乐于工作的人常常能从工作中找到乐趣,每当完成一项任务,取得一项成绩,就会感受到自己的价值和尊严,就会有一种自我效能感,有一份喜悦和满足。而在遇到不如意的事情时,若能埋头于工作,就可以实现"注意转移",使自己忘掉烦恼,从工作成绩中得到安慰。大学生的"工作"就是学习,努力学习、善于学习,有助于自身的发展与心理健康。

2. 不良学习对心理健康的消极影响

学习是一项艰苦的脑力劳动,在学习活动中,需要消耗大量的生理、心理能量。如果学习方式不当,就会事倍功半,影响学习积极性;如果学习环境嘈杂、肮脏,则会使人心烦意乱,降低学习效率;如果学习内容过多、负荷过重,就会由于压力过大而引起身心不适;如果搞"疲劳战术",不注意劳逸结合,则会损害身心健康等等。这些伴随学习活动而带来的种种不利因素都会直接或间接地影响大学生的心理健康。

四　克服学习障碍的策略

在大学校园里,大多数学生能经受住紧张的学习对大学生各方面素质的综合考验,顺利地完成学业。但是也必须看到确有相当数量的大学生存在时间或长或短、程度或轻或重的学习困难。导致学习困难的原因虽然多种多样,但是分析的结果表明,心理障碍是主要的原因。常见的心理障碍有:缺乏学习动力、学习动机过强、严重的学习焦虑、学习疲劳等。

(一) 缺乏学习动力及其调适

缺乏学习动力的主要表现有:(1)逃避学习。不愿上课,上课无精打采,不能积极思维;课后不学为妙,常把主要精力放在打扑克、下象棋等与学习无关的活动上;无成就感、无抱负和期望、无求知上进的追求。(2)焦虑过低。缺乏自尊心、自信心,学习不好不觉得羞愧,考试成绩不及格也不在乎。这些学生缺少必要的压力、必要的唤起水平和认知反应,因而懒于学习。(3)注意分散。学习动力缺乏会使注意力涣散、兴趣转移,易受各种内外因素的干扰,因而上课时听课不专心,不能集中精神思考问题,课后不肯花功夫复习巩固所学的知识,完成作业不认真,满足于一知半解,对学习基本采取的是"应付"的策略。对学习以外的事反而兴致勃勃,如看录相、电影、经商等,不惜花时间,常常主次颠倒。(4)有厌倦、冷漠的情绪。学习动力缺乏常会导致厌倦、冷漠情绪,说到或想到学习就头痛,硬着头皮上课,无心写作业。有的学生为了一纸文凭不得不一天天应付,有的学生索性回家、中途辍学。(5)缺乏适宜的学习方法。学习动力缺乏的学生由于对学习总体上是一种消极的态度,所以也不可能努力地摸索一套适合自己的学习方法,因而难以适应紧张、繁忙的学习情境。

总之,当一个学生缺乏动力时,相对广大学生紧张而有节奏的学习生活,他如同一个局外人,与学习群体不相融,如不及时矫治就不可能坚持学习,不可能完成学习任务。

造成大学生学习动力缺乏的原因是多方面的,但是大体上可以归为两类:内部原因和外部原因。内部原因指来自学生自身的原因。外部原因主要是指来自社会、学校和家庭等方面的原因。改革开放以来,由于商品经济大潮的冲击,知识贬值、脑体倒挂等问题长期没得到根本解决。有的家庭急功近利,更多地考虑什么专业挣钱多、好找工作就让子女学什么专业,而不考虑他们对这些专业是否有兴趣、是否适合等。这些因素都对学生造成不良影响,甚至成为学生中途退学的隐性原因。以下对内部原因进行分析:

(1)学习动机不明确。凡动力缺乏的学生被问到为什么学习、为什么读书、为什么上大学等问题时,他们大都会给出一些共同的答案——以前念书就是为了考大学,考大学是为父母,为了将来找一个好工作,为了躲开穷乡僻壤等等。这些学生由于没有确立起学习目标、人生理想,没有把自己的学习和社会的发展联系在一起,更没有振兴国家和民族的责任感,所以缺少或者根本没有什么奋发向上、努力学习的原动力,对待学习基本上采取一种随波逐流的态度。

(2)对所学专业缺少兴趣。这是造成学习动力缺乏的重要原因之一。在高考填报志愿时,学生对专业缺乏了解,往往到校开始学习后才发现对本专业并不喜欢;另一种情况则是家长从当前社会就业"热点"出发为子女填报了所谓好找工作又挣钱多,或相比之下较轻松的专业,事实上学生本人对家长选定的专业并无兴趣;还有些学生则是受考试成绩的限制,只能服从分配,不具备选择专业的条件。心理学家认为兴趣是力求认识、探究某种事物的心理倾向,是一个人对某事物所抱的积极态度。既然对所学专业没兴趣,自然就不会有学好它的积极态度。

(3)错误归因。归因是个体对他人或自己的行为进行分析,推论出这些行为内在原因的过程。心理学根据个体在进行归因时常涉及到的能力、努力、任务难度和机遇等几方面的问题把归因分为四种:内归因,把成败归结为自己的努力与能力;外归因,把成败归结为任务的难度和机遇;稳定性归因,把成败归结为任务的难度和自身能力不够;非稳定性归因,把成败归结为机遇和努力。不同归因的大学生对成败的理解不同,从而影响到他们的学习动机、兴趣和态度。如当考试未通过时,做内部归因的大学生会认为是自己努力不够,今后还需要付出更大的努力。这样,每一次学习活动,不论成功与否,都能增强学习动力。而做外部归因的学生则不同,他会认为失败是由于运气不好、考题太难或老师教学无方等,从而把失败的原因归结于他人。

克服学生学习动力缺乏的对策可以参照下列方法:

(1)强化学习动机。学习动机是学生学习活动的主观意图,是推动学生努力学习的内在力量。前苏联心理学家列昂捷夫说:"学生学习的自觉性是和动机分不开的。事实上,有正确学习动机的学生才有主动性,学习劲头大,能克服困难,提高学习效果。"学习动机虽不是提高学习效果的唯一心理因素,但却是极其重要的因素。在与社会需要相适应的动机的促使下,学生会产生学习的自觉性,激发起强烈的求知欲、稳定的兴趣和高度的社会责任感,因而能专心致志、勤奋学习、刻苦钻研。相反,如果学习动机是出于想找一种轻松而工资又高的工作,那么在顺利的情况下很可能会勤奋学习,但在逆境中就容易情绪低落、意志消沉、半途而废。动机不正确的学生,对待学习往往偷工减料、投机取巧、弄虚作假、抄袭他人作业、考试作弊等。因此,学校有关部门和老师应启发学生对社会需要、社会期望的正确认识,并创造条件以利于学生自我定向、自我定位,这样才能激发学生正确的学习动机。

(2)培养学习兴趣。兴趣是指在积极探究某种事物或从事某种活动的过程中,伴随着一定的情感体验的心理倾向。兴趣是引起和维持注意的一个重要内部因素,是学习过程中一种积极的心理倾向。大学生要想在学习中发挥积极性和创造性,就要对自己所学的知识培养浓厚的兴趣,这样才会心向神往,保持积极的学习态度。学习兴趣是可以在学习过程中逐步培养的。学习是学生深入而创造性地领会和掌握科学技术,以便未来从事某项事业的必要条件,也是智能开发的主要前提。爱因斯坦曾经说过,对一切来说,只有兴趣和爱好才是最好的老师,远远超过责任感。可以通过多种方式,如在克服困难中唤起好奇心等,改变由于"没兴趣"而缺乏学习动力的状况。

(3)端正学习态度。学习态度是指学生对学习的较为持久的肯定或否定的内在反应倾向,通常可以从学生对待学习的注意状况、情绪倾向与意志状态等方面来加以判定和说明,如喜欢还是厌倦、积极还是消极等。学习态度受学习动机的制约,是影响学习效果的一个重要因素。端正学习态度根本的是要有正确的学习目标。高尔基曾说过,一个人追求的目标越高,他的才能就发展得越快,对社会就越有益。在确立奋斗目标时,不妨看得高远一点,从而全力以赴。

(4)改善学习的外部条件。针对学生学习动力缺乏的外部原因,应通过多方面的努力改善外部环境和条件。如创造良好的学习氛围和环境,宣传、呼吁有关部门切实注意提高知识分子的社会地位和经济待遇,落实知识分子政策,提高教学质量,注意更新知识,严肃学校纪律和奖惩条例等。

(二)学习疲劳及其应对策略

学习疲劳是因长时间持续进行学习,在生理、心理方面产生劳累,致使学习效率下降,甚至头晕目眩不能继续学习的状态。学习疲劳是一种保护性抑制,经过适当的休息即可得到恢复,这是合乎生理、心理规律的。但是如果长期处于疲劳状态,使大脑有关部位持续保持兴奋,就会导致大脑兴奋和抑制过程的失调,严重的还会引起神经衰弱。当出现学习疲劳时,应引起重视,及时地采取相应的措施,一般都可以得到矫治。

学习疲劳可分为生理的和心理的两种。生理疲劳主要是肌肉用力过久或持续重复伸缩造成肌肉痉挛、麻木、眼球发疼发胀、腰酸背痛、动作不准确、打瞌睡等。常见的是心理疲劳,这是由于长时间从事心智活动,大脑皮层兴奋区域的代谢逐步提高,消耗过程超过恢复过程,脑细胞会处于抑制状态而使大脑得不到休息所引起的。疲劳的症状是感觉器官活动机能降低,注意力涣散,思维迟钝,情绪躁动、忧郁、厌烦、易怒,学习效率下降。

造成学习疲劳的主要原因是:学习时过分紧张,注意力高度集中;持久的积极思维和记忆;学习的内容单调乏味;缺乏学习的兴趣;在异常的气温、湿度、噪音和光线不足等环境下学习;睡眠不足等。要克服学习疲劳就应该科学用脑,劳逸结合。

(1)科学用脑。大脑两半球具有不同功能,左半球与逻辑思维有关,主管智力活动中的计算、语言逻辑、分析、书写及其他类似活动;右半球则与形象思维有关,主管想象、色觉、音乐、韵律、幻想及其他类似活动。如果长时间地运用一侧大脑半球,就容易产生疲劳。因此,应根据大脑两半球的不同分工而交替使用大脑,就可以延缓疲劳现象的发生。

(2)劳逸结合,保证睡眠。在紧张学习一段时间后,应适当休息。一天学习之后,应保证有进行文体活动的时间,只有这样,才可以使身心得到放松和调节,利于消除疲劳。保证充足的睡眠时间,可使头脑清醒、精神振奋、疲劳消解。

(3)把握自己的生物钟。人体的各种生理和心理功能随时间推移作规律性运动。根据前苏联科学家研究,人在一天中,生物机能上午7~10时逐渐上升,10时左右精力充沛,处于最佳工作和学习状态,此后逐渐下降;下午5时再度上升,到晚上9时又达到高峰,11时后又急剧下降。然而,人群中最佳学习时间的分配又存在着差异,有的人上午无精打采,晚上精力十足;有的人白天精神好,晚上状态差。大学生应摸清自己的生物节律,把握

"黄金时间",安排难度大的学习内容,避免过度疲劳。

(4) 培养对学习的兴趣。兴趣在繁重的学习活动中起着重要作用。俄国大教育家乌申斯基曾指出:"没有丝毫兴趣的强制性学习,将会扼杀学生探求真理的愿望。"教育实践证明,学生对学习本身、对学习的科目有兴趣,符合由活动动机产生的认识倾向,就可以激起他的学习积极性,这样可以缓解疲劳或推迟疲劳的到来。

(5) 创造良好的学习环境。学习环境应尽量布置得优雅、整洁,使人感到心身舒畅;不要在有刺耳噪音的地方学习,以免心烦意乱、焦躁不安;不要在过暗或过亮的地方学习,以免头晕目眩,出现视觉疲劳;不要在空气污浊的条件下学习,以免胸闷、呼吸困难。

(三) 学习焦虑及其改善

学习焦虑是指学生由于不能达到预期目标或不能克服障碍的威胁,致使自尊心、自信心受挫,或失败感、内疚感增加而形成的一种紧张不安、带有恐惧的情绪状态。适度的焦虑对于学习是有益的,可以提高警觉,积极思维,发挥潜能。但是高度的焦虑会影响学习的效能,不能正常发挥出应有的水平。

1. 学习焦虑及其产生原因

有些学生在家长、亲友、老师等各方面因素的影响下,为自己确定了过高的学习目标或抱负,虽竭尽全力仍和目标相差甚远,造成很大的心理压力。现代心理学把焦虑分为三种情况——低、中、高度焦虑,并且认为适当水平的焦虑,可以增强学习效果,但是若焦虑过度会对学习起不良作用。美国心理学家考克斯(P. N. Cox)的焦虑实验表明,中等焦虑组的学生成绩显著地高于低焦虑组和高焦虑组,而高焦虑组成绩最差。研究还证明,高焦虑只有同高能力相结合才能促进学习,高焦虑若与一般能力或低能力相结合则会抑制学习;把焦虑控制在中等程度才有利于一般能力和水平者的学习。所以学生要注意把握好焦虑的这个"度"。

2. 学习焦虑心理调适

那么,出现严重的学习焦虑怎么办呢? 首先,要充分发挥自我调节的能力,控制焦虑的程度。其次,要努力创造班级、宿舍同学间关系和谐的集体和轻松愉快的学习气氛。师生之间情感的交流,同学之间互助友爱的关系,都有助于学生心理趋于平衡,形成正常焦虑。再次,激发和保护好奇心是培养正常焦虑的良策。精神病学家布盖尔斯基认为,创造恰当的焦虑水平的方法就是要引起学生的好奇心,因为好奇心就是焦虑的一种隐蔽形式。有了好奇心,相应地会出现一定的紧张,这种紧张饱含着愉快色彩,活动效率因此而大大提高。最后,正确认识和评价自己的能力,确立切合自身实际的学习目标;增强自信和毅力,不怕困难和失败;保持适度的自尊心,降低对胜败的敏感度;保持情绪的稳定;摸索总结一套适合自己的学习方法,如此等等都有助于克服严重的学习焦虑。

(四) 考试中的心理卫生问题

考试是大学生面临的主要应激源之一。每个学生都希望在考场上发挥出自己的最佳水平,以取得优异成绩。可是总有些学生不得不接受一个残酷的事实,即考试成绩并非与自己的努力成正比,考试的结果总与自己的愿望有差距。由此便带来了一系列心理卫生方面的问题,诸如丧失信心、自尊受挫、精神苦闷、厌倦学习及自暴自弃等。这说明考试对大学生的身心健康有很大影响。因此,学会正确对待考试,讲究考试卫生,防治各种考试心理障碍,培养良好的应试能力,学会一些应试的技巧等,将有助于提高学习效率,巩固学习效果。

1. 考试对身心健康的影响

考试本来的意义是对学生的学习效果和知识掌握程度进行检验。考试引起的适度焦虑有助于调动学生的心理能量和生理能量,使之全力以赴、全神贯注地进行考试,使自己的学识得以正常发挥甚至超常发挥,这对学生的身心健康和锻炼应激的能力无疑具有积极的作用。

但凡事都有一个"度",如果把考试看得太重,无限夸大考试的意义,把考场看做决定自己命运的战场,"胜败在此一举",急于获得成功,结果导致高焦虑,不仅会危害自己的认知过程,使自己的才智不能正常发挥,考不出应有的成绩,还会损害身心健康。与此相反的另一种情况是:一些学生对考试持无所谓的态度,在考场上只是消极地应付答卷,甚至有人扔硬币,以硬币反正面来决定做选择题时选"A"还是"B",这显然是很不正常的。

考试结果即考试成绩自然是学生普遍关心的。事实证明,学习成绩无论好坏,都会对大学生的心理健康产生影响。因为社会、学校和家庭对大学生能力高低的评价多是以考试成绩为主要依据的。因此,若成绩优异,就会带来愉快的体验,增强自尊和自信,提高学习的积极性。但有的学生也可能因此而骄傲自满、狂妄自大。若成绩不佳,有的学生会认真分析原因,调整学习方法,加倍努力,以利再战;有的学生却情绪低落、愁眉不展,甚至怀疑自己的学习能力,特别是那些屡遭失败的学生,就会自暴自弃、丧失信心。

2. 过度考试焦虑与考试怯场的表现

过度考试焦虑是对考试过于紧张,担心自己考试失败有损自尊的高度忧虑的一种负面情绪反应。表现为考前紧张恐惧、心烦意乱、喜怒无常、无精打采;胃肠不适、莫明的腹泻、多汗、尿频、头痛、失眠;记忆力减退、注意力不易集中、思维迟钝、学习效率下降等。

考试怯场是过度考试焦虑在应考时的反应,是学生在考试中因情绪激动、过度焦虑、恐慌而造成思维和操作困难的一种心理现象。主要表现有:心跳加快、呼吸急促、满脸通红、出汗、头昏、烦燥、恶心、软弱无力、思维迟钝,甚至晕倒等。

3. 过度考试焦虑和考试怯场的不良影响

过度考试焦虑容易分散和阻断注意过程,使注意力不能集中于学习和应试,总是为各种莫虚有的事情担忧。过度考试焦虑干扰识记和回忆,使该记的没记住,该想的想不起来;还会使思维呆滞凝固,比较、分析、综合、抽象、概括等具体思维能力无法正常发挥,创造、联想等更谈不到。

过度考试焦虑是一种负性情绪反应,它会危及学生的心理健康,特别是在考试之后,若考生仍陷于焦虑中不能自拔,很容易转为慢性焦虑,甚至转为焦虑症。

过度考试焦虑会影响心血管系统的功能,出现心律不齐、高血压、冠心病等,使消化系统功能紊乱。若这种状态长期持续,就会导致胃炎、胃溃疡等肠胃疾病。过度考试焦虑还会影响呼吸系统和内分泌系统的功能,诱发支气管哮喘和甲亢等。

4. 过度考试焦虑的防治

出现过度考试焦虑的原因主要是:一些学生把分数看得太重,对以往的考试失败心有余悸;自尊心过强,又缺乏自信,担心因为考试失败而损害了自己的形象、前途;担心自己对考试准备不充分;身体健康欠佳等等。因此,预防过度考试焦虑和怯场可从以下几方面入手。

(1) 对考试应有正确的认识。考试只是衡量学习效果的手段之一,考试成绩不能全面反映一个人的学习能力和知识水平,更不能决定一个人的前途和命运,所以不必把考试看得过重。

(2) 认真制定学习与复习计划。平时勤奋学习,及时掌握所学知识,对各科的学习"不欠帐"。考试前认真总结复习,熟悉考试要求,做到"心中有数",考试自然就不会出现异常现象。另外,对考试成绩的期望要从自己的实际出发,不可过高,否则就会给自己造成心理压力,容易出现高焦虑。

(3) 注意身体健康及营养。考前虽然应认真复习,但不可搞"疲劳战术",在百忙中也要注意劳逸结合,保证有充足的睡眠,并且要加强营养以提供足够的能量和热量。这样就可以保证有充沛的精力、清醒的头脑、健康的身体、良好的情绪参加考试。

(4) 学会自我暗示与放松。如果考试时,由于过度紧张、焦虑,以致思维混乱或感到大脑一片空白,手脚发颤、头昏脑胀时,应立即停止答卷,轻闭双眼,全身放松,做几次均匀而有节奏的深呼吸,反复地自我暗示:"不要着急"、"我很放松",适当地舒展身体。待情绪平稳时,再审题答题。

(5) 寻求专业人员帮助。考前若感到难以克服考试焦虑或曾出现过几次"怯场"现象,应主动寻求心理咨询帮助。心理咨询员会通过放松训练、自信训练和系统脱敏法等方法来帮助学生摆脱考试紧张。

五　努力提高学习能力

学习能力泛指个人理解、应用和批评所学知识的能力,通常包括听课能力、笔记能力、作业能力、考试能力、提问能力等方面。一般说来,一个人在校学习时间越长,则其学习能力也相对越高。这当中有一个习得效应

（learned effect）。

学习者为了能够有创造性,需要具备相应的学习能力,并在学习过程中不断提高。学习能力包括一定的先天因素,但主要靠在学习过程中获得和提高。比如记忆和思考能力,不能排除先天因素的影响,但后天的训练同样重要。人的学习能力要靠在学习过程中培养和提高,所以就有"学会学习"的提法。当然,学会学习包含的内容比较丰富,但核心是学习能力的提高问题。现实世界中,每个人的学习能力有所不同,也有高下之分,但如果能在学习过程中注意提高自身的学习能力,基本上都能够达到创造性学习的目的。创造性学习将学习与探索、研究、实践结合起来,认为学习过程是探索、发现和创新的过程。学习者不仅要接受、消化所学的内容,把它变成自己的,而且要能够分析所学的内容,能够质疑和批判;不仅能够接受新知识、新事物,而且能够探索未知,提出新问题、新观点,从新的角度去看旧的问题。

自我评价与调节学习能力的简易自测问卷

项　　目	经常	有时	很少
1. 在学习新内容之前,我要设定明确、具体的学习目标	（　）	（　）	（　）
2. 我设定的学习目标的难度适宜,既不高不可攀,也不轻而易举	（　）	（　）	（　）
3. 在学习过程中,我考虑学习目标和自己学习现状之间的差距	（　）	（　）	（　）
4. 我有意识地主动采取一些具体的学习方法,缩小学习目标与自己现有学习状况之间的差距	（　）	（　）	（　）
5. 我对自己采取的学习方法充满自信	（　）	（　）	（　）
6. 为了实现学习目标,我有意识地给自己创造一个有利于注意聚焦的学习环境	（　）	（　）	（　）
7. 当实践证明我采取的新方法不太奏效时,我会主动放弃而选用另一种学习方法	（　）	（　）	（　）
8. 我依据自己设定的学习目标,评价自己的学习效果	（　）	（　）	（　）
9. 我把自己学业成功的原因归因于个人能力,因此成功会进一步增强我的自信	（　）	（　）	（　）
10. 我把自己学业失败的原因归因于自己努力程度不够,运气不好,采用的学习方法不对或运用得不好,因此失败的体验对我没有很大的消极影响	（　）	（　）	（　）

评分标准:选"经常",为 2 分;选"有时"为 1 分;选"很少"为 0 分。

分数在 17 分以上,学习的自我评价和调节能力较强;

分数在 12—16 分之间,学习的自我评价与调节能力一般;

分数在 12 分以下,学习的自我评价和调节能力较弱。

(一) 三管齐下积极学习

学习的三大主轴是认知、情意、技能三部分。因此,现代的学习观将学习内容扩展为三个层面:知识的学习,包括自然科学知识和人文科学知识;能力的学习,包括智力技能、动作技能和社会行动技能,诸如学习能力、交往能力、生活能力、健体能力、审美能力、创新能力等;情感态度学习,又称人格学习、人文精神的学习,渗透于知识学习系统、能力学习系统之中,又渗透在日常的实践活动中(见图 7-1)。"认知"与"技能"就像"砂石"与"水泥"。砂石与水泥是无法搅拌成任何形状的,只有加入"水"的调和,才能建构高楼大厦。所以,唯有"态度"的点滴注入与陶融,学生的生命才能获得水的柔和生命力,才能平衡与扭转过度智育挂帅的教育偏差,也因此让学生的人格教育得以真正完成。

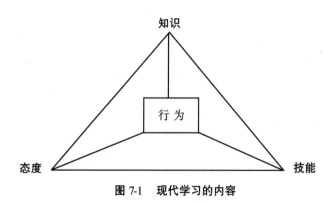

图 7-1 现代学习的内容

(二) 掌握有效的学习方法

1. 自我强化

当学习取得一定成果时要给予自己鼓励和肯定,甚至可以奖赏自己。

这可以增强以后的学习效果。

2. 有意识地寻找学习的榜样加以模仿

其实现实中许多同学在观察别人怎么学习、怎么生活。但有时会觉得别人太高,可望而不可即,便放弃了模仿学习,有时觉得找不到榜样可以模仿。其实任何人都有所长。如果去学习他人身上的每一点长处,那些都将会变成自己的巨大财富。

3. 掌握科学的学习方法

清华大学土木工程系教授、工程院院士龙驭球先生总结自己几十年大学从教经验,概括出大学学习方法的五字诀:加、减、问、用、新(见表7-1)。这对大学生科学地掌握学习方法有很大的启发和帮助。加指知识的摄取和积累过程,强调在继承中创新;减指知识的提炼和升华过程,在"去粗取精,弃形取神"中要注意"去"和"弃"、"推"和"破";问指善问巧思;用指在应用和实践中对已有知识进行检验;新指创新。掌握学习方法就是要做到"五会"。

表 7-1　学习方法五字诀

会加	会减	会问	会用	会创新
广采厚积 织网生根	去粗取精 弃形取神	知惑解惑 开启心扉	实践检验 用中生巧	觅真理立巨人肩上;出新意于法度之中
勤于积累 融会贯通 用心梳理 落地生根	概括的能力 简化的能力 统帅驾驭的能力 弃形取神的能力	多问出智慧 要会问 要追问 要问自己	多面性 综合性 检验性 其他:习题校核	反思性 跳跃性 灵活性 牢固性 悟性

4. 多渠道、多途径学习

在《学习的革命》一书中,作者指出,所有通过感受器官通向大脑的活动都是学,"我们所看、我们所听、我们所尝、我们所触、我们所嗅、我们所做"均为学习的途径。布鲁纳(Olson Bruner)认为,要从实践中学习,即边做边学;从观察中学习,即边看边学;从教导中学习,即边听边学。大学生应变被动地学习为主动求知,能动地发现、探索和创新;在时空上,走出课堂、学校,走向社会、走向生活,拓展学习的空间,不断积累经验。合抱之木,生于毫末;九层之台,起于累土;千里之行,始于足下。学问是经验的积累,才能是刻苦的忍耐,处处留心皆学问,点滴积累也有用。而积累需要有目标,积累需要有毅力,积累需要讲方法,积累需要善观察,积累需要常用心。

(三) 培养良好的学习习惯

心理学研究发现:学习习惯影响学习效能。学习习惯一般需要从小培养。到了大学,如果大学生在自己已有的学习习惯方面找出可以改善的地方,发挥主观能动性,扬长补短,有事半功倍之效。不过,前提是要了解自己在学习过程中有哪些特点。

学习习惯问卷。你想知道自己的学习过程中,有哪些优点和缺点吗?尝试坦白回答下列问题,可助你了解自己的学习习惯。

1. 阅读方面

阅读时,你会先确定阅读的目标,认清自己要从中学到什么。

在详细阅读课文之前,你会先将该文粗略地看一遍。

你会用不同的阅读方法及速度来配合不同的读物与阅读目的。

你会留意课文里的标题、分题与课文前后的问题。

你会留意课文中的图表、地图和相片等。

阅读时,你能分辨出哪些内容重要,哪些不重要。

对所阅读的读物,你会努力尝试对它发生兴趣。

2. 记忆方面

对于必须谨记的内容,你会尝试先行了解、明白。

你会将需要学习的东西组织起来,如写下大纲、分成类别等。

对于刚学习到的东西,你会尽快温习。

你会将温习时间分成若干段落,并适当安排休息。

在学习时,你能分别出哪些资料重要、哪些不重要,并使注意力集中在重要的资料上。

你会尽量将重要的东西牢牢地记着。

你会将学过的知识融会贯通。

你会将学过的东西经常温习。

你会将学到的东西或知识加以应用。

3. 笔记方面

你会应用简写的方式如符号、图表等,使笔记看来更精简易明。

你的笔记有颇大的灵活性,以便随时加插、修改或重新编排次序。

你的笔记选用不同的组织方法如列序式、大网式、分类等,以配合不同形式的内容。

你的笔记内容是经过自己的思考过滤及重组,后用自己的语言写出来的。

上课时,你能同时听老师讲课及用笔记摘录内容。

你会拣出内容精华而避免原文照抄,也避免将老师所讲的一字不漏的写下来。

如果你答"是"的次数较多,则表示你有较佳的学习习惯;反之,你可能需尽快改善学习的方法了。

建议阅读书目:

1. 樊富珉等主编:《大学生心理素质教程》,北京:北京出版社,2003 年。

2. 马建青主编:《大学生心理卫生》,杭州:浙江大学出版社,2004 年版。

3. 〔美〕珍妮特·沃斯、〔新西兰〕戈登·德莱顿著,顾瑞荣、陈标、许静译:《学习的革命》,上海:三联书店,1998 年。

第八讲

人际关系的建立与调适

"上大学远离了父母和中学的老师、朋友,我常常感到孤独,渴望交到知心朋友。但一想到在竞争的环境中,人心隔肚皮,就缺少了交往的主动性,一个人独来独往。在相对拥挤、嘈杂的宿舍环境中,我开始小心谨慎地生活,又常为一些小事与同寝室的同学发生口角,总觉得自己不幸,没有遇到一些好舍友。于是,我非常盼望假期回家,过一段有自己独处空间和时间的生活。可是回家后不久,我又莫名其妙地思念起同宿舍的同学,又是电话联系又是写信、上网交流,相约返校团聚的时间。我认真审视自己,发现我渴望被人理解,也希望与人交流。返回学校后,我主动关心、照顾同学,渐渐地找到了自我,同学都说我善解人意,有组织能力,我也感到在一个温馨的宿舍中生活,心情愉快。我还想参加大学生社团,进一步锻炼自己的交往能力。对了,告诉大家,最近我们宿舍被评为'文明之家'!"这是一次课堂讨论中一位同学的发言。

人是社会的人,每个人都在社会中生存、发展,离不开和他人交往,离不开和周围的人建立各种各样的人际关系。我国已故著名心理卫生学家丁瓒先生曾指出:人类的心理适应,最主要的就是对于人际关系的适应,所以人类的心理病态,主要是由于人际关系的失调而来的。"水能载舟,亦能覆舟",一个人的幸福和才智来自人际关系,一个人的痛苦和不幸也常与人际关系的不协调有关。当人际关系和谐、融洽时,它会给人带来愉快、充实、幸福、成功、欢乐,并能充分调动起人的积极性;而当人际关系紧张、失调时,它又会给人带来烦恼、痛苦、失望、忧伤和阴影。

一　人际关系的建立与发展

请先回答三个问题:第一个问题,你身边有没有朋友? 如果有,他/她是谁? (你不一定要写出具体的名字,比如写室友)你为什么认为他/她是你的朋友? 第二个问题,请你写出在你成长过程中对你影响最大的人,可以列举三个人。第三个问题,当你生活、学习当中遇到困难的时候,最可能对谁说? 为什么是这个人?

有人说人际关系是指人和人之间的关系,这不完全对,因为人和人之间的关系有很多种,政治关系、经济关系,劳动关系,还有职业关系。心理学中的人际关系是指人和人之间由于沟通而产生的一种心理关系,它主要表现在沟通过程中人与人之间的心理距离,反映着人们寻求爱和归属等需要的满足的心理状态。知、情、意构成人际关系的要素,良好的心理关系表现为认知上彼此肯定价值,情感上彼此喜欢接纳,行为上彼此接近、愿意沟通和交往。人际关系不好是指认知上互相否定,情感上互相厌恶,行为上互相远离。

(一) 人际关系良好的特征

1. 感情相悦

即你喜欢别人的同时别人也喜欢你。感情相悦,互相接纳,可以避免或减少人际间的摩擦与冲突,使交往得以良性循环。反之,你喜欢别人而别人不喜欢你,或者说别人喜欢你而你不喜欢别人,甚至格格不入,就交往不起来,一厢情愿地接触,最终还是要分道扬镳的。

2.价值观相似

即能吸引自己的人,必须是在价值观念、态度、信念等方面与自己相似的人。越相似,意见越一致,就越彼此喜欢。交往中,彼此价值观相似,不仅容易获得相互支持与共鸣,而且容易预测彼此的反应倾向,相互适应就比较容易。价值观相似的发现,会促进交往频率的增加,循环往复,彼此关系便趋向稳定。

3.两者关系

感情相悦和价值观相似,是人际吸引的两大心理机制,其功能的差异是前者作用于交往的前期,后者则常作用于后期。理想的人际关系是两机制同时发生作用,既感情相悦又价值观相似。异性交往中的相互了解、感情相悦和价值观相似,常常会碰撞出爱情的火花。异性交往有助于大学生对异性心理的相互了解和信任,进而获得异性的信赖和友谊,促进情感的健康发展。个别同学间的交往是这样,集体中大家的交往也是如此。

美国心理学家戴尔·卡耐基曾说:"一个人事业的成功,只有百分之十五是由于他的专业技术,另外百分之八十五要靠人际关系和处世的技巧。"人生是在交往中度过的,人生的每一个阶段必然与一定的人际关系相联系。从这个意义上讲,良好的人际关系是集体和个人生存与发展的有利环境:产生合力,使人团结协作,充分发挥群体的效能;形成互补和激励,使人们互相学习,取长补短,产生激励向上的积极情绪;促进信息交流,使人们增长知识和能力,不断完善和发展自身。不良的人际关系则阻碍人自身的发展。一个人的成长、发展、成功、成才都是在人际交往中完成的。一个人的喜怒哀乐也和人际关系息息相关。

人际关系就是对话。对话产生于对别人说话,且得到别人的回应。这是双向的过程,使两个人或更多人讨论关于他们的事。失去了对话中的某一方,人际关系就会中止。(Reuel Howe)

对话是直接和诚实的,要求非常的勇气,因为它是没有防卫的战门。
(Poul W. Keller & Chaples T. Brown)

大学生从走进大学的那一天起,就面临着许多新的人际关系:新的同学、新的室友、新的老师,等等。可以说,大部分人上大学之前或许对大学中的人际关系有过一个美好的想象:友爱、真诚、互助、和谐、融洽⋯⋯然而,当走进新环境后,人际关系的种种问题就都活生生地摆在每个人面前。人际关系紧张、敏感已经成为困扰大学生的一个不容忽视的问题。大学生常感叹:做人怎么这样难?

从心理素质培养的角度讲,大学生积极开展人际交往,处理好人际关系,有着十分重要的现实意义。和谐的人际关系、适当的交往能力以及观察能力、表达能力是人的心理素质的展示。在社会转型时期,在紧张激烈的社会竞争中,对与他人的合作能力、协调能力的重视都提到前所未有的高度。在开放的社会中,要以开放的心态面对人际关系。为此,学习人际交往,提高交往中的心理素质,已成为大学生的人生必修课。

(二) 人际关系的建立过程

人际关系的建立与发展一般要经过定向、情感探索、情感交流和稳定交往四个阶段。

1. 定向阶段

包括对交往对象的注意、选择及初步沟通等方面的心理活动。

2. 情感探索阶段

在此阶段,双方探索彼此在哪些方面可以建立感情联系。随着双方共同的情感领域的发现,彼此沟通越来越广泛,有一定程度的情感卷人。

3. 情感交流阶段

人际关系发展到这一阶段,双方关系的性质发生重要的变化。双方的信任感、安全感开始建立;沟通的深度和广度有所发展,并有较深的情感卷入。此时,双方会提供评价性的反馈信息,进行真诚的赞许或批评。

4．稳定交往阶段

在此阶段，交往的双方在心理相容性方面进一步拓展；已允许对方进入自己的私密性领域，自我暴露广泛而深刻。

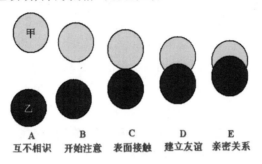

图 8-1　人际关系的发展示意图

图　解	人际关系状态	相互作用水平
 ○　○	零接触	低
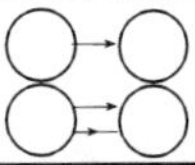 ○→○ ○⇄○	单向注意 双向注意	
 ○○	表面接触	
 ◐○	轻度卷入	
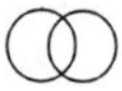 ◉	中度卷入	
◎	深度卷入	高

图 8-2　人际关系状态及其相互作用水平

（引自 J．C．Freedman 等著《社会心理学》，1983 年第 5 版，第 230 页）

（三）需求关系是人际关系的核心

有的大学生看到人与人之间有相互支持、相互帮助的一面，就片面地认为人际关系是一种相互利用的关系,会相互利用就是搞好了人际关系。他们把庸俗的关系学与健康的人际关系学简单地划上了等号。

在日常生活、学习和工作中,每一个人都需要和别人建立一定的人际关系,这就是人际关系的需求,需求关系是人际关系的核心。人际需求关系可以分为包容关系、控制关系和感情关系三类。

1. 包容关系

包容关系的基本行为特征是求助,一方有所求,一方有所予,如果彼此双方无所予求,就无法建立包容关系。出于这种动机产生的人际反应特征是沟通、融合、协调、参与、随同等,与此动机相反产生的人际反应特征是排斥、对立、疏远、退缩等。

2. 控制关系

控制关系的基本行为特征是支配与依赖。每一个人都有支配他人的欲望,同样,每一个人也都有依赖于他人的心理,只不过由于环境和能力的差异造成支配和依赖心理强弱不同而已。在交往过程中,只有一方力图支配对方,而对方恰好企图依赖另一方时,才能建立起较为稳定的控制关系。否则,就会发生冲突或者疏远。而支配过强,令人不舒服、有压迫感,就构成操纵性,进而产生疏离感。

3. 感情关系

感情关系的基本行为特征是同情、喜爱、亲密、热心、照顾等。人都有与他人建立和维持良好关系的欲望。与此动机相反产生的人际反应特征是冷淡、厌恶、疏离、憎恨等。感情关系建立的基本条件是交往的双方都是爱的主体,同时又都是爱的客体;双方都给予对方以爱,同时又都接受对方的爱。

人际关系中的我。每一个人都在一个人际关系网里面,你周围一定有一些重要的人物,亲人、朋友、老师等。现在你尝试着变换自己的角色来看你自己。用五分钟时间,每一个项目用三到五个形容词。

妈妈眼中的我	亲戚眼中的我	朋友眼中的我	同学眼中的我
爸爸眼中的我	恋人眼中的我	老师眼中的我	自己眼中的我

二 人际吸引的秘密

在大学生同龄人中,有的同学很有人缘,在他们周围好像有一个"磁场",能亲和多种人,让人好生羡慕。这种能力是天生的吗? 有的人气质特点更外向一些,但是人们会发现,有的外向气质特点的人常常因为太直率而得罪人。人际"磁场"的秘密是什么呢? 心理学研究发现,人际沟通是有规律的。人们能走到一起成为朋友,是因为有些相互吸引的因素。

心理小实验:"物以类聚"。为了调查朋友关系是如何结成的,美国心理学家菲斯汀加等人对大学生入住宿舍后6个月的情况作了一次跟踪调查。被测者是初次见面的17名男生,他们在入住之前接受了政治态度和宗教态度方面的调查。进一步跟踪调查表明,最初是房间邻近的人关系友好(近因效应),但随着时间的推移,态度相似的人渐渐形成了群体。都说好朋友在性格上非常相似,调查的结果确实如此。但人们有时也把这种相似看得超出了实际水平,尤其是对于那些自认为理想的性格特征更是这样。

(一) 接近性吸引

俗语说的"远亲不如近邻"就是最典型的接近性吸引。远亲有血缘关系,本来应该很亲,但是没有沟通,又没有接触;近邻呢,没有什么血缘关系,但是彼此沟通、帮助机会很多。回想你刚到大学来的那几天,跟你沟通最多的是什么人? 一般是同宿舍的,因为空间距离比较近,沟通的机会多,容易产生接近性吸引。

（二）相似性吸引

接近性吸引在陌生人开始相处的时候影响很大，但是沟通时间长了就会有其他变化，此时双方的相似性就变得很重要。所谓相似就是沟通双方的兴趣、爱好、背景、信仰、价值观比较接近。俗话说"话不投机半句多"，要是两个人谈得来就会滔滔不绝，这就是相似。所谓投机就是两个人有相互吸引的地方，如有共同的爱好、背景、信仰等。你会看到爱好踢球的人常常喜欢在一起，爱好读书的人也常常喜欢在一起，因为大家有共同的话题。

（三）互补性吸引

互补似乎跟相似有点矛盾，其实不然，互补是指沟通双方的需要都得到满足的互补。常说的郎才女貌、男刚女柔，就是互补。一对恋人，如果两个人的控制欲望都很强烈，都喜欢说了算，那么一般长不了；如果一个比较喜欢指挥别人，一个喜欢被别人指挥，这样的关系形成互补，一般比较稳定。同理，一个特别喜欢照顾别人，一个很喜欢接受别人的照顾，这也是一种相对来说比较稳定的关系。

（四）外表吸引

外表吸引最典型的就是一见钟情，因为第一次见面，你又不知道他/她的内心、以前有什么辉煌的成就，吸引就是来自于外表的吸引。这里的外表不仅指长相，还包括气质、风度、谈吐、衣着这些外在的形态。外表会影响最初的沟通，但是沟通得越深，彼此吸引的因素当中，外表的因素就越来越少。

卡西莫多的"美"。《巴黎圣母院》里的敲钟人卡西莫多又丑又残，刚看到时，会被他的丑陋吓到，但随着剧情的深入发展，会发现原来他虽然外表丑陋，却有颗善良的心，比那个一表人才的神甫不知道要好多少。外表的吸引有一定的限制，但是初接触时往往还是会有以貌取人的现象，因为爱美之心人皆有之。

（五）人格的吸引

人格的吸引是长久的吸引。人的性格、气质、能力、才华、品德才是最重要的。影响人际吸引的人格特征主要有：(1)为人虚伪，与之沟通容易使人失去安全感；(2)自私自利，只关注自己的需要，不关心别人的需要，甚至损人利己；(3)不尊重别人，常常挫伤别人的自尊心；(4)报复心强；(5)妒忌心强；(6)猜疑心重，过于敏感；(7)过于自卑；(8)孤僻固执；(9)苛求别人，控制别人；(10)自负自傲。

有人对美国前100名富翁作了访谈，问他们成功的要素是什么，几乎所有的人讲的都是品德。品德具有长久的魅力。周总理活着也好，离去也罢，当总理也好，不当总理也罢，我们都会爱他、敬重他，因为他的人格中具有永远闪光的东西。遗传因素改变不了，我们真正能够努力的是优化我们的人格，让我们的人格更具魅力。外表的美丽会随着岁月而流逝，而人格的魅力永存。

三　影响人际关系的心理效应

社会心理学研究表明，在人际交往中有一些非常有趣的心理现象。科学地运用人际交往中的心理效应对大学生很有意义。

（一）首因效应

有谁不愿意给别人留下美好的印象呢？首因，即最初的印象，或称第一印象。在人际交往中，人们往往注意开始接触到的细节，如对方的表情、身材、容貌等，而对后来接触到的细节不太注意。这种由先前的信息而形成的最初的印象及其对后来信息的影响，就是首因效应，即我们常说的"先入为主"。

第一印象赖以产生的信息是有限的，因而不一定是真实、可靠的。由于认知具有综合性，随着时间的变化、认识的深入，人完全可以把这些不完全的信息贯穿起来，用思维填补空缺，形成一定程度的整体印象，所谓"路遥知马力,日久见人心"。

(二)近因效应

近因,即最后的印象。近因效应,指的是最后的印象对人们的认知所具有的影响。最后留下的印象,往往是最深刻的印象,这也就是心理学上所阐释的后摄作用。

首因效应与近因效应不是对立的,而是一个问题的两个方面。在大学生的人际交往中,第一印象固然重要,最后的印象也是不可忽视的。在对陌生人的认知中,首因效应比较明显;而对熟识的人的认知中,近因效应比较明显。这就告诉我们,在与他人进行交往时,既要注意平时给对方留下的印象,也要注意给对方留下的第一印象和最后印象。

(三)光环效应

光环效应又称晕轮效应,指的是在人际交往中,人们常从对方所具有的某个特性而泛化到其他有关的一系列特性上,由局部信息形成一个完整的印象,即根据最少量的情况对别人作出全面的结论。所谓"情人眼里出西施",说的就是这种光环效应。

光环效应实际上是个人主观推断泛化的结果。在光环效应状态下,一个人的优点或缺点一旦变为光环被扩大,其他优点或缺点也就隐退到光的背后而被视而不见了。在人际交往中,人们往往对外表有吸引力的人赋予较多理想人格特征,或为之预测美好的未来,例如,"那个人第一次见面彬彬有礼,对我关心备至,令我难忘","你气质好,将来求职就业一定没有问题",等等。

(四)投射效应

投射效应是指在人际交往中,形成对别人的印象时总是假设他人与自己有相同的倾向,即把自己的特性投射到其他人身上。所谓"以小人之心,度君子之腹",反映的就是投射效应的一个侧面。投射可分为两种类型。一种是指个人没有意识到自己具有某些特性,而把这些特性加到了他人身上。

例如,一个对他人有敌意的同学,总感觉到对方对自己怀有仇恨,似乎对方的一举一动都有挑衅的色彩。另一种是指个人意识到自己的某些不称心的特性,而把这些特性加到他人身上。例如,在考场上,想作弊的同学总感觉到别的同学也在作弊,倘若自己不作弊就吃亏了。通过这种投射,重新估价自己的不称心的特性,以求得心理上的暂时平衡。

(五) 刻板印象

刻板印象是社会上对于某一类事物或人物的一种比较固定、概括而笼统的看法。主要表现为:在人际交往过程中主观、机械地将交往对象归于某一类人,不管他是否呈现出该类人的特征,都认为他是该类人的代表,进而把对该类人的评价强加于他。刻板印象作为一种固定化的认识,虽然有利于对某一群体作出概括性的评价,但也容易产生偏差,造成"先入为主"的成见,阻碍人与人之间深入、细致的认知。例如,男生认为女生心细、胆小、娇气;女生则认为男生心粗、胆大、傲气。农村来的同学认为城市来的同学见多识广,但狡猾、小气;城市来的同学则认为农村来的同学孤陋寡闻,但忠厚、老实,等等。

四 建立良好人际关系的原则

大学生小 A、小 B 是一对要好的朋友,学习、生活中经常形影不离。后来小 A 觉察到小 B 周末常常不在自习教室,问她去做什么,小 B 不愿意说,又担心小 A 多心,影响俩人的关系,内心很矛盾。小 A 则很不高兴,认为两个好朋友之间不该有个人隐私,若保留个人隐私就不是真正的友谊。她们的矛盾症结就在对个人隐私的处理。

个人隐私是个人感的重要体现,没有个人感就没有个人隐私,没有个人隐私也就无所谓个人。隐私之所以重要,在于它接纳了每个人私生活的合法性和独立性。小 A、小 B 没有掌握好友谊和个人隐私的分寸,因而都十分痛苦。

个人隐私如同我们每个人的"内衣",没有人愿意在大庭广众前赤身裸体,也没有人愿意在外人面前暴露他内在的服饰(模特例外)。这是因为个人隐私中包含的绝大部分秘密属于生活中不可言说的部分,必须保密,不能与人随意分享。个人隐私有两个最忠实的守护:责任和信誉。在人际交往中,无论是同性或是异性间,都应尊重他人,保护他人的隐私,不能强迫别人暴露。真诚、宽容、信任是与尊重同等重要的健康交往的原则。

(一) 尊重原则

俄国大作家屠格涅夫有一天走在街上,一个年迈体弱的乞丐向他伸出发抖的双手,大作家找遍所有的衣袋,分文没有,感到惶恐不安,只好上前握住乞丐那双脏手,深情地说道:"对不起,兄弟,我什么也没有,兄弟!"哪知,大作家这一声声"兄弟",却超过了钱币的作用,立刻使老乞丐为之动容,热泪盈眶地说:"哪儿的话,我已经很感恩了,这也是恩惠啊!"这个故事说明,无论什么人,无论地位高低,渴求得到尊重的心情是一样的。

古人说:"敬人者,人恒敬之。"尊重包括自尊和尊重他人两个方面。自尊就是在各种场合自重自爱,维护自己的人格;尊重他人就是重视他人的人格、习惯与价值。尽管由于主、客观因素影响,人与人在气质、性格、能力、知识等方面存在差异,但在人格上是平等的。只有尊重他人才能得到他人的尊重。

(二) 真诚原则

真诚待人是人际交往中最有价值、最重要的原则。以诚待人是人际交往得以延续和深化的保证。美国一位心理学家曾列出若干描写人品的形容词,让大学生说出最喜欢哪些、最不喜欢哪些,结果学生评价最高的品质是:真诚。在8个评价最高的形容词中,有6个和真诚有关,即真诚、诚实、忠诚、真实、信赖和可靠。而评价最低的品质中,虚伪居首位。古人说:"以诚感人者,人亦诚而应。"在交往中,只有彼此抱着心诚意善的动机和态度,才能相互理解、接纳、信任,感情上引起共鸣,使交往关系巩固和发展。那种"逢人只说三分话,未可全抛一片心"的交往信条,侵蚀着健康的交往关系。

真诚是大学生人际交往中最有价值、最重要的一种特征,也是大学生高尚品质的重要体现。只有真诚才能产生情感的共鸣,获得真正的友谊。人际交往的真谛就是真情的互动。一个人如果当着朋友面是一套,背着又是一套,或者朋友之间互不信任、心存戒备甚至假情假义,那么,交往将不再让人感到愉快,反而成为一种负担了。

批评的智慧。人皆有过,被批评、批评别人在所难免。但若方法不当,既达不到目的,又伤害感情。批评的智慧体现在:(1)从称赞和诚恳入手。先诚恳地称赞别人的长处,再指出不足,比一针见血地批评更有效。(2)间接提醒别人的错误。用间接方式提醒会使人因保留面子而乐于接受意见,比直截了当好。(3)先谈到自己的错误。当与别人发生误会而双方都又责任时,最好先责己,然后再指出别人的错误。(4)提问而不是下命令。态度要诚恳,方式要委婉,比如问"你觉得这样做行吗?"(5)勇于接受批评。当别人善意批评自己时,勇于接受才能进步。

(三)宽容原则

宽容表现在对非原则问题不斤斤计较,能够以德抱怨。在人际交往中难免会遇到一些令自己不愉快的人和事,要学会宽容,学会克制和忍耐。苏轼说得好:"匹夫见辱,拔剑而起,挺身而出,此不足为大勇也。天下有大勇者,猝然临之而不惊,无故加之而不怒,此其所挟持者甚大,而其志甚远也。"大学生在人际交往中心胸要宽,姿态要高,气量要大,遇事要权衡利弊,切不可事事斤斤计较、苛求他人、固执己见,要尽量团结那些与自己有分歧见解的人,营造宽松的交际环境。"学会原谅别人是美德,学会宽容别人是高尚。"有了这样的心境,就会有良好的人际关系,就会使每一天都快乐。

在人际交往的过程中,由于人们交往的观念或方法不同,在交往的过程中有可能发生心理上的摩擦,宽容就是能够理解交往的对象,原谅并主动去帮助对方,从而达到心理上的和谐。

世界上最广阔的是海洋,比海洋更广阔的是天空,比天空更广阔的是人的心灵。每位大学生都有自己的个性、优点和缺点,人际交往过程中也难免会发生一些不愉快的人和事,不能因为一点意见不合就与同学爆发激烈的冲突,甚至大动拳脚。要学会宽容、忍耐和克制,承认差异,允许不同思想观念和行为方式的存在。要用宽容的心态去对待别人的错误与缺点,设身处地为他人着想,谨慎批评。宽容是维系友谊的一个重要原则,没有人愿意与心胸狭隘、多疑善变的人交往。

在人际交往中要做到宽容就需要有较高的思想境界和道德修养,需要有宽阔的胸怀和坚强的意志,需要有正视自己心灵创伤的勇气和自控能力。能够对人宽容的人才能得到别人的宽容,才能使人际交往中的感情纽带更牢固。

(四) 互利合作原则

互利是指交往双方在满足对方需要的同时,又得到对方的报答,这样双方的交往关系就能继续发展。如果一方只索取不给予,交往就会中断。互利性越高,交往双方关系就稳定、密切;互利性越低,交往双方关系就疏远。人际间的互利包括物质和精神两方面。

互助合作是人际交往中不能缺少的一个重要原则,对于促进人际交往、建立良好的人际关系有着重要的作用。俗话说"孤掌难鸣"、"独木不成林",没有人能离开他人而生存发展下去,只有彼此合作、互相帮助,才能共同进步、开拓未来。一般说来,个体是生活在一定的团队中,团队中的成员需要互助合作,才能促进团队的发展,惟有团队得以发展,个体才有更好的发展空间。美国社会心理学家勒温提出了"团体动力论",通过援引场论中的概念,来说明团体动力构成及影响因素。他认为,一个人的行为可用 $B = f(P, E)$ 的函数式表示,式中 B 是个人行为的方向及强度,P 是个人的内部动力、内部特征,E 是个体所处的环境。团体中个人行为的方向和强度取决于个人现有需要的迫切程度和情境力场的相互作用关系,因此,必须重视团体中各种支配行为的力量对个体的作用和影响,认识到互助合作的重要性。

在人际交往中,交往双方相互关心、帮助与支持,既要考虑双方的共同价值和共同利益,满足彼此的需要,又要促进相互联系、深化双方的感情。一般而言,一个团体成员想通过团体达到某种目的的迫切程度,总是会受到团体其他成员的影响并改变。当团体的人际关系环境不合适时,他通过团体实现愿望的迫切程度就会降低；当团体的人际关系环境比较合适时，他的这种愿望就会变得更为强烈。如果成员彼此间注重互助合作，能够达成相对一致的目标和共同的愿望，促进人际交往和人际关系的发展，进而会使每个人通过团体实现这种愿望、达到相应目标的信心和干劲都变得更为强烈，最终促进团队发展的同时个体自身也得到了发展。

在有意义的友谊中，关怀是相对的，每个人都关怀别人，关怀就变成了一种传染的行为，对别人的关怀，触动了他人对我的关怀，同样他人对我的关怀也触动、更增强了我关怀他的力量。这一现象在心理学中叫做增值交往。

（五）理解的原则

"千金易得，知己难寻"，所谓知己，即是能够理解和关心自己的人。相互理解是人际沟通、促进交往的条件。理解不等于知道和了解。就人际交往而言，你不仅要细心了解他人的处境、心情、特性、好恶、需求等等，还要根据彼此的情况，主动调整或约束自己的行为，尽量给他人以关心、帮助和方便，多为他人着想，处处体恤别人，自己不爱听的话别说给人听，自己反感的行为别强加于人，即古人所谓"己欲立而立人，己欲达而达人"，"己所不欲，勿施于人"。当你在交往中，善解人意，处处理解和关心他人时，相信别人也不会亏负你。

（六）信用原则

人际交往要讲究一个"信"字。"信"有五层含义：一是言必信，行必果。言必信即说真话，不说假话。如果一个人满嘴胡言，尽说假话骗人，到头来连真话都不能使人相信了。大家小时候都听过的"狼来了"的故事就是一个例证。行必果即说到做到，遵守诺言，实践诺言。如果一个人到处许愿而不去做，必然会引起人们的反感和唾弃。二是信任，不仅要信任别人，而且要争取赢得别人的信任。三是不轻易许诺，即不说大话，不作毫无把握的许诺。四是诚实，即自己能办到的事要答应别人的请求，办不到的事要讲清楚，以赢得对方的理解。五是自信，即要有一种自信心，相信自己能行，给人以信赖感和安全感。

现代社会竞争日益激烈,在此背景下,信用显得尤为重要,关系到一个人的社会声誉和事业成败。而对大学生来说,信用也是大学生立足校园和社会的第二张"身份证"。在与同学交往的过程中,只有守信才能取得他人的信任和认可,因为每个人在交往中都想寻求一种安全感和信赖感,一个不讲信用的人是很难使别人产生愉悦的感觉的,更别说建立良好的关系了。守信有利于在人际交往过程中增加信任感,消除可能产生的误会,加深双方的感情,建立良好的人际关系。

(七) 平等原则

平等是建立良好人际关系的前提,也是人与人之间建立感情的基础,是人际交往的第一原则。

平等首先指的是情感上的对等,只有一方真诚付出的交往是不会获得真正的友情的。而一个总是趾高气扬、傲视一切的人,也是不会受人欢迎的。

平等还意味着尊重。大学生来自祖国各地,年龄、经历、知识结构和文化水平相似,而家庭出身、经济状况、个人能力等都有所不同,但这并无高低贵贱之分。如果盛气凌人,把自己的意愿强加于人,缺乏对他人应有的尊重,最终将导致别人避而远之。只有以平等的心态和人相处,才能形成人与人之间的心理相容,产生愉悦、满足的心情。从人格的角度看,人与人之间都需要自尊和被人尊重。平等待人才能被别人尊重和理解,自己的交往愿望才能被别人所悦纳,形成良好的交往关系。

姐妹合作实现突破。冬奥会冠军大杨阳的冲刺使我国实现了冬奥会零的突破。获得冠军以后,大杨阳最感慨的是奖牌背后是一个群体,包括四个亲如姐妹的队友的心血和汗水。原来四个人是你不服我、我不服你,大家都是水平很高的,干嘛我要保你呢,别人也想表现自己、争冠军。本来这也没有什么不好,但是有些项目特别需要团队的合作,如她们的接力项目。她们曾经在长野冬奥会失败,不是因为水平不够,是因为谁也不服谁,还有一些门户之见,彼此之间有些不同的看法。长野冬奥会失败以后,她们除了流泪以外,更多的是反思。她们坐在一起痛哭一场,好好地反省,终于明白成功源自彼此的支持。从此以后,她们亲如姐妹,在大局上团结一致,终于在冬奥会上实现金牌零的突破。

五 改善人际关系常用的技术

人际交往能力是现代社会人才的重要素质,是衡量一个人能否有效适应社会的标志。一个想要在现代社会生活中有所作为的青年学生,应努力培养自己交往的能力,掌握交往的主动权。为此,不仅要克服交往障碍,更为重要的是了解人际交往的真谛,掌握成功交往的技能与艺术。

(一) 培养成功交往的心理品质

人际关系的好坏不是一个简单的技巧问题,它反映了人的性格特点和对别人的评价。常言所说的"生活的磨炼可以改变一个人",主要指性格的改变。气质无好坏之分,只有当气质的表现涉及到人的社会关系时,才能评定其是否有价值;而对性格始终具有好坏的评价。建立良好人际关系的秘诀在于:培养成功交往的心理品质,提高自身人格魅力,如真诚、大方、热情、自信、谦虚、善解人意等。自卑感往往是人际摩擦和麻烦的原因,而自信则是健康的人际交往的灵魂。要让别人喜欢你,你就得先学会自己喜欢自己,悦纳自己。发现自己的优点,强化自己的内在价值,使自己快乐起来、自信起来,不断地完善自我,这才是建立健康的人际交往的根本途径。

(二) 培养积极的生活态度

哈里斯(Harris)提出人生的四种态度类型,即:(1)"我不行,你行",(2)"我不行,你也不行",(3)"我行,你不行",(4)"我行,你也行"。他进一步指出,孩子在两岁左右时,就已经选定了前三种见解中的一种。一旦这种见解得以认定,孩子就会始终保持这种见解,并用它来支配自己的全部行为。这种状态将伴随他的一生,除非他在以后的生活中有意识地将之改变成第四种见解。

哈里斯认为,"我不行,你行"是人在发展过程中最早形成的记录。在生命最初的两年,婴儿常常处于不平衡的状态中,由于儿童的弱小、无知、笨拙、依赖性,他们体会到的多是消极的情感,沮丧、抵触、自弃、压抑,最终认定自己"我不行"。当然,儿童头脑中也存储了大量积极信息,如好奇、创造、探索、识别的欲望与触摸和感知的强烈要求。但压抑感远远超过积极美好的情感。当他们开始蹒跚学步,被亲人爱抚的机会也就随之减少,受到的体罚也越来越多,这时孩子就会断言"我不行,你也不行"。他拒绝大人抱他,宁愿一个人躺着。如果从小受到父母虐待甚至毒打,在他"自我安抚"的过程中就会形成"我行,你不行"的结论,其中包含着强烈的报复与犯罪心理。一些幸运的人,在生命的早期得到大量的帮助,就将顺利地获得"我行,你也行"的见解。这是宽容精神的表现,既尊重别人,也尊重自己。

在"你行,我不行"这样一种自卑怯弱与"我行,你不行"这样一种狂妄自大的心态下,人际交往必然是"有赢有输";在"我不行,你也不行"这种悲观绝望的心态下,人际交往可能呈现"双败"局面;只有在"我行,你也行"这种积极乐观的心态下,人际交往才会"双赢"。

(三) 进行敏感性训练

敏感性训练是一种从团体心理疗法发展起来的团体训练技术。

敏感性训练团体有多种形式,最普遍的是 T 小组。它的活动方式主要是语言交流。这类团体通常由 5 人到 15 人组成,包括 1 名团体心理辅导人员。训练期限可以是 1 至 4 周。

训练团体主要以非指导性的方式为参与者提供真实体验"此时此地"的情境。在活动的初始,团体成员之间往往先谈论参加这种活动的意图,包括想解决的问题和感兴趣的问题。随着沟通的深入,人们会逐渐了解别人对自己的问题和当时的表现有怎样的反应。当团体成员之间的信任感和真诚的气氛建立起来后,团体作为一个整体不容忍任何成员拒绝暴露自己的真正自我。

(四) 尝试角色扮演法

角色扮演是一种直接摆脱既定角色关系束缚的个体训练技术。它通过角色改变的方法,使人充当或扮演别种角色,站在一个新的立场去体验、了解和领会别人的内心世界,把握自己反应的适当性,由此来增加自我意识水平、移情能力,并改变过去的行为方式,使之更适合于自己的社会角色,从而获得新的社交技能。

一个简单的例子,很多时候,我们不也是希望身边有一个听众,静静地听自己絮叨着生活中的苦与乐吗?当你在诉说的时候你的心情自然地放松了,情绪也渐渐趋于平和,伤心的情怀渐渐宁静。对方可以什么都不说,只是静静地倾听着,从那专注的表情里你已经看见了一颗可以分享苦与乐的心。人同此心,心同此理。诉苦时,真正需要的并非对方的指点,而只是倾听与理解。此时最好的反应是,一方面,倾听、倾听、再倾听,另一方面,表示理解。如何让对方知道你听懂了他的话,而且理解了他的心情呢?心理学为我们提供了一种方法——"意译法",即用简单的话将对方表达的意思翻译一遍。另外,我们还要注意的是,淡化别人的困难不一定能起到安慰人的作用,弄不好会让对方感到你"站着说话不腰疼"。

交往中,仅仅有善意是不够的,还要注意每个人感受上的差异,避免无意的伤害。因为家庭背景、经济条件的差异,常常使不同的人对同一件事有不同的反应。

(五) 加强个人自我训练

具体建议如下:(1)针对多种影响人际交往的心理障碍现象,对照自己的行为看出现过几种,用笔记本写下正确的处理方法。(2)找出自己的心理障碍后,每天早上对着镜子默默提醒三次,坚持一段时间。(3)假定遇到令自己不快的人和事,设想豁达性的语言,并对着镜子配合以相应的动作和表情。(4)在热闹场面上练习几次沉默和微笑。(5)各种活动不管是否擅长都要参加。

(六) 实践利他行为

利他行为是指人际交往过程中,无私助人而不指望得到任何外在奖励的行为。有研究指出:利他行为与心理健康存在相关,高利他行为的人,心理健康水平也高,反之亦然;低利他行为的人在人际关系、焦虑、抑郁等项目上与高利他行为的人存在显著性差异。这是因为,利他倾向强的人,有较强的社会责任感来维护社会正义的规范,形成了道德义务感、信念和价值观。这样,个人利他行为的发生就不是由于社会的要求,而是因为自己感到"这样做是对的"。不遵守这些社会规范的人不仅仅会受到社会的惩罚,更主要的是违背了个人的信念而受到良心的谴责。

利他会使人心态轻松愉快。在学习生活之余,尝试着多为同宿舍同学做一些力所能及的事情,如为大家打开水、做值日,做一些别人不太愿意做的事情,不必在意别人对你的评价,并从积极的方面记下自己的体会。

建议阅读书目:

1. 黄仁发、汤建南:《人际关系心理》,安徽:中国科技大学出版社,1997 年。

2. 〔美〕D. 萨尔诺夫:《说话的技巧》,北京:世界图书出版公司,1988 年。

3. 王承璐:《人际心理学》,上海:上海人民出版社,1987 年。

4. 尚水利:《团队精神》,北京:时事出版社,2001 年。

5. 杜志敏:《心理素质与综合能力训练教程》,北京:化学工业出版社,2001 年。

第九讲

人际沟通与冲突管理

沟通对个人发展的意义

不同类型的沟通

沟通的过程及特点

人际冲突来源及其管理

做一个沟通的赢家

人到底能承受多少孤独呢？1954 年,美国心理学家做了一项实验。该实验以每天 20 美元的报酬雇用了一批学生作为被测者。为制造出极端的孤独状态,实验者将学生关在有隔音装置的小房间里,让他们戴上半透明的保护镜以尽量减少视觉刺激。又让他们戴上木棉手套,并在其袖口处套了一个长长的圆筒。为了限制各种触觉刺激,又在其头部垫上了一个气泡胶枕。除了进餐和排泄的时间以外,实验者要求学生 24 小时都躺在床上,营造出了一个所有感觉都被剥夺了的状态。

结果,尽管报酬很高,却几乎没有人能在这项孤独实验中忍耐三天以上。最初的 8 个小时还能撑住,之后,学生就吹起了口哨或者自言自语,烦躁不安起来。在这种状态下,即使实验结束后让他做一些简单的事情,也会频频出错,精神也集中不起来了。实验后得需要 3 天以上的时间才能恢复到原来的正常状态。实验持续数日后,人会产生一些幻觉。到第 4 天时,学生会出现双手发抖、不能笔直走路、应答速度迟缓以及对疼痛敏感等症状。实验证明，人的身心要想正常工作就需要不断地从外界获得新的刺激。

沟通是人们为了传递信息、交换意见、交流情感而利用语言或非语言的方式进行的互动过程，是人与人之间发生相互联系的最主要的形式。人活在世上就要与人打交道，打交道就要懂得沟通。心理学研究发现，人醒着的时候，大约70％的时间都花在沟通过程中，与别人交谈、读书、上课、听广播、看电视，都是在进行沟通。沟通的广度和方便程度，是衡量生活质量的重要方面。人际沟通以及沟通基础上建立起来的人际关系不仅直接影响青年学生在校期间的学习、生活，而且也直接影响其心理健康。

一　沟通对个人发展的意义

沟通是人类的特定社会现象，对于社会的发展和个性的成长有重要作用。沟通是群体的粘合剂，能使群体内部个体之间和群体之间在认知、情感和行为上彼此协调、相互统一。沟通是人类特有的需求，人只有在不断地与他人沟通中才能促进个性发展，有利于心理健康。人际沟通是个体与周围人之间的一种心理和行为的交流过程，是由诸多因素组成的复杂系统，通过沟通，相互之间的心理和行为都会发生变化。一个人走向成功的过程中，良好的人际关系至关重要，而人际关系的建立，沟通是基础。大学生正处在学习知识、了解社会、探索人生的重要发展时期，主要活动都是在与人沟通的过程中进行与实现的，因而对沟通有着强烈的渴望和要求。在人的一生中，再也没有像青年时期那样强烈地渴望被理解的时期了，没有任何人会像青年那样深陷于孤独之中，渴望着被人接近与理解。

（一）沟通可以满足情感的需要

因为每个人都渴望被别人接纳，被别人喜欢，被别人爱，被别人肯定，被别人尊重，良好的沟通可以满足人这方面的需要，让人心情愉悦。不管你是谁，不论肤色，不论地位，只要是人，每个人都有一种被别人了解、也去了解别人的渴求。

（二）良好的沟通可以深化自我认识

人对自我的认识有三条渠道,都离不开和别人沟通。一个人无论多么精力充沛,直接经验总是有限的,要想适应不断变化的世界,就要凭借沟通获得别人的经验。大学生在与他人的沟通过程中,通过与别人比较,通过倾听、观察、分析和判断,进一步全面、客观地认识自己,调整和纠正自己。处于良好人际关系中的大学生,时时会感到自己为他人所接受、所承认,自尊心得到满足,自信心得到增强,自身价值得到体现。

（三）良好的沟通可以使个性更加完善

英国作家萧伯纳曾经打过一个比方:假如你有一个苹果,我有一个苹果,彼此交换后,我们每个人都只有一个苹果;但是如果你有一种思想,我有一种思想,那么,彼此交换后,我们每个人至少有两种思想。沟通使人生真正变得丰富多彩。人们之间的相处,可以从中相互学习,如学会竞争、学会谈话和倾听、学会自我保护等,有助于促进个性心理品质的发展。大学生通过人际沟通,可以增强自我体验,使自我意识更加完善。

（四）沟通是维护心理健康的保证

人际沟通是高校心理咨询中心接待的来访者中占第一位的问题。大学生的一些其他心理问题也直接或间接地与人际关系不适有关。比如,有的大学生孤独、空虚、抑郁、自卑,甚至产生自杀的念头,是因为没有与宿舍同学处理好关系而遭孤立所致;部分大学生情绪低落,注意力不集中,学习成绩明显下降,原因之一是令人烦恼的人际关系;有的大学生不愿参加集体活动,真实原因可能是他感到自己缺乏影响力,或者是社交经验贫乏,或者是对集体中某些人不满;有的大学生对别人不信任,认为周围的人都在议论他,说他的坏话,原因可能是与同学发生了矛盾;有的大学生失恋是因为不懂得异性沟通的尺度,等等。这些问题都需要通过加强和改善沟通来解决,以恢复心理健康。

(五) 沟通是大学生健康成长的条件

对大学生而言,沟通之所以重要,一是因为相比小学和中学,大学生的生活中不再只是学习,人际关系的发展和社交能力的培养成为一项重要个人发展目标。在这种情况下,沟通就显得尤其重要。二是因为很多大学生以前很少过集体生活,对家庭的依赖比较大,而在学校里所有事情都要自己处理,良好的沟通能力能让人生的路越走越宽,反之则可能让自己陷入窄胡同。三是因为现在用人单位对大学生的沟通非常重视,注重实际能力,不强调名牌高校、高智商,而是注重情商,不强调专业对口,而是注重综合素质。因此注重沟通教育,对大学生加强沟通训练是社会要求大学生具备综合素质的需要。

二 不同类型的沟通

(一) 正式沟通与非正式沟通

沟通按组织系统可分为正式沟通与非正式沟通。前者是通过组织规定的通道进行的信息传递与交流;后者是在正式通道外进行的信息传递与交流。正式沟通的优势是信息通道规范,准确度较高;非正式沟通形式灵活,传播速度快,但存在着随意和可靠性差的弱点。

(二) 上行沟通、下行沟通与平行沟通

沟通按信息流动方向可分为上行沟通、下行沟通及平行沟通。上行沟通是下情上达,下行沟通是上情下达,平行沟通是在组织的同级间(非上下级关系)的沟通。

(三) 单向沟通与双向沟通

这是以信息源及接受者的位置关系来区分的,二者位置不变的是单向沟通,而不断变化位置的是双向沟通。单向沟通是一方说另一方听,双向沟

通是双方有反馈。单向沟通和双向沟通都有各自的长处,比如说在军队里打仗,指令下来,你说"不行"、"我还要提些意见"、"我们是不是讨论一下再打呢",贻误战机是不行的。所以单向沟通很快捷,但是比较专制,不那么民主,双向沟通就可以更准确。

(四) 口头沟通与书面沟通

这是两种基本的语词沟通形式。前者是面对面的口头交流,如会谈、讨论、会议、演说、电话联系等;后者是文字形式的沟通,如布告、通知、报刊等。

(五) 现实沟通与虚拟沟通

现实沟通是沟通双方对对方的身份和角色都有比较清楚的把握的沟通,面对面的沟通是最普遍的现实沟通形式。有时候,双方通过媒体比如电话来沟通,但还是好像对方站在面前一样,这也是现实沟通。虚拟沟通是随着互联网而发展起来的一种沟通形式,在网络上,沟通的双方可以匿名,每个人都可以扮演各种他喜欢的角色,每个人都和他自己想象的个体在沟通。虚拟沟通中,沟通双方对对方的身份和角色往往是不清楚的,沟通的进程主要受自己的主观感受和想象来引导。

(六) 团体内的沟通网络

人际沟通往往有群体背景。群体成员间的沟通模式组合起来形成沟通网络。

1. 正式沟通网络

在正式群体中,成员之间的信息交流与传递的结构称为正式沟通网络。正式沟通网络一般有五种形式,即链式、轮式、圆周式、全通道式和 Y 式。

图 9-1 是正式沟通网络。其中○代表信息传递者,箭头表示信息传递方向。假设沟通是在五人群体中进行的双向信息交流。比较五种沟通网络的质量的常用指标有:信息传递速度、准确度、接受者接受的信息量及其满意度。很显然,全通道式的沟通网络,信息的传递速度较快,群体成员的满意度比较高。组织行为学对正式沟通网络的研究比较充分,读者可以阅读

有关的教科书。

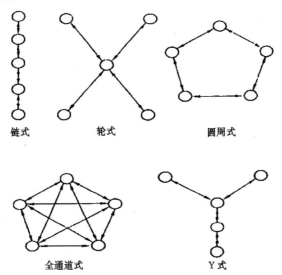

链式　　　　　　轮式　　　　　　　　圆周式

全通道式　　　　　　　　　Y式

图 9-1　团体内正式沟通网络图

2. 非正式沟通网络

群体中的信息交流,不仅有正式沟通,也存在着非正式沟通的各种情况。有学者通过对"小道消息"的研究,发现非正式沟通网络主要有四种典型形式:流言式、集束式、单线式和偶然式。

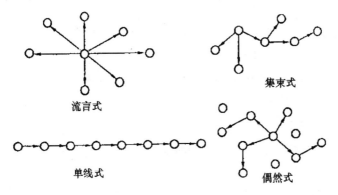

流言式　　　　　　　　　　　集束式

单线式　　　　　　　　　偶然式

图 9-2　团体内非正式沟通网络图

(七) 非言语的沟通方式

非语言的沟通方式包括姿势、眼神、表情、语气等。人们运用非语言能表达丰富的意义。非语言的沟通比语言沟通更能反映一个人的真实情况，更难控制。非语言沟通可以通过练习来提高和改善。

1. 目光

眼睛是心灵的窗户。眼睛是最有效的显露个体内心世界的途径。人对目光很难做到随意控制，人的态度、情绪和情感变化都可以从眼睛中反映出来。观察力敏锐的人，能从他人的目光中看到一个人真实的心态。

目光接触是最重要的体语沟通方式，其他的体语沟通也与目光接触有关。人际沟通如果缺乏目光接触，会成为令人不悦的困难过程。当然，持续"盯人"即长时间的凝视，也会让对方感到压力甚至不快。

2. 面部表情

面部表情是另一种可完成精细信息沟通的体语形式。人的面部有数十块表情肌，可产生极其复杂的变化，生成丰富的表情。这些表情可以非常灵活地表达各种不同的心态和情感。来自面部的信息，很容易为人们所觉察。但经过训练，人能较为自如地控制自己的表情肌，因而面部表情表达的情感状态有可能与实际情况不一致。

面部表情可表现肯定与否定、接纳与拒绝、积极与消极、强烈与轻微等情感。它可控、易变、效果较为明显。个体可通过面部表情显示情感，表达对他人的兴趣，显示对事物的理解，表明自己的判断等。因而，面部表情是人们运用较多的体语形式之一。

3. 身体姿态

姿势是个体运用身体或肢体的动作表达情感及态度的体语。这也是常见的体语沟通方式。有的学者(T. R. Sarbin,1954)研究姿势的意义，发现尽管姿势及其意义与文化有一定关系，但通过姿势进行沟通的适应范围还是较为广泛的。例如，摆手表示制止或否定，双手外推表示拒绝，双手外摊表示无可奈何,双臂外展表示阻拦,搔头或搔颈表示困惑,搓手、拽衣领表示紧张,拍头表示自责,耸肩表示不以为然或无可奈何。图 9-3 是姿势及其意义的示意图,其中有些姿势是全世界共同的身体语言。

图 9-3　身体姿势及其意义

4. 触摸

触摸被认为是人际交往最有力的方式,人在触摸或身体接触时对情感融洽的体味最为深刻。隔阂的消融、深厚的情谊,也常常需要通过身体接触才能得到充分表达。人不仅对舒适的触摸感到愉快,而且会对触摸对象产生情感依恋。有过恋爱经历的人会有体会,爱情是从身体接触(哪怕只是握手)的那一瞬间发生质变的。同样道理,如果恋人之间从来没有出现过任何身体接触,那么恋爱关系的中断对双方造成的心理失衡很小。但是,如果双方存在过拥抱、接吻及性行为等身体接触,那么恋爱关系的中断会给双方带来强烈的失恋反应。

握手的学问。握手是使用得最多、适用范围最广泛的沟通行为之一。握手的初衷是向别人表示友好和接纳,短短几秒钟的握手,会把你对别人的态度传达给别人。比如老友重逢时两人的手握住后常来回拉扯,以此表达兴奋的心情;好友分别时常边握手边以左手轻拍对方被握住的手,以表示别情难舍;上级对于自己欣赏的下级,握手时常常以左手轻拍对方的手臂或肩膀,以表示赞赏和尊重等等。心理学家曾总结出社交场合握手的一般规则,以便使人们能够通过握手成功地给别人留下良好的印象。这些规则主要有:握手者必须从内心真诚接纳别人;作为主人、上级或女性,应主动伸手与人相握;不要戴手套与人握手;男性一般不抢先与女性握手;握手时保持适当的目光接触。

三 沟通的过程及特点

沟通过程由信息源、信息、通道、信息接受者、反馈、障碍与背景等七个要素构成。图9-4是沟通过程及其构成要素的关系。

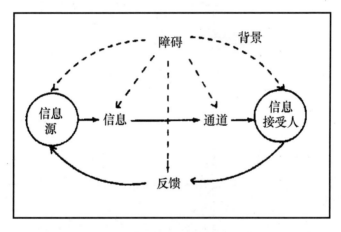

图9-4 沟通模式

(引自贝克尔《沟通》,1987年第4版,第9页)

(一) 沟通过程的要素

1. 信息源

在人际沟通中,信息源是具有信息并试图沟通的个体。他确定沟通对象,选择沟通目的,始发沟通过程。沟通前人们一般需要一个准备阶段,个体明确需要沟通的信息,并将它们转化为信息接受人可以接受的形式,比如口语、文字、表情等等。沟通的准备过程,实际上是个体对自己的身心状态更明确化、整理思路的过程。

2. 信息

信息是沟通者试图传达给他人的观念和情感。个体的感受要为他人接受,就必须将它们转化为各种不同的可以为他人觉察的信号。在沟通使用的各种符号系统中,最重要的是词语。词语可以是声音信号,也可以是形象符号(文字)。面对面沟通除了词语本身的信息外,还有沟通者的心理状态的信息,这些信息可以使沟通双方产生情绪的互相感染。

3. 通道

通道是沟通过程的信息载体。人的各种感官都可以接受信息。人接受的信息中,通常视听信息的比例较大,人际沟通是以视听沟通为主的沟通。

日常的人际沟通以面对面的沟通为主,但也可以通过广播电视、报刊、网络、电话等媒介进行沟通。在各种沟通方式中,影响力最大的还是面对面的沟通形式。因为面对面的沟通除了语词信息外,还有交流双方的整体心理状态的信息,并且沟通者和接受者还有互动和反馈,这些因素综合起来,保证沟通的顺利进行。

4. 信息接受者

信息接受者是沟通的另一方。个体在接受带有信息的各种音形符号后,会根据自己的已有经验把它"转译"为沟通者试图发送的信息或态度、情感。由于信息源和信息接受者是两个不同的经验主体,所以以信息源发送的信息内容,与"转译"和理解后的信息内容是有差异的。沟通的质量取决于这种差异的大小。信息接收者有责任认真倾听,并核对信息是否准确。

5. 反馈

反馈使沟通成为一个双向的交互过程。在沟通中,双方都不断把信息回送给对方,这种信息回返过程叫反馈。反馈可告知发送者,接受者接受和理解信息的状态。此外,反馈也可能来自自身,个体可以从发送信息的过程或已经发送的信息中获得反馈。这种自我反馈,也是沟通得以顺利进行、达到最终目的的重要前提。

6. 障碍

人际沟通常常发生障碍。例如信息源的信息不充分或不明确,编码不正确,信息没有正确转化为沟通信号,误用载体及沟通方式,接受者的误解以及信息自然的增强与衰减等。此外,沟通双方的主观因素也可能造成障碍。如果彼此缺乏共同经验,会难以沟通。

7. 背景

背景是沟通发生时的情境。它影响沟通的每一要素以及整个沟通过程。沟通中,许多意义是背景提供的,词语和表情等的意义也会随背景不同而改变。沟通的背景包括心理背景、物理背景、社会背景和文化背景。

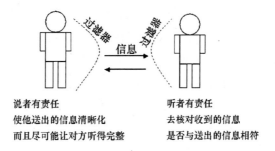

图9-5 良好的沟通:送出的信息即为收到的信息

(二) 大学生沟通的特点

进入大学开始独立生活,许多学生沟通心理也逐渐独立。而且,与异性沟通的愿望逐渐增强。大学生在沟通过程中情感成分多,功利色彩少。因为相互间虽然有竞争,但是相对来说没有那么激烈和冲突,彼此间很珍视友谊。

大学生中善于沟通的人被称为人缘型学生,表现出这样一些人格特征:尊重别人,关心别人,有同情心,一视同仁,待人热情、开朗,有责任感,忠厚,诚实,谦虚,独立,兴趣广泛。但是,也有些人人缘不好,被称为嫌弃型学生,其人格特点表现为自我中心,不为别人着想,缺乏责任感,把自己置于集体之外,不尊重别人,操纵欲、支配欲强,对人冷漠、孤僻,不合群,情绪不稳定,自命不凡,敏感,气量小,嫉妒,懒散,不求上进,兴趣贫乏。

(三) 大学生沟通类型

1. 被动型

他们对过去封闭的沟通形式不满意,渴望真诚、深厚的友谊,但感到缺少知心朋友。虽主张开展积极沟通,认识上比较明确,行动上却不主动,怕耽误学习,一般较少主动沟通,而多是被动卷入。

2. 沉静型

这种类型人数少,他们习惯过平静的生活,性格一般比较孤僻。平日少言寡语,不善沟通,只保持和少数人接触。

3. 积极型

他们对沟通认识深刻,行动积极,表现出较大的兴趣和热情。大多热心参加学生社团活动,主动承担社会工作。

观察善于沟通的大学生,你常常会发现以下特征:乐于沟通,主动沟通,善用技巧协调冲突;拥有朋友,有亲和力,诚实,热情,正直;勇于克服各种障碍,勇敢实践;讲究沟通行为的规范;正确运用沟通的艺术。

(四) 大学生沟通中存在的问题

人际沟通能力是现代人不可缺少的素质,主要包括:语言表达能力、倾听能力、交友能力、观察能力以及处理生活中各种问题的能力。与人沟通和相处的问题不是大学生独有的,但这一问题在有些大学生中的表现却有特殊性。

1. 不敢沟通

在人际沟通的实践活动中,人们都存在不同程度的恐惧心理,只是每个人的反应程度不同。因为个性内向,羞于与人交流,站在别人面前就讲不出话来的大有人在。这些同学有事情的时候通常不愿意向别人倾诉,习惯自己一个人闷在心里。有一部分大学生在这方面反应特别强烈,由于害羞、自卑等心理的作用,在与人沟通时显得特别紧张,心跳气喘、面红耳赤,两眼不敢正视对方,与人交谈显得语无伦次、词不达意。尤其在人多的场合或者在集体活动中更感到恐惧,不敢和人打交道,不敢表现自己。严重的可导致社交恐惧症。

2. 不愿沟通

有的大学生在经历了"千军万马过独木桥"之后,发现自己不如在中学时那么出类拔萃了,认为自己不如别人,怕别人瞧不起自己,进而形成因嫉妒与自卑心理造成的人际障碍,缺少人际之间必要的信任与理解,人际沟通平淡。表现为:有的同学缺乏与同学的基本的合作精神,甚至视同学为敌手;有的同学自高自大,瞧不起别人;有的同学群体意识淡薄,以自我为中心,对周围的人与事漠不关心,我高兴、我开心就愿意理你,否则就拒人于千里之外;同学之间缺乏必要的宽容,甚至会为一些鸡毛蒜皮的小事大打出手;有的同学遇事总是回避退让,整日郁郁寡欢,缺乏沟通的愿望和兴趣,自我封闭、孤芳自赏,不愿抛头露面,不愿与人沟通但又特别敏感,心理承受力差,独来独往、形单影只。

3. 不善沟通

有的大学生不善于了解和掌握沟通的知识、技巧,在交谈的过程中显得过于生硬木讷、书生气太足,心存感激也不会表达。有的大学生是认知偏见产生的理解障碍,不注意沟通中的"第一印象",不注意沟通方式,在劝说他人、批评他人、拒绝他人时不讲究艺术。如有些大学生在与人沟通的过程中,不注意沟通的原则,开玩笑不注意场合,不懂得给人留面子,或出言粗鲁伤了对方的自尊心,或不懂得尊重对方的风俗习惯,或不懂装懂夸夸其谈等。这些表现都有损于自身形象的塑造,影响了同学之间进一步的沟通。

不善沟通惹恼雇主,高分大学生未必胜任家教。据《海口晚报》报道,今年寒假,海南师范学院英语系的小王同学经一家教服务机构介绍,找到了一份辅导小学英语的家教。当雇主看到小王门门功课都是高分的成绩单时,认为遇到了好老师。可是上岗之后任凭小王怎么努力,就是难以让她的学生说出一句连贯的英语,而且孩子还很健忘。小王一气之下顺口说了句气话:"这孩子真是没出息。"家长很反感,辞退了她。孩子的父母后来说,以前他们也请过家教老师,对孩子都有较大的帮助,可这一次却令人失望。为小王介绍工作的家教服务机构解释说,小王学习成绩确实很优秀,可能是由于实践不足,缺乏与孩子进行交流的经验,在辅导时不能调动孩子的学习兴趣。

4. 不懂沟通

进入高校之后,新生大都有强烈的人际沟通的欲望,但又常常感到人际沟通很困难,究其原因是许多大学生对人际沟通的追求往往带有较浓的理想色彩,以友谊的理想模式为标准来衡量生活中的人际关系,导致高期待与高挫折感并存。进而表现为部分大学生经常津津乐道于过去的事情,而对于现实生活中的人际沟通却表现出强烈的不满。有的大学生不懂得沟通在于平时的沟通积累,总希望别人主动关心自己,主动与自己沟通,而自己总是处于被动地位;或仅仅是一旦自己有事求人时才去"临时抱佛脚",使对方感到无论在物质上还是在精神上都不能使自己受益,甚至感到累赘,这样沟通就难免终止。

只会学习不会沟通,大学生丢银行卡挨饿一周。一名云南籍的大二学生由于自理能力太差,又不善于与老师、同学沟通,丢了银行卡后没钱吃饭饿着肚子挺了一周,实在坚持不住才给远在云南的父母打电话求救。父母与儿子所在学校辅导员联系才帮着这位学生补办了饭卡,终于救了这位大学生的"命"。这名大学生在家的时候,除了学习外什么都不会。因为上大学之前,他习惯了父母安排的一切,他不用上街,不愁家里的吃住,也不与其他同学交往。去大学报到的时候,所有的琐事都是父母帮他办的,银行卡怎么来的他不知道,因为长期不与别人打交道,他对与别人沟通产生了畏惧心理。

5. 缺乏技巧

或许是上面几种因素的综合反映,这类学生表现为羞怯、自卑、孤独、猜疑、嫉妒、恐惧等,缺乏人际沟通的基本技能。他们一般都渴望沟通,但由于沟通方法欠妥、沟通能力有限、个性缺陷或沟通心理障碍等原因,在沟通过程中既不了解自己,也不了解别人,导致沟通失败。长期的沟通失败,使得一些学生把沟通看成是一种负担,渐渐地变得自我封闭。

6. 沟通圈子较窄

值得注意的是,大学生与同文化知识水平的人沟通较多,与其他阶层沟通较少。从大学生自身成长的需要来讲,应该多接触社会各阶层人士,以便在社会发展中找到自己的位置。尽管有的大学生出生在工人、农民家庭,却大多较少从事家庭生产劳动,缺少真正了解大众的真实生活体验。大学生在沟通中出现的一些问题,如研究生轻易被拐骗,沟通中的偏执人格、妄自尊大等都与他们社交面过窄、对自我缺乏正确认识有关。因此适当的生产实习、社会实践以及支教扫盲活动、社会志愿者等活动都是增强与社会沟通、加快大学生的社会成熟的好机会。

7. 与父母沟通较少

据报道,2005 年 3 月,上海市心理咨询中心曾在市内主要高校大学生群体中做过一项调查,结果显示,约有 69% 的大学生感到无法与父母交流和沟通,其中 27% 的学生表示从不与父母交流。有人认为,高中生面对高考压力和父母对其学习成绩的严格要求,易出现沟通障碍,而大学生的生理与心理都已接近或达到成熟,与父母交流理应比高中生顺畅。然而现实情况并非如此。许多大学生仍然对父母有一种抵触或敬畏的情绪,他们大都反对父母的教育方式,难以忍受父母的不理解。

大学生不愿与父母交流,也有自身的原因。进入大学以后,学生心理会发生很大变化,有学习成绩带来的落差感,有陌生环境带来的孤独感,也有缺乏交往能力的失落感。另外,现在的大学生多是在被过度关心的环境里成长起来的,对父母缺乏关心和理解,在处理与父母沟通的问题上,经常以个人为中心,导致两代人交流困难。

一封父母写给子女的信。据说信上写着:(1)缺不缺钱?( )(2)天冷不冷,要不要寄衣服?( )(3)功课忙不忙,身体要不要紧?( )(4)有没有女朋友,要不要增加开支?( )(5)想不想家,想不想我们?( )

在这封信里,只要他们的大学生儿女在括号里面打勾或是打叉就行了。这样做的理由是为了节省自己儿女的时间和精力。可怜天下父母心!

你善于沟通吗? 如果你想了解自己的沟通水平,请用下面这套小测验进行自测。测验方法很简单,于每项的 a、b、c 三者中择其一,并对所选的划个记号,如"√"。

1. 你是否经常感到词不达意?

a. 是　　b. 有时是　　c. 从未

2. 他人是否经常曲解你的意见?

a. 是　　b. 有时是　　c. 从未

3. 当别人不明白你的言行时,你是否有很强的挫折感?

a. 是　　b. 有时是　　c. 从未

4. 当别人不明白你的言行时,你是否不再加以解释?

a. 是　　b. 有时是　　c. 从未

5. 你是否尽量避免社交场合?

a. 是　　b. 有时是　　c. 从未

6. 在社交场合,你是否不愿与别人交谈?

a. 是　　b. 有时是　　c. 从未

7. 在大部分时间里,你是否喜欢一人独处?

a. 是　　b. 有时是　　c. 从未有

8. 你是否曾因为不善辞令而失去改变生活处境的机会?

a. 时常有　　b. 偶尔有　　c. 没有

9. 你是否特别喜欢不必与人接触的工作?

a. 是　　b. 有时是　　c. 不是

10. 你是否觉得很难让别人了解自己?

a. 是　　b. 有时是　　c. 不是

11. 你是否极力避免与人沟通?

a. 是　　b. 有时是　　c. 不是

12. 你是否觉得在众人面前讲话是很难的事?

a. 是　　b. 有时是　　c. 不是

13. 别人是否常常用"孤僻"、"不善辞令"等来形容你?

a. 经常有　　b. 有时有　　c. 从未有

14. 你是否很难表达一些抽象的意见？

a. 有　　b. 有时有　　c. 不是

15. 在人群中，你是否尽量保持不出声？

a. 是　　b. 有时是　　c. 不是

计分：答 a 得 3 分，答 b 得 2 分，答 c 得 1 分。将各题得分相加得总分。

评定：如果总分在 38—45 分之间，表明你必须采取措施改善自己的沟通能力。

如果总分在 15—22 分之间，表明你在沟通方面过分积极，亦可能导致消极后果。

如果总分在 22—38 分之间，表明你是一个善于沟通的人。

（引自黄仁发、汤建南编著《人际关系心理》，中国科学技术大学出版社，1995 年）

四　人际冲突来源及其管理

在人际沟通中，积极的效果是建立了良好的、协调的人际关系，带来积极的情绪体验，使生活充满阳光、人生充满欢乐；消极的效果是沟通中产生分歧、矛盾，发生人际冲突，不可避免地给人的学习、生活和健康带来负面影响。

大学生由于涉世不深、经验不足，对人际沟通的认识不够，难免在沟通中出现一些问题。集体生活中常遇到的就是缺少宽容。一个宿舍几个人，各有各的生活习惯，很容易与他人产生冲突。如一个人要睡觉，其他人却在打牌，一言不合，就可能吵起来，最后弄得冷面相对。

（一）冲突概念解析

冲突是指人际交往双方之间由于沟通障碍、需要不同、认识差别、个性差异等引起的相互反对的互动行为。它是人际交往中普遍存在的一种社会互动行为,在人类全部的社会活动中随处可见。

　　冲突的概念可以从以下三个角度来理解:(1)冲突是一种对立的行为。它来自于互不兼容性。这种对立的表现形式和程度会有很大的差别,涵盖所有水平的冲突。可能是消极冷漠、沉默抗议,到明显的攻击行为、侵犯伤害对方。(2)冲突是一种主观的感受。从认知的观点来看,冲突是个人主观的感受。冲突中,个体感觉到愤怒、敌意、恐惧或怀疑等外显或内隐的种种情绪。是不是存在冲突是一个知觉问题,如果没有"知觉到"冲突的存在,就没有所谓的冲突。(3)冲突是一种互动的历程。冲突是一个动态、不断改变的历程,采取建设性的做法,冲突可以降低,双方关系得到改善;采取破坏性的做法,敌意可能升高,引发更激烈的冲突。结果如何,要看冲突中双方的互动(interaction)过程如何。

　　人际冲突不同于个体内部的动机、思想冲突,也不同于有组织的社会群体之间的冲突,而是个体与个体之间的互动关系,是至少两个人之间的社会交换过程。

(二) 人际冲突的过程

　　庞地(Pondy)首先提出了冲突过程的五阶段模式,认为冲突的过程是:(1)潜在的冲突;(2)知觉的冲突;(3)感觉的冲突;(4)显现的冲突;(5)冲突的结果。如图9-6所示。

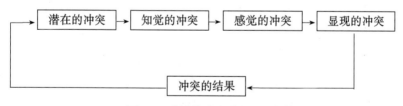

图9-6　庞地的冲突过程五阶段模式

　　罗宾斯(Robbins)更具体指出冲突的过程主要有五个阶段:(1)潜在对立;(2)认知介入;(3)冲突意向;(4)冲突行为;(5)冲突结果。如图9-7所示。

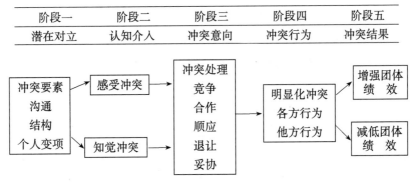

阶段一	阶段二	阶段三	阶段四	阶段五
潜在对立	认知介入	冲突意向	冲突行为	冲突结果

图 9-7　罗宾斯的冲突过程五阶段模型

（三）冲突产生的来源

由于人们在复杂的社会关系中个人生存状态以及动机、需求等方面的差异，使得冲突的原因亦具有复杂化、多样化的特点。蔡树培（2001）综合Brown、Robbins、Nelson 等人的分析，认为冲突的来源可以归纳为四个方面：（1）沟通过程；（2）角色定位；（3）认知差距；（4）相互依赖。关于冲突来源，蔡树培还认为，一种冲突往往导致另一冲突，互为因果且交互影响。陈照明（2002）认为人际冲突的形成因素有：（1）信念、意见与态度的差异；（2）价值观与意识形态的差异；（3）利害的差异；（4）认知差异；（5）地位差异。

（四）冲突处理策略

冲突处理策略也称冲突应对方式，是指人们面对冲突时处理方式上的倾向性。也有学者认为冲突策略是个人企图在冲突情境中，运用影响力来改变对方的认识、情感或行为的历程。社会生活中，由于每个人对人际关系的认识和态度不同，个人性格、社交技能和行为方式各异，对人际冲突采取的处理策略也会有所不同。托马斯（Thomas）提出解决冲突的五种策略分别是：（1）回避方式，就是既不满足自身利益也不满足对方的利益，试图不作处理、置身事外；（2）抗争方式，就是只考虑自身利益，为达到目标而无视他人的利益；（3）迁就方式，就是只考虑对方利益而牺牲自身利益，或屈从于对方意愿；（4）合作方式，就是尽可能满足双方利益，即寻求双赢局面；（5）折衷方式,就是双方都有所让步。五种人际冲突处理策略分别代表了武断性和合作型的不同组合。如图9-8所示。

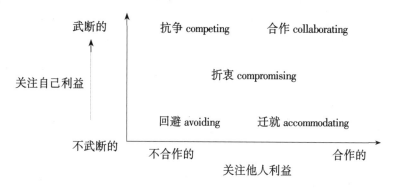

图9-8　托马斯冲突处理策略模式

(五) 大学生人际冲突的研究

人际冲突是一种常见的社会现象,是影响人际关系和个体身心健康的重要因素。大学生自身发展不成熟,情绪性格不稳定,容易发生人际冲突。了解大学生人际冲突的现况及其与心理健康的关系可以为大学生心理健康教育提供参考,帮助大学生维护心理健康、提高心理素质、改善人际交往、增强社会适应。

2002年,清华大学张翔、樊富珉在关于大学生人际冲突与心理健康的相关研究中发现了大学生人际冲突发生的一些特点与规律。

1. 大学生人际冲突来源

主要有"沟通障碍"、"习惯差异"、"被侵犯"、"认识差异"、"情绪态度"、"制度结构"和"利益争夺"。其中"沟通障碍"是大学生人际冲突的首要来源,而"利益争夺"是大学生感知最少的冲突来源。

2. 大学生倾向于采用的冲突处理策略

主要有"合作、折衷"策略,"迁就、回避"策略和"抗争"策略。其中大学生最常采用的是"合作、折衷"策略,其次是"迁就、回避"策略,而最少采用"抗争"策略。

3. 大学生的人际冲突行为

主要表现为"直接攻击"、"拒绝合作"和"问题解决"。面临冲突时,大学生最常有"问题解决"行为,其次是"拒绝合作"行为,而最少出现"直接攻击"行为。大学生的人际冲突行为,不因年级、来源地和是否独生子女而有所差别。不同性别的大学生的冲突行为,在"问题解决"与"拒绝合作"上并无显著差异,而在"直接攻击"上男女大学生存在显著差异,男生显著高于女生。

4. 大学生人际冲突行为各层面与心理健康各层面存在显著正相关

人际冲突各层面与心理健康"人际关系敏感"、"敌对"、"偏执"各层面以及心理健康总分呈显著正相关。其中除"问题解决"与"敌对"相关显著水准为 0.05,其余均在 0.01 水平上,存在显著相关。人际冲突总分与心理健康各层面以及心理健康总分亦呈现显著正相关,显著水准为 0.01。

表 9-1　大学生人际冲突与心理健康之间的相关

	问题解决	拒绝合作	直接攻击	人际冲突均值
人际关系敏感	.111＊＊	.253＊＊	.093＊＊	.230＊＊
敌对	.070＊	.406＊＊	.196＊＊	.327＊＊
偏执	.101＊＊	.281＊＊	.105＊＊	.243＊＊
心理健康均值	.092＊＊	.374＊＊	.133＊＊	.196＊＊

＊ $p < 0.05$,＊＊ $p < 0.01$

由上述结果显示,无论是心理健康总分还是心理健康各层面,人际冲突水平越高者越会感受到更多的心理困扰;相反,冲突水平越低者越会感受到较少的心理困扰。换言之,大学生人际冲突水平越高,则心理困扰越严重。这说明人际冲突的确是影响大学生心理健康的重要因素,人际关系状况与心理健康密切相关。这与孔维民(2000)等人的看法类似。因此,如何教导学生正确认识和妥善处理人际冲突以改善人际关系、增进心理健康,是心理辅导的重要课题之一。

(六) 人际冲突管理的策略

人际之间利益的不同、沟通的障碍、认识的差别、个性的差异,都有可能造成冲突的发生。由于每个人对人际关系的认识和态度不同,个人性格、社交技能和行为方式各异,人际冲突的处理策略和行为表现也会有所不同。正确认识和妥善处理冲突,有助于改善人际关系,促进身心健康。冲突处理不当,则会对人际关系及个体身心健康产生危害。

1. 分析冲突来源,正确认识冲突

冲突是不可避免社会现象,它凸现人际互动问题的症结,既是危机,也是转机。我们的研究发现大学生人际冲突来源有多种,而了解和认识冲突来源是合理处理冲突的基础。冲突是一项教育性的经验,双方可能通过冲突对对方的问题及困扰有更深入的了解与体会。处于冲突情境中,大学生应了解彼此不和的根源是在于资源有限、认识差异、沟通障碍还是没照顾到对方的情绪和感受。觉察到双方的差异,才能面对症结来处理,而不是让情绪失控、冲突越演越烈。

2. 加强沟通训练,提高交往能力

我们的研究发现,沟通不良是造成大学生人际冲突的首要原因。与人相处的技巧是成功交往的渠道。与人相处是一门艺术,也是一门技术。高超的交往技巧,可以唤起别人友好相处的热情,打通与人接近和沟通的渠道,密切双方的关系。良好的沟通方法可以有效地传达信息给对方,是双向的互动过程。有效的沟通使人与人之间能够舒畅地互相表达情感与有意义的信息。沟通不但可以预防冲突,而且可以促进冲突的建设性解决。沟通的习惯有优有劣,有效的沟通就是克服不良习惯对沟通所造成的障碍,并养成良好的习惯,使沟通得到改善。大学生要主动热情地与人交往,在交往实践中逐渐熟练掌握交往技巧。要通过加强沟通训练,提高交往能力,将冲突引导至建设性的问题解决。

3. 克服障碍心理,改善人际状况

大学生的日常交往中,心理障碍往往是人际交往的阻力,必须有效克服心理障碍,才能有效化解冲突,改善人际状况。大学生常见的人际交往心理障碍有嫉妒、羞怯、自卑、自傲、猜疑、自私等。大学生要针对这些心理障碍,在人际交往中克服嫉妒心理,消除羞怯心理,战胜自卑和自傲心理,破除猜疑心理,防止自私心理,努力减少冲突潜势,消弭冲突危害,实现人际关系的和谐、自然和融洽。

4. 善用处理策略,合理应对冲突

冲突并非只有负面影响,处理得当便能化阻力为动力。善用冲突处理策略就是冲突管理的重要环节和手段,以使彼此对冲突有最佳的处理与安排,将之导向建设性的发展。我们的研究发现,"合作、折衷"、"回避、迁就"和"抗争"都是大学生可能采取的冲突处理策略。各种处理策略本身没有必然的优劣之别、好坏之分,每种处理策略都有其适宜使用的冲突情境。大学生要善于根据具体情况而灵活选用不同的冲突处理策略,审时度势,促使冲突得到建设性解决。

五 做一个沟通的赢家

人际沟通不仅是科学,需要掌握一定的方法,了解一定的规律,也是一门艺术,掌握得当有助于消除导致沟通障碍的不利因素,改善人际关系,增加人际吸引力。

(一) 了解成功沟通的原则

1. 培养成功沟通的心理品质

要保证人与人之间进行正常的沟通与互助,除了沟通情境的因素外,更需要具备一定的心理品质。良好的沟通心理品质是大学生提高沟通艺术、取得较好沟通效果的前提。成功沟通的心理品质包括真诚、热情、自信、谦虚、谨慎、宽容、助人、理解。真诚能消除误会,使沟通的双方心心相印、肝胆相照;热情给人以温暖,促进人相知;自信能使人在沟通中主动积极,表现从容不迫、落落大方;谦虚使人常常看到自己的不足与他人的长处,从而取长补短、不断完善;谨慎不是拘谨,而是有选择地沟通;宽容是指承认人与人之间的差异,尊重他人的存在方式;助人就是给朋友提供帮助、支持;理解是人际沟通的基础,沟通的双方把自己置于对方的位置去认识、体验和思考,设身处地地替别人着想,将心比心,就会理解别人的感情和行为,从而改善待人的态度。培养以上良好的心理品质,能增加人际间的吸引力。

2．克服沟通中的障碍心理

在人际沟通的过程中，由于不良心理作祟，造成沟通难以维持的现象在大学生中并不少见。常见的沟通障碍心理有羞怯、自卑、猜疑、嫉妒、恐惧、厌恶、自负、依赖等。羞怯使人羞于与陌生人打交道，害怕变换环境，沟通中由于紧张不安而难以充分表达自己的意见；自卑使人在沟通中首先怀疑自己的沟通能力，因担心被人瞧不起而在沟通中畏首畏尾，遇到一点挫折就怨天尤人、自我贬损；猜疑是沟通的拦路虎，正常的沟通因疑心作祟而产生裂痕，甚至发展为对立；嫉妒使人心胸狭窄、鼠目寸光，沟通关系难以维系；自负使人傲气轻狂、居高临下，过分相信自己而使周围的人与之疏远。因此，要保持正常的人际沟通，必须通过努力，克服以上不良心理。

3．确立良好的第一印象

任何人际沟通都是从第一印象开始的。第一印象常常鲜明、强烈，影响深远，直接决定着沟通发展的方向，并在今后的沟通中起到心理定势的作用。如果给人留下诚恳、热情、大方的印象，沟通就有基础，沟通关系就能发展；相反，如果留下虚伪、冷漠、呆板的印象，别人就不愿意接近。当然第一印象不一定就准确，俗话说"路遥知马力，日久见人心"。但由于第一印象的心理效应的存在，我们可以利用第一印象的作用，使人际沟通有一个良好的开端，给对方留下深刻的印象。这在今后的求职择业、交友恋爱中都有着不可忽视的重要作用。因为陌生人见面时，第一印象常常来自于外部特征，如仪表、言谈、举止等，所以应从仪表风度做起，衣着整洁、仪表大方、语言不俗、举止得体、优雅潇洒。外部特征常常反映出一个人内在的气质和修养。如果初次见面就夸夸其谈、浓妆艳抹、轻浮粗鲁，或过分拘谨、面红耳赤，都会使人心生厌恶而远离。

（二）掌握成功沟通的技巧

想做一个沟通高手，必须掌握沟通的技巧。常用的沟通技巧包括听、说、读、写。在这些技巧中，听是基础，但是听常常也是训练最少的。如表8-2所示。

表 9-2　四种沟通模式所占相对时间的比较

	听	说	读	写
习得顺序	第一	第二	第三	第四
运用时间	45%	30%	16%	9%
获得训练	最少	较少	较多	最多

1．积极倾听

许多人错误地认为沟通就是要不断地表达、不停地说话,事实上也是多数人都喜欢说,不喜欢听,关注的是说,忽略的是听。现代生活的节奏加快,使人们越来越缺乏倾听的耐心。倾听是一种艺术,巧妙的聆听态度能够使人觉得受重视及受肯定。懂得善用这种艺术的人,处处受人欢迎。

倾听练习。请闭上眼睛不说话,用一分钟时间,注意力放在耳朵上,用心去听你所处的环境中存在的声音。(一分钟过去)现在,请大家睁开眼睛,你听到多少种声音,将听到的声音一一写在纸上。然后数一数你一共听到多少种声音。(现场统计,从听到八种以上声音开始,逐一递减,直到听到三种以下声音为止)请大家想一想,在同一个环境中为什么每个人听的差别这么大?

上述练习只是让大家体会一下原来都有正常听觉能力的人,实际听的效果差别很大。影响倾听效果的原因很多,比如是不是集中注意力、心情好不好、位置在何处、倾听目的等。有效的倾听必须注意:

(1)切勿多话。同时说和听并不容易,经常插话会使我们漏掉对方说的许多重要的东西,也会让对方觉得你没有真正地在关注他的话。而且,你必须了解对方真正需要的是什么,太多的说会使交谈难以继续。因为每个人都有自己的特长,每个人至少有一个喜欢谈论的话题,但用耳朵比用嘴巴更能赢得友谊和尊重。给朋友最好的礼物,有时是把耳朵"借"给他们,不要批评,只要听。

(2)真诚关注。倾听并不是说只要不说话,听就行了。必须满怀热情去听,同时要专心地听,不要东张西望、心不在焉,或手里忙着其他事情,要注意不时地做出一些言语和表情上的反应,表示你对他的话有兴趣。平时面对别人说话,视觉要交流,眼睛可以传神,表情也可以。对方对你没有兴趣的时候,眉头皱一下,你可能就不想讲了。对方要是瞪着眼睛,非常想听,你就很激动,很想说,即使对方什么也没说,对你也是很大的鼓励。你或许不知道沟通过程中眼睛有多重要。不用眼睛,背对背,就是听,光听声音,往往越讲越没有兴趣,越讲越懒得讲,为什么呢? 因为没有回应。要用耳、用心、用眼听,注意一般的姿态、态度,根据场合注意你说话的声调。

(3) 话要听完全。切勿匆忙下评论,要有耐心,应该在确定知道别人完整的意见后才作出反应,即使对方停下来,也并不表明他们已经说完了想说的话。

(4) 对事不对人。对方也许有令你反感的态度,但是你注意的是对方说话的内容,即使是仇人说的话也有值得听的事实。

倾听是理解的前提。通往心灵的大道是人的耳朵,认真听人讲话就是对对方的最高赞誉,表明你很看中对方的观点。这样就迈出了增进友谊的第一步。

2. 说的艺术

语言交谈方式是多种多样的,任何一句话都可以有不同的说法,所谓"一句话可以让人笑起来,一句话也可以让人跳起来",说法不同,效果便截然不同。这里我们先介绍在交谈中要注意的几个问题:

(1) 寻找共同点。这是一种最基本的沟通技巧,特别是在和陌生人的第一次交往中非常有效。也就是寻找共同的话题、共同的爱好、共同的看法等相同点,从而使对方认同自己,产生一种最初的共情。比如说都是音乐爱好者,或都喜欢足球,或都喜欢吃辣的,或都是浙江人等等。在最初的交流中,即使是一点点的相同也会带来惊喜和共鸣。

同陌生人或不熟悉的人沟通,常常使人感到不自在,这时,沟通可以从一般性寒暄开始,如谈谈天气、社会新闻等,然后转向双方感兴趣的话题;也可以从相似性入手,即从对方那里找到与自己相似的地方,如老乡、相同观点、共同的爱好等。

如果是关系比较好的同学之间,应该注意定期的沟通与交流,经常与他们交谈,交换看法,讨论感兴趣的事,从事共同喜欢的体育活动等。缺乏沟通,再好的关系也不易维系,并可能淡化。

掌握这一技巧的分寸很重要。如果毫无诚心,随口胡编,甚至不分场合、不分对象,说些与自己年龄和身份不相符合的话,就不但起不到沟通的效果,反而会影响自己的形象了。

(2) 培养同理心。人际沟通的关键点是能否用"同理心"来认识和处理问题。同理心是心理咨询的术语,也叫同感、共情,指能从对方角度看问题,能设身处地地考虑问题。同理心可分为初级同理心和高级同理心。初级同理心指个体从思想上理解他人的思想和行为。高级同理心指个体不仅可以从他人的立场考虑问题,而且能站在对方立场上来感受这件事所带来的情绪体验,并在交往中自觉地把这种体验用语言或非语言的方式传递给对方。

同理心对于交往是很重要的,它会帮助我们进一步理解别人。通过同理心,人们把自己和对方融合在一起。但对别人有同理心并不是一件容易的事,它要求一个人很敏感,能够清晰地从自己的经历中找到与别人相似的经历,并能将这种经历与具体的情绪反应联系起来,从而体验到别人的情绪状态,在对方说话和做事时,很有分寸地向对方表示自己的理解和同情。

生活中,人与人之间的误解和问题,常常源于人们缺乏同理心。如果在交流中,你能处处体会到对方的心情,能设身处地地为对方着想,又怎么会不受欢迎呢?

(3) 真诚赞美他人。赞美对不少人来说是需要学习的。学习称赞别人,会使你赢得不少朋友。"谦受益,满招损",称赞别人,表明你是一个谦虚的人,是一个心怀宽广的人,是一个见多识广的人。人们都希望得到欣赏和赞美,这是人的一种心理需求。谁都不喜欢否定自己的人,这样的人会使人感到前进时多了一个障碍,自然想排除。但称赞自己的人就不一样,这样的人会使人产生愉快和自信,交往双方会进一步产生共鸣,并继续交往下去。

赞美别人和拍马屁、奉承完全是两回事。赞美别人是智者的行为,是真诚的。而奉承、拍马屁都是小人所为,是为了获取私利,是虚伪的。

那么,该如何赞美别人呢?

首先,你必须以真诚的微笑去接纳别人。你的笑容就是你的好意的信使。行动比言语更有力量,而微笑所表示的是:"我喜欢你,你使我快乐,我很高兴见到你。"然后尝试去发掘别人的长处,任何人都有自己的优点,只要真诚地去欣赏,就会发现并获得友谊。

其次,要真正拥有爱心。有爱心的人,爱自己也爱别人,最能发现别人身上的优点和长处,表达的方式就是欣赏和赞美。

再次,勇敢地说出赞美的话。有人不习惯说赞美的话,但埋在心底的爱心不能给人亲身的感受,就大大失去了它原有的价值。所以,为了营造良好的人际氛围,必须学会表达,用语言来表示出内心的欣赏和认同。

优点轰炸。目的:学习观察和发现别人的优点,并且直接表达对他人的欣赏,增强人际之间的良性互动;同时,学习接纳他人的欣赏,体验被表扬的愉悦感,增强自信心。操作:5~10人一组围圈坐。请一位成员坐或站在团体中央,其他人轮流说出他的优点及令人欣赏之处(如性格、相貌、处事等)。然后被称赞的成员说出哪些优点是自己以前察觉的,哪些是不知道的。每个成员轮流到中央"戴一次高帽"。规则:必须说优点,态度要真减,努力去发现他人的长处,不能毫无根据地吹捧,这样反而会伤害别人。参加者要注意体验:被人称赞时的感受如何? 怎样用心去发现他人的长处? 怎样做一个乐于欣赏他人的人? 结果:练习结束时,大家心情愉快,相互接纳性增高,自信心提高。

(4) 学会拒绝。良好人际关系的建立并不意味着要一味地迎合对方,人际沟通中适当的拒绝也很重要。因为每个人的能力都是有限的,各人也都有各自的喜好,如果盲目地顺从对方,就会使这种交往变成一种负担,给自己造成不必要的压力。有不少大学生在和朋友交往中,怕朋友说自己小气、不讲义气或别的什么,对朋友要求的事不敢拒绝,结果自己做起来又非常吃力,或者根本难以做到,造成心理紧张。所以,适当的拒绝是必要的。

怎样拒绝是一门艺术。人们之所以拒绝对方,总有一些不得以的原因或困难,而对方并不一定知道。因此,我们不妨直接、清楚地说出我们的难处,求得对方的理解。但有时没有时间解释或实在不便解释,面对这种情况,就可以用一些委婉的、巧妙的语言来化解。比如对方邀请你参加郊游而你却不想去时,你可以这样说:真想和你一起痛痛快快地玩一玩,可惜我手头有一些重要的事要做,否则我不会放弃这次好机会等等。

为了长远地、真诚有效地发展人际关系,在做不到的时候,我们要有说"不"的勇气和信心,这时的拒绝不会使你失去朋友,反而会让朋友觉得你很诚实、可靠。但要记住,必须表达否定的时候,一定要尊重对方,说话要适当、得体,让对方容易接受。

(5)幽默。幽默是一种人生态度,更是一种生存技巧。培养自己幽默的性情,能使人放松心情、减轻压力、提高愉悦性,还可以使沟通双方的满意度都有所增加。在与人交往时,如果你很幽默,往往会激发别人对你产生兴趣,并且,幽默也可以启发你和别人的智慧。或许你会说自己天生缺乏幽默感,但没有人注定是严肃刻板的,幽默感也可以培养训练。那怎样训练、培养自己的幽默感呢?

首先,你需要认识幽默的特质和它的源泉,内心想让它成为你人格的一部分。其次,保持愉快的心情。如果一个人总是不开心、心情抑郁,难以想象他会产生出让人快乐的幽默感。再次,使自己胸怀开阔,去接触不同的人和事,让心灵充满阳光。胸怀宽广的人才会给自己和别人带来快乐。此外,积累些幽默的素材。如果你不是那种随时随地可以展示幽默的人,可以在平时多看些有趣的故事、笑话,从中体会幽默的感觉,时间长了,自然会从中获得一些启示。

(三) 讲究沟通的行为规范

正确的人际沟通应该具有四度:向度、广度、深度和适度。向度是指沟通的方向性;广度是指沟通的范围与对象;深度是指沟通的程度、情感投入状态;适度是指把握沟通的分寸,处理好社交与其他活动的关系。这"四度"是大学生人际沟通的一般行为规范。

讲究沟通的行为规范还应注意一个人在不同的沟通场合具有不同的角色。一个大学生与同学沟通时是学生,购物时是顾客,乘车时是乘客,家庭生活里是子女。不同的角色应该有不同的行为要求。因此在各类活动中,应对自己所处的情境有所了解,对自己的心理状态和行为方式有所调整、改变,以适应新的角色的要求,协调好沟通双方的关系。

讲究沟通的行为规范还包括礼节性的行为与适当运用身体的姿态,如握手、点头、鞠躬等,运用得当可增加沟通的吸引力。

表9-3 良好与不良沟通行为比较

良好的沟通行为	不良的沟通行为
—专心,有目光接触,面带笑容	—不留心,回避目光,缺乏笑容
—有诚意,重视	—无诚意及漠视
—说话清楚,声音适中	—说话速度太快,声音太小或太大
—开放,坦诚地让人了解自己	—封闭,隐瞒地不让人了解自己
—尊重别人意见,对事不对人	—强词夺理,不顾别人感受
—流露个人感受	—喜怒不形于色
—坐姿大方,适当身体距离	—坐姿不雅,不适当的身体距离
—多聆听	—不让别人多说

同样一句话,不同的语调、语速,声音的高低,面部表情和体态动作,会反映出不同的思想和情感内容,这就是非语言行为。非语言行为有时可以直接代替语言行为,甚至表达出语言难以表达的情感内容。根据英国心理学家阿盖依尔等人的研究,当语言信号与非语言信号(身体语言)所代表的意思不一致时,人们相信的是非语言所代表的意思。也就是说,你的表情和体态道出了你的真心话。所以,交往中还要注意非语言方面的一些技巧:

1. 服饰技巧

一个人的衣服往往会反映出他的个性和爱好。一个和你初次会面的人往往会不自觉地根据你的衣着来判断你的为人,对你产生好恶。服饰展示了一个人的形象和风度,因此,在人际交往中必须注意自己的服饰,穿着要整洁、得体,体现出自己的个性,形成自己的人格风度。

2. 面部表情

微笑是"最廉价也最宝贵的礼物"。在表情语言沟通中,有一种最有效的沟通技巧,那就是微笑,它可以有效地消除彼此间的隔膜,使人处处受欢迎。但是,微笑必须发自内心,一定要真诚。不真诚的假笑是骗不了人的,还会引起别人的厌恶。

人的眼睛会"说话"。在沟通中,恰当地和对方目光接触并进行交流,能拉近双方在心灵上的距离,使沟通在一种更融洽、更宽容的状态下进行。与人沟通时,正常的目光交流应当是5—15秒;与群体沟通时,就应该是4—5秒。

试着用自己的真诚来对待对方,并且将这种真诚尽可能地体现在眼神里,你会发现,原本的那份陌生和不自然在不知不觉中已经被消融掉了。

3.体态语言

如果仔细观察,你会发现,在沟通中,身体微微前倾的人往往更能给人一种真诚和谦逊的感觉,而这一点,往往就可以激发对方更大的热情回报。所以,体态是一种无声的肢体语言,它通过人的手势、身体的各种姿态来传递信息,是一个人自我形象、自信心以及情绪状态的反映。

在交往中,一方面,我们要注意自己的形象,讲究动作与姿态的优雅与端庄;另一方面,我们也要学会从别人的姿态中判断对方的为人、想要表达的意思,这对加强沟通、加深理解无疑是有好处的。

4.距离技巧

在一般的人际交往中,人们常常是一方面希望彼此接近获得温暖和关爱,另一方面又努力保持彼此之间的距离,使自己觉得安全。所以,保持合适的人际距离就显得十分重要。

那么,在人际交往中,什么样的距离最理想呢? 不同的文化背景、不同的环境、不同的人的感受是不一样的。但总的来说有这样一个大概的标准,美国心理学家称之为人际距离带。它分为:(1)亲密带(0—0.5米)。在这种距离里,人们不仅仅靠语言,还通过视觉、听觉、触觉、嗅觉交流信息。所以,这种亲密距离往往只限于知心朋友、夫妻和情人之间,其他人若介入这个空间,会引起警觉和反感。(2)个人距离带(0.5—1.25米)。这个空间有一定的开放性,朋友之间在这个空间内可以相互亲切握手,自由交谈。(3)社会带(1.25—3米)。这种距离的交往通常是公开的社会交往,不再是私人性质的。(4)公共带(3.5—7.5米)。这种距离通常用于公共场合下人们之间社交性的对话。

当然,这只是一个大概的标准,每个人在不同场合的体会会有所不同。但注意调整人际交往的空间距离,无疑会有助于我们的人际关系。

建议阅读书目:

1. 贺淑曼、聂振伟:《人际沟通与人才发展》,北京:世界图书出版公司,1999 年。

2. 金盛华、杨志芳:《沟通人生——心理沟通学》,济南:山东教育出版社,1992 年。

3. 王德华、高希庚:《青年沟通心理学》,湖南:湖南人民出版社,1988 年。

4. D. 萨尔诺夫:《说话的技巧》,北京:世界图书出版公司,1988 年。

5. 〔美〕史蒂芬·P. 罗宾斯著、郑晓明译:《组织行为学精要》,北京:机械工业出版社,2000 年。

第十讲

谈情说爱与心理健康

爱情的心理学研究

恋爱过程与男女差异

大学生的恋爱与成长

恋爱中的九大心理困扰

主动提高自身爱的能力

"从大二开始到现在,我一直陷在深深的苦恼中,不能自拔。大二刚开学,我进了系学生会工作。和我搭档的是一个很美丽、很有气质的女孩。由于常常在一起,我有机会去了解、去深层次地认识她。加上我以前接触的女孩比较少,时间长了,我发现我对她产生了相当的好感。再到后来,我慢慢地喜欢上她了。但我不敢向她表白。我怕万一她拒绝了,我就一点退路都没了。最痛苦的就是我喜欢她,但我不知道她喜不喜欢我。我每次和她在一起的时候,总是很小心翼翼,生怕说错一句话,做错一件事。她快乐的时候,我很高兴;她痛苦的时候,我也会不开心。由于我心里认为她是喜欢我的,所以在很多时候,我都会把她的行为看成是对我好。比如她给我一个笑脸、一个眼神,我认为那是在传情;她请我看电影,邀我一起上自习,我认为肯定是对我有意思;她送给我的礼物,我认为是信物。甚至于她用的笔、她的头发,我都会小心地收藏起来。我知道这样是很痛苦的,但是我愿意。我愿意隔着一段距离远远地看着她,在心里觉得她是属于我的,我就已经很满足了。

到了大二下学期,一切都变了。曾几何时,她的身边多了一位男生。他天天陪着她上自习、吃饭,而她与我接触得越来越少了。当我再远远地看着她的时候,她已经不是独自一人了。我很痛苦。虽然我时常宽慰自己,她从来就没有喜欢过我,一直都是我自作多情。她现在有了男朋友,对我一点损失都没有。但过不了多久,我就会发现,在我心里面,我还是在深深地想着她。每一次看见她的时候,我还是会怦然心动。我不能忘掉她。虽然是徒增烦恼,但每次烦恼过后我都会加倍地想她。我心里很清楚我应该忘了她,但我实在做不到。"

你是否也有过像这位男同学一样的感受,包括爱恋的欢娱与失恋的烦恼? 爱情究竟是什么? 爱情是怎样产生和发展的? 大学生应如何对待爱情、追求爱情? 如何避免恋爱中的心理危机? 如何培养和提高自己爱的能力? 这些是很多青年学生面临的重要而实际的课题。

一　爱情的心理学研究

爱情也许是人类一种最复杂而微妙的情感,人们用世界上最美的语言来描述它:爱情是首诗,爱情是首歌,爱情像涓涓的流水,爱情像巍峨的高山……古往今来,多少关于爱情的动人故事影响一代又一代青年,多少美丽的爱情传说激荡着人们的心灵,多少优美的诗篇讴歌着爱情的神圣,多少青年男女追求着爱情的甜蜜……爱情具有巨大的能量,它使人的精神生活丰富多彩,使人体会到人生的美丽灿烂。爱情可以让人获得新生,也会让人痛不欲生。爱之深,则恨之切,爱情会使人变得温柔、宽容,也会使人变得残酷、苛求。成功的爱情造就两个充实、快乐的人,不幸的爱情则导致痛苦、无奈的人生。赢得真正的爱情,便会发掘出内心的潜能,升腾起无穷的生命力和创造力。

恋爱是什么? 恋爱他到底是什么一回事?……/他来的时候我还不曾出世;/太阳为我照上了二十几个年头,/我只是个孩子,认不识半点愁;/忽然有一天——我又爱又恨那一天……/我心坎里痒齐齐的有些不连牵,/那是我这辈子第一次的上当,/有人说是受伤——你摸摸我的胸膛……/她来的时候我还不曾出世,/恋爱他到底是什么一回事?(徐志摩:《恋爱到底是什么一回事》)

人的孤独和性欲使人很容易沉溺于爱情,这丝毫没有什么神秘之处,相反它倒是极易获得也极易失去的东西。……生产性地爱一个人就是指关切他,对他的生命负有责任感,而且对他全部人性的力量的成长和发展负有责任感。(弗洛姆:《人的价值和潜能》,华夏出版社,1987 年,第 237 页)

(一) 爱情及其特征

爱情有其原始质朴的渊源,那就是性爱。性爱是爱情的基础,是人的自然属性。爱情还具有社会属性,那就是情爱,情爱是爱情的灵魂。只有情爱与性爱的完备结合,才可能产生名副其实的爱情。

爱情是一个相互作用的过程,是指男女双方强烈的相互依恋和相互爱慕,是两颗心交流与沟通的结果,不存在单向表达的爱情。恋爱者坠入爱河时有一种奇幻的感觉,似乎整个世界都在刹那间明亮了起来,阳光明媚、天空蔚蓝、鸟语花香、人人可爱。所以有人说:爱是一种神圣的疯狂,爱是传递和产生美的欲望。恋爱的时候,每一个人都是诗人。

毫无疑问,爱情是青年人热切盼望的人生瑰宝。但在追寻爱情的旅途中,青年人品尝到的不仅是甜蜜和喜悦,也会有苦涩和悲伤。

每个人的心中都有一个爱情字典,虽然答案可能各不相同,但有些显然是共同的部分,如爱情离不开性爱,爱情是一种强烈的内心情感体验等等。概括地说,所谓爱情,就是一对男女之间,基于一定的社会关系和共同的生活理想,在各自内心中形成对对方最真挚的倾慕,并渴望对方成为自己终身伴侣的最强烈的感情,是两颗心灵相互向往、吸引进而达到精神升华的产物,是人类特有的一种高尚的精神生活。

爱情包含着关心、责任、尊重、认识。爱是对我们所爱的生命成长的主动关注,是对另外一个人的主动渗透,包含对对方的尊重及责任感。一对恋人精神交往的最大欢乐,就是在智慧上、美学上的相互充实,逐渐地去认识和发现更新的美,包括恋人之间彼此"贪婪"地汲取更好的东西,尔后,彼此奉献出更好的东西。忠诚的爱,要始终不渝地坚持。

(二) 爱情的三因素论

现实生活中我们常常看到,爱情有不同的表现,有的平静似水,有的热情澎湃,有的亲密无间,有的若即若离,有的天长地久,有的稍纵即逝。为什么会如此呢? 让我们来看看斯腾柏格的爱情三因素论(见图11-1)。

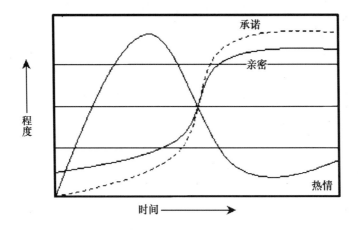

图 11-1　爱情三因素论图示(Sternberg,1988)

在众多对爱情的研究中,美国耶鲁大学的斯腾柏格教授提出的爱情三因素理论格外引人注目。他认为人类的爱情虽复杂多变,但基本上不外乎由三种成分组成,分别是:动机成分(亲密),动机有内发的性驱力,也包括异性之间身体容貌等特征彼此吸引;情绪成分(热情),由刺激引起的身心激动状态,如喜、怒、哀、惧等;认知成分(承诺),对情绪和动机的一种控制因素,是爱情中的理智层面。

爱情三因素论认为,两性间的爱情形式,因人而异,很可能所有情侣间的亲密关系和热烈程度各不相同,但基本上都是这三元素彼此配合而演化出来。如果将爱情三因素论与色觉三元论相比,会发现两者极为相似。色觉三元论将红、绿、蓝视为三元色,按照三者不同比例的配合,即可产生出所有不同的颜色。爱情是人类心理上的色彩世界,每对情侣自己所调出的色泽如何,那要看他们如何处理自己的动机、情绪和认知。

斯腾柏格进一步分别将动机、情绪、认知三者各自单独在两性间引发的爱情关系,称为热情、亲密与承诺。意思是以情绪为主的两性关系是热情的,以动机为主的两性关系是亲密的,以认知为主的两性关系是承诺的、守约的。

爱情三因素论对爱情本质的理解给我们许多启示。其一,爱情的动机成分表明爱情有其生理的基础,由性驱力所致,包括身体容貌。性生理发育成熟,必然有性的冲动与欲望,爱情以人的生理成熟为基础。其二,爱情使人有强烈的情绪体验,如幸福、快乐、痛苦、悲伤。情绪体验会有变化,有时激情澎湃,有时可能平淡。其三,爱情有理性的一面,不仅仅是情感体验。承诺、责任感是爱情的重要成分。三种成分所占的比例各不相同,就使我们看到了多姿多彩的爱情世界。

二 恋爱过程与男女差异

恋爱是指男女双方培养感情、发展爱情的过程。一般来讲,爱情的产生也有一个发展的阶段,经过好感、爱慕和相爱等阶段。先是好感,然后是喜欢,最后达至爱情。好感和喜欢多停留在友谊的层次,而爱情则达到了亲密关系的层次。

(一) 恋爱的心理过程

1. 好感

好感是指在人际交往中所产生的一种彼此欣赏的情感体验。例如,人们在生活、工作和学习中,通过相识、接触与往来,产生希望进一步接近的心理。男女之间的好感,并非全是爱情,但却是爱情产生的必要前提。异性之间的好感会增强相互的吸引,形成一种内在动力,促进双方的接近和情感交流。

2. 爱慕

爱慕是指男女之间在好感的基础上,经过对对方的爱好、志趣、性格、为人等各方面更多的了解,而产生的更深刻的情感体验。这种内在感情使人心旷神怡,进而萌发希望与对方结合的强烈情感倾向,并在理智支配下,发展为对对方的爱慕之情。

3. 相爱

男女之间单方面的爱慕还不是爱情,只有相互爱慕,爱情才能建立。在恋爱中,从单方爱慕到互爱,有时可能同步,很多时候也可能是不同步的,甚至还会经受一些波折与磨难。但只要双方心心相印,无论是谁首先打开自己的心扉,最终都会赢得对方的回应,开出绚丽多彩的爱情之花。

与此相关的一个问题,可能就是"一见钟情"是不是爱情?一见钟情似乎没有经历从相识到友谊再发展到爱情的过程。人与人之间的交往、了解、产生感情可能并不总是按照一般的规律而进行。对于一些人来讲,虽初次见面,可能对方某一点一下子触动自己早已在内心想象或积累的情感,产生了共鸣。一见钟情中激情的成分较多,然而激情却不易长久,因而会被怀疑是不是爱情。

(二) 爱情中的男女差异

恋爱意味着让 A 走进 B 的生活圈,反过来也是让 B 分享 A 的生活圈的一部分。两个人既有各自独立的生活领域,也有着共同的部分。只要是两个人,两个有着不同性格、不同经历的人相处,就需要彼此相互适应。恋人之间产生矛盾的原因包括:男性与女性对事情有不同的心理感受;两个人在个性方面不一样;双方都不是完美无缺的,都会出错等。因此,了解男女的差异对于经营爱情非常重要(见表 10-1)。

表 10-1 男女有别

	女　性	男　性
在感情上的需求	关心照顾、了解、尊重、专一、肯定、保证	信任、接纳、欣赏、羡慕、认可、鼓励
在爱的关系中	需要感到被珍爱，而不是生活照顾、物质满足	需要感到他的能力被肯定而不是不请自来的忠告
在情绪低落时	需要别人聆听她的感受，而不是替她分析和建议	需要独自安静，而不是勉强他细说因由
在寻找自己价值时	从人际关系中肯定自己	从成就中建立自我
在增进爱情时	需要感到被对方了解和重视	需要感到被对方欣赏和感激
在互相沟通时	总是以为男的沉默代表对她的不满和疏离	总是以为女的宣泄代表向他寻求解决问题的方法

因此，要经营好爱情，需要遵循恋爱的规则，包括：活出真我（他/她爱的是一个人，而不是假象）；甘苦与共（爱人，是一个你可以和他/她；分享开心、伤心和烦恼的人）；开放真诚（开放胸怀、真诚相处、以心连心）；求同存异（遇上分歧注意态度，用心聆听，容纳歧见，反省自我，协调行为）；施受并行（为了对方的需要和成长而付出，为了自己的需要和成长而接受）。

男女对话。男女对话不是要把男人变得像女人，而是帮助两性运用性别差异来创造良好的联系，进而促进个人和夫妻关系的成长。当两个人因"我们"而紧密联系时，"差异"就不再是负分，反而会为彼此加分，双方将逐渐抛弃成见与抱怨，转而发展出健康的自我意识和责任感。这样的过程就是建立"共同性"，即将心比心。无论是男人或女人，都有将心比心的无穷潜力，这正是契机所在。我们意见不合时，可能是因为都看得不够远。住在山两面的人，对于土地的看法总是不同，唯一的解决办法就是在山顶见面。(Samuel Shem & Janet Surrey：《我想听你说：女男对话大和解》，刘佳宜译，台北：知书房出版社，2003 年)

三　大学生的恋爱与成长

爱情作为人类美好的情感而被大学生所向往和体验,恋爱对大学生的心理和自我发展有着重大的意义。

(一) 恋爱对大学生的意义

1. 恋爱是学习建立亲密关系的过程

恋爱发生在两个人之间,是一个人与另一个人共同建立起的一种亲密关系。这种亲密关系能否稳固、发展、走向成熟,其实是大学生自我成长的一个重要标志,也是良好心理素质的体现。学习建立发展亲密关系,是在学习如何去爱另一个人;是在学习如何和一个人长期相处,学会包容、体贴、关心、尊重,接纳失望、痛苦、不满等;是在学习保持恰当的关系距离,不会因为怕失去爱而过度地依赖或过于疏远,享受安全感、亲密感;是在学习体会在关系中满足自身及相互的心理需要。

2. 恋爱是逐步培养、发展爱情的过程

恋爱会使人有许多的情感体验。被爱是一种幸福,爱别人也是一种幸福。爱情要巩固与发展就需要不断地培养。爱情中有激情的成分,但激情不能总保持在一个高度的状态,所以,爱情有一个渐渐平淡的过程。很多人会以为这是爱情变味了,其实是爱情的成分在爱中变化,少了激情,更多了亲密和承诺。

爱情要发展,必须不断更新充实,要不断提供养分才能使爱情之花持续盛开。首先是看每个人生命中有没有发展更新的东西,你有什么新鲜的东西可以让对方感受到,充实爱情的生活。也许一对恋人,今天他去听了一个讲座,她参加了一个志愿者活动,两人都不同程度地获得了许多新的思想和感受,都愿意与对方分享,在两个人的生命中,都有新鲜的东西带给对方。这自然为爱情增添了新的活力。一些恋人之间似乎没什么可交谈的话题,交往也似乎成了一种例行公事,没有最初的激情,只剩下性爱的本能驱动。这种现象其实跟每个人发展的停止与枯竭有关。其次,爱情的培养与发展,

也建立在对对方不断了解、接纳、发现、欣赏的基础上。

3. 恋爱是自我认识与成长的过程

通过恋爱,可以更好地认识自己。恋人是一个重要的人,重要的人对自己的看法无疑是了解自我的重要途径,并有着巨大的影响力。恋人就像一面镜子,会照出你的许多东西,使你从中发现和了解自己。

另外,对于个人来讲,大学生在恋爱关系中,也会不断发现自己的情感世界、个性特点,发现自己为人处世的方式,发现自己以往的经历对自我的影响。

文学家莫里哀曾说过一句话:恋爱是一所学校,教我们重新做人! 这种美好的情感使人乐于承担责任。爱可以改变人的趣味,升华人的人格,开发人的潜能,促进人的新生。

(二) 大学生恋爱的特点

进入 21 世纪以后,随着社会环境的变化,大学生的恋爱呈现出明显的时代特点。概括地说,当代大学生在恋爱的态度、行为和方式上具有以下心理特点:

1. 自主性强,恋爱行为公开化

大学生是一个特殊的青年社会群体,有着思想比较开放、易接受新观念、独立意识强等特点。在恋爱问题上,大学生往往个性比较突出,不太受他人尤其是长辈的影响,不再顾忌他人的评价,校园道路、草坪、食堂、教室到处可见恋人们卿卿我我。

2. 注重情感即恋爱过程

在校大学生谈恋爱一般不考虑经济、地位、职业、家庭等社会性问题,浪漫色彩浓厚,自主性强、约束性差、情感性强、理智性弱。大学生谈恋爱对精神层面看得较重,注重情感体验和交流。恋爱向来被看做是为了寻觅生活伴侣,是婚姻的前奏。但是很多大学生在回答"大学期间谈恋爱主要是为了什么"这一问题时,"体验爱情的幸福"、"充实大学阶段的生活"占多数,注重的是恋爱过程本身,至于恋爱的结果已经不太在意。

注重恋爱过程,有利于双方相互了解、加深认识,也有利于培养感情、增加心理相容度,同时也反映出大学生不落世俗、着意追求爱的真谛。但是,只注重恋爱过程,把恋爱与婚姻相分离,未免失之偏颇。现在大学生中流传一句顺口溜——"不求天长地久,只求曾经拥有"。一些大学生把恋爱当做一种感情体验,及时行乐,借以寻求刺激;一些大学生则是为了充实课余生活,解除寂寞,填补空虚,把恋爱当做一种消遣文化。只重恋爱过程,轻视恋爱结果,实质上是只强调爱的权利,而否认了爱的责任,这也容易导致恋爱关系脆弱化,双方往往不能理性地对待恋爱中的挫折,表现为恋爱率高、巩固率低,能发展为缔结婚姻关系的寥寥无几。

3. 比较重形式且不稳定

也许你很容易发现某个大学生是否在谈恋爱,因为在一起上自习、吃饭、在校园散步、看电影,所有流行的恋爱方式都不自觉地在大学生身上出现。但只有这些外在行为不一定表明他们是在真心相爱,大学生恋爱的成功率是很低的。一方面大学生自身有许多不稳定性因素,如经济条件、年龄特点、毕业、工作地点等,另一方面确实有些大学生谈恋爱追求的并不是走向婚姻殿堂。大学生中"有情人"虽多,但"终成眷属"者少,这样就产生了一批失恋大军。感情挫折后出现一个时期的心理困扰是正常的,大多数大学生通过找朋友诉说、独自思考,能够对自己和对方采取宽容的态度,尊重对方的选择。但仍有一部分学生摆脱不了情感危机,有的失去信心,放弃对爱情的追求,立下誓言"横眉冷对秋波,俯首甘为光棍";有的一蹶不振、沉沦自弃,认为一切都失去了意义,以至于悲观厌世;有的视对方如仇人,肆意诽谤,甚至做出极端行为伤害对方。因失恋而失志、失德者,虽属少数,但影响很坏。

4. 与自我概念紧密相关

处于青春期的大学生对自我比较敏感,对自己有一定的评价,也在意别人对自己的态度。所以恋爱似乎成为检验自我的一个试金石。恋爱的目的多样化,除了单纯因感情问题而恋爱的以外,其他非感情因素如"孤独"、"空虚"、"寻求刺激"、"体现自我"等恋爱动机驱动,使当前大学生情感体验复杂化、恋爱心理多样化。恋爱常会是一种心理补偿,谈恋爱似乎意味着有人爱自己,于是自信心大增,如果恋爱不成便会对自我产生怀疑,觉得自己没有能力、没有价值。

5. 恋爱观念开放

中国传统文化及伦理道德观虽对大学生影响较深,但随着时代的发展,当代大学生的恋爱观念日益开放,很多同学对婚前性行为持理解和宽容的态度,认为"只要真心相爱,无须指责",传统的贞操观在大学生的思想观念中逐渐淡化。国外近些年的"试婚"、"一人连续多配偶制"等婚姻观逐渐影响到大学生,恋爱方式公开化,光明正大,洒脱热烈,不再搞"地下工作",甚至一些大学生在公共场所、大庭广众之下,竟旁若无人,做出过分亲密的动作,有的竟搞多角恋爱。此类不乏"矫枉过正"色彩的行为可能引发一些问题。

四 恋爱中的九大心理困扰

在大学生恋爱的行为过程中,也会出现各种不同的心理困扰,较为常见的如下。

(一) 恋爱对抗心理

这一心理表现为"明知故犯"的逆反行为。他们以"叛逆性行为"、对立态度来表达与众不同的恋爱个性特征。一般认为,恋爱对抗心理与以前生活中的不良经历有关,也与现实中限制与管教过死、过严有关。它往往与个人的惭愧和失望同时迸发。有的同学在幼年时期因父母离异或遭受性伤害等挫折而产生了伤痕记忆,成年后对婚姻、性爱抱有强烈的抵触、怀疑情绪,以对立的态度处理恋爱问题。这种心理定势常常以丧失自我为代价。他们通过回避和歪曲现实使自己得到解脱,又以防御性的反应将自己的经验和想象进行歪曲,以保持自我的完整。对抗心理往往起始于人际关系障碍,有一个比较复杂的形成过程。因恋爱问题出走、自杀等非常方式,是恋爱对抗心理的集中表现。进行心理疏导和转移是解决恋爱对抗心理的有效途径。

（二）恋爱中的自卑心理

美国心理学家艾利斯认为，一些负性的情绪体验如自卑等都是个体对事物的某些不合理的观念造成的。大学生恋爱自卑心理是大学生自我性爱意识发展障碍和自我情爱能力评价不当的结果。一种是恋爱挫折归因不当，如因失恋、单相思或男女交往受阻等而怀疑自己的性爱能力；另一种是自我评价不当，许多同学因自己的体象特征、经济状况、家庭地位不如人意，造成了情爱品质评价过低，形成了消极的恋爱心理定势，产生孤独和压抑的情感体验。一方面他们往往很敏感，既希望谈论恋爱问题，又常常把别人的言行看成是对自己的轻视，而产生心理负性情绪。另一方面，他们（特别是女生）常常把自己禁锢起来，孤芳自赏，通过回避与异性交往的方法来掩饰自己的不足，形成闭锁性的性格。长期如此，容易形成恶性循环，影响人格发展与身心健康。

（三）认知偏差与动机错误

大学生恋爱过程中常见的"晕轮效应"必然会导致对自我、尤其是对对方的"认知偏差"和"评价偏差"，这是导致单相思和失恋后严重的心理障碍的关键所在。大学生中有相当一部分人恋爱动机错误。例如，有的同学认为学校生活空虚寂寞，寻找精神刺激与寄托；有的出于虚荣心，凑热闹，认为不谈就表明自己没有魅力，谈上恋爱就是对自我价值的肯定；有的出于好奇心，也是为今后积累"经验"；有的是为了找靠山，找所谓有权、有钱、家庭条件好的；还有的怕错过良机良缘，到社会上难觅知音。

少数走入恋爱动机误区的男女大学生，轻率地处理恋爱问题。例如：某男生，在不到两年的时间里，追求了多个女生，最长的只谈了三个月。他洋洋得意地说："追得上就追，追不上就撤，但不能不追。"又如一个即将毕业的大学生，为了留在省城找一份好工作，与他差距很大的人谈起了"恋爱"，一旦依靠对方父母的势力达到了目的，就马上"吹灯"。再如，有一个新生寝室的女同学，入学后第一学期就全部恋爱，然而半年以后又全部告吹。这些人在求之有意或漫不经心的谈谈吹吹中消磨着宝贵青春。

(四) 爱情错位带来问题

所谓"错位",就是摆错了位置。大学生中有这样的人,一旦坠入爱河,就把大好时光和主要精力投入到缠缠绵绵之中,把自己的主要任务——学习抛到九霄云外,直到期末考试亮了几个"黄牌",有的甚至多门不及格,接到留级或退学通知书时才大梦方醒,慌了手脚,哭哭啼啼,托人求情。这种事情经常发生在低年级大学生中,他们的错误在于摆错了爱情的位置,奉行"爱情至上"的恋爱观。

恋爱在人的一生中占有重要的位置,但它只是人生活中的一部分,而不是全部。爱情之外还有十分广阔的人生领域,理想、事业、道德、学习、友谊等,与爱情共同构成了一部人生交响曲。爱情至上主义将学业和爱情分离开来,并将它们的位置本末颠倒,甚至完全对立起来,忽视了学习是大学生活中最根本、最重要、最有意义的方面,片面地夸大了爱情的作用。一旦爱情遇到挫折,不幸和失败,他们又觉得世界上的一切都失去了光辉,甚至丧失了生活的乐趣和意义,走向极端,自我毁灭。这样的人胸无大志,没有生活的远大目标,是真正的弱者。

(五) 择偶标准的偏差

大学生由于有较高的思想文化修养,大多数追求的是较高层次的恋情,他们追求感情上的默契和微妙,而把家庭条件、家庭地位放在次要的位置,强调综合考虑择偶条件,注重精神生活,注重思想品行。但由于经验不足和个人思想境界不同,也有些大学生选择对象或以貌取人,或以财取人,或以权势取人,或是才、貌、权、钱、房样样具备最好。最突出的恐怕是以貌取人了。有的人找对象的标准是:第一,漂亮;第二,漂亮;第三,还是漂亮。男的潇洒英俊,女的窈窕妩媚。当然,漂亮的外表能给人以愉悦感,带来心理满足。但外表的漂亮并不是人的全部,真正的美是外在美与内在美的统一,以貌取人、一见倾心是要吃苦头的。"一见",多是对对方的外貌、仪态、口头语言等表象的认识,直观但可能肤浅,甚至有片面虚假的成分。那种轻率地以貌取人,将一见钟情误作恋爱终端和确立婚姻关系始端的人,十有八九是要饮下苦酒、饮恨终生的。

(六) 单相思与爱情错觉

单相思与爱情错觉是大学生恋爱问题中常见的心理挫折之一。单相思,指异性关系中的一方倾心于另一方,却得不到对方回报的单方面的"爱情"。曾有一个大学生讲,他在一次活动中认识了一个女孩,而且爱上了对方,不过他不知道她的名字、班级等等,每天只能在打水的路上等等看到她的身影,一年多来都如此,非常痛苦,不知如何是好。还有的人可能已向对方表示了自己的爱慕之心,但被婉言拒绝,不得不面对现实却无法解脱,仍执著地爱慕着对方。

在心理学上,错觉就是指对事物的不正确反映。发生在爱情中的所谓爱情错觉,是指错误地以为某个异性爱上了自己。它的产生主要是受对方言行举止的迷惑和自身各种主观体验的影响。产生爱情错觉的人,大多数由于自己爱上了对方,于是总想对方也一定在爱着自己。因此,在这样的心理支配下,常常会把对方的言行举止纳入自己的主观需要的轨道来理解,造成对他人感情的错误判断。这就是通常所说的"自作多情"。比如有的男女同学把由于性格、志趣、爱好相同产生的好感和友谊当成了爱情;有的男生把性格开朗、关心他人、和蔼可亲的女生的一言一行、一颦一笑都认为是爱自己的表示而想入非非。

(七) 恋爱行为失当

大学生恋爱中常见的行为失当主要表现在:轻率地确定恋爱关系;过早过分地亲昵;脚踩两只船,搞三角恋爱;婚前性行为。这些失当行为不仅影响了爱情,也容易造成人生的痛苦,甚至会有更严重的后果。

(八) 恋爱中的感情纠葛

感情纠葛是大学生恋爱的另一种心理挫折。这里讲的感情纠葛,是指恋爱过程中因某些主、客观原因而引发的欲爱不能、欲罢不忍的强烈内心矛盾与感情冲突。例如,有的学生在寻求爱情的恋爱过程中,落入三角恋爱的漩涡里,要不同时喜欢上两个人,要不同时被两个人所追求,忧心如焚、不可自拔。正如教育家陶行知先生所说:"爱之酒,甜而苦。两人喝,是甘露;三人喝,酸如醋;随便喝,毒中毒。"有人恋爱中可能遭到父母的反对或者周围人的非议,心烦意乱、辗转反侧;还有人恋爱中被彼此间无休止的矛盾、误解和猜疑所困扰,忧心忡忡、郁郁寡欢。

(九) 失恋

恋爱是一对男女为寻求和建立爱情而相互了解和选择的过程。交往中,一旦双方或者某一方出于这样或那样的原因,不愿再保持彼此的恋爱关系,就将意味着恋爱的终止。恋爱的一方失去另一方的爱情,就是通常所说的失恋。虽说大学生在生理上都已经成熟,但是由于心理方面存在着很多不同步的因素,如果想要在爱河中获得成长,就要具备一定的心理成熟度,更重要的是做好失恋的准备,并且学会处理失恋问题。

无论对任何人来说,失恋都是一种痛苦的情感体验,会不同程度地造成剧烈而深刻的心理创伤,有时会使人处于极其强烈的自卑、忧郁、焦虑、悲愤乃至绝望的消极情绪状态之中,甚至使人失去生活的信心或勇气。个别人由于失恋而形成各种心理障碍,或者从此怀疑、不信任任何人,把自己的感情之门永远封闭起来,变得郁郁寡欢;或者看破红尘、自暴自弃,从而消沉下去;或者反目为仇、图谋报复、损人害己。失恋可以说是人生中最为严重的心理挫折之一。

五 主动提高自身爱的能力

爱的能力是指和他人建立亲密关系的能力,它对人一生的发展有着重要的意义。具备了爱的能力会引导一个人去真正地爱他人,也真正地爱自己,真正体验到爱给人带来的快乐和幸福。恋爱的过程也是培养爱的能力的过程。爱的能力实际上是一种综合的素质,既像上面讲到的首先需要个人有爱的储备,同时又表现为在爱的过程中提高许多方面的能力。

（一）表达爱的能力

当你爱上一个人时,能否用恰当的方式和语言向对方表达出来呢？表达爱需要勇气,需要信心。表达爱是在表明爱一个人也是幸福,即使可能得不到回报。你让对方知道被一个人爱着,这是一种很崇高的境界。

（二）接受爱的能力

当期望的爱来到了身边能否勇敢地接受也是爱的能力的表现。有的大学生在别人向自己示爱后,内心挺高兴,但又不敢接受别人的爱,或者对爱缺乏心理准备,或者觉得自己不配、不值得爱,因此而失去发展爱情的机会。

（三）拒绝爱的能力

有爱的能力的人不是对爱来者不拒,或者认为不是自己的爱就简单地拒之千里。当然也有不少大学生当别人向自己示爱时有些优柔寡断,既怕伤害对方,又怕对方误会。拒绝爱的能力,一是表现为对他人的尊重,要感谢对方对自己的欣赏和感情;二是要态度明确、表达清楚,即和对方只能是什么样的关系,同学还是一般朋友,或者什么都不是;三是行动与语言要一致。可能有些同学怕对方受伤害,虽然语言上拒绝了对方,但是行动上还与对方有较亲密的接触,如单独去看电影、吃饭等,使对方误解,认为还有机会,纠缠于单恋的情感中。

（四）鉴别爱的能力

鉴别爱是指能较好地分清什么是好感、喜欢和爱情。有鉴别爱的能力的人,是自信并尊重别人的人,会自然地与别人交往,主动扩展交往的范围,珍惜友谊,尽量多地体验他人的感受。过于自我孤立,过于站在自我的角度考虑问题,对他人和自我感受的认识往往会发生偏离。

（五）解决爱的冲突的能力

爱的冲突一方面来自日常生活中的不一致或不协调,另一方面可能来自于性格的差异。相爱的人不是寻求两人的一致而是看如何协调、合作。爱需要包容、理解、体谅,要会用建设性的方式去解决冲突。沟通是非常有效的方式。恋人间需要有效的沟通,表达清楚自己的思想、感受。伤害性的争吵或者冷战都不利于问题的解决。

(六) 面对失恋的心理承受力

失恋可以说是人生中一个很大的挫折,考验的是人承受挫折的能力。失恋使人产生痛苦的感觉是很自然的事,每个人都会有,只是程度有差别。失去爱会使人感到一种重要关系的丧失、一种身份的丧失,这需要一定的时间去面对和适应。

培养面对失恋的承受能力,首先是要学习怎么看失恋。有些同学可能把失恋看做人生的一个巨大的失败,是自尊心的剧烈受损,那就必然会有强烈的负性情绪体验。其实,失恋只是一种选择的结果,一个人不选择自己不等于自我就全面失败、一无是处。每个人在爱的关系中的心理需要不同,看中的关键点不同。每个人都有可爱的一面,只是个人欣赏的角度不同。应在失恋中学习,把失恋作为人生的一种财富。失恋给人带来的强烈的内心冲击是其他事件所不能代替的,这个过程中所体会到的情感,那份挣扎与痛苦,使人有了更多的人生体验,人会在失恋中变得更加成熟。失恋也给人再恋爱的机会。一次失恋不等于整个爱情生命的结束,人还会再恋爱,再体验美好的爱情,只要用心去体验、去建设、去学习和感受。

都是失恋惹的祸? 2004 年春节前夕,广西某报登出南宁"北大才子"拾垃圾度日的消息。江涛研究生毕业后,加盟了一家总部设在北京的中美合资企业。十年寒窗的知识积累让江涛找到用武之地,性格开朗的他在工作中表现出的非凡才华与进取精神深得公司赏识,27 岁便被破格提拔为该公司中层干部,月薪达 3000 多元。在事业春风得意之时,爱情悄然而至,一位美丽的北京姑娘闯进他的生活。在两人相恋的两年时间里,江涛付出了较大的"感情投资",他曾带着女友拜见父母,甚至约定了婚期。就在两人谈婚论嫁时,措手不及的"情变"让江涛目瞪口呆。突袭而来的失恋将他击倒。他两天不吃不喝,蒙头大睡。从此,工作上生龙活虎的江涛变得郁郁寡欢,一蹶不振。公司领导曾提醒过他"不要将失恋情绪带进办公室",但江涛已经很难再打起精神。于是,公司毫不客气地炒了他。失恋加失业,雪上加霜。那段日子,江涛在北京街头游荡。1996 年 10 月,他失魂落魄地回到南宁。没有人知道江涛在南宁"待业"的两年时间里在想什么和做什么。在他所住的小区里,他很少与人来往,同住一栋楼的居民甚至几年都不认识他。1998 年秋,江涛杀回北京。江涛在京求职处处碰壁,三个月后只好再次打道回府。

(七) 保持爱情长久的能力

保持爱情长久的能力,其实需要上面多种能力的综合。爱需要两个人真正地关心对方,走进对方的内心世界,以对方的快乐为自己的快乐。要保持爱情的常新,需要智慧、耐力、持之以恒及付出心血,同时又有自己的个性,有自己的追求与发展。学习新的东西、善于交流、欣赏对方,是爱的重要源泉。

有爱的能力的人是独立的人,有自己独立的价值观,有自己的生活空间。有爱的能力的人并不排斥对方,又是尊重他人、关心他人的人。他会尊重对方的选择,尊重对方的个人隐私,尊重对方的发展。

保持爱情的长久,也同时要学习处理恋爱与学业、与其他人交往的关系等,将爱情作为发展的动力。心存爱情的人,会表现出良好的精神风貌,散发着生命的活力,不断地进取向上,给人以美感和震撼力。

建议阅读书目:

1.〔美〕弗罗姆:《爱的艺术》,北京:华夏出版社,1987 年。

2.〔俄〕瓦西列夫:《情爱论》,北京:三联书店,1985 年。

3. 韦彦凌、贾晓明:《大学生心理健康与咨询》,北京:中国经济出版社,1995 年。

第十一讲

知性论性话心理健康

性的本质及对人的影响

大学生性心理的发展

性心理异常及其原因

维护性健康的途径

勇敢应对性骚扰

　　几年前,在兰州的大学校园里,一本《非常日记》疯狂流传。这是一本围绕当代大学生心理健康、特别是性心理健康问题而写的一部心理小说。小说的主人公"林风"是一个从山乡考到"北方大学"的大学生,由于过早地失去母亲,加上家境贫困,导致他自卑、敏感、多疑的性格。他的这一性格与周围的环境格格不入,只有寄情于刻苦学习。"林风"后来虽然考上了研究生,但心理已有了严重缺陷,特别是性心理扭曲。在他的日记中,记录着他考上大学以后,由于理想的破灭和面对大学校园里形形色色的性诱惑,心理开始失衡并逐步走向扭曲的心路历程。"林风"从偷偷浏览黄色网页开始,发展到跟陌生女性要脚上穿的袜子,到夜深人静时溜进女生宿舍偷女生的内衣裤,并用这些内衣裤手淫,再到后来夜里躲在女生厕所里偷窥女生上厕所,一步一步陷入心理扭曲的泥淖而不能自拔,最后走上自杀道路。"林风"把一本披露自已真实内心的日记留给了"北方大学"研究心理学的留美博士"余伟"。

　　小说作者是兰州某高校一位青年教师。他告诉记者,从上大学到留校工作他在大学里已呆了14年,对大学生性心理问题一直比较关注。近年来,他觉得有这种心理问题的学生越来越多,于是就决心写一部小说,以引起社会对这一问题的关注。

　　青年性心理健康是个很严肃的问题,二十岁左右正是性心理、性道德的确立时期。性作为一种生理、心理、社会现象,始终伴随着每一个人,深刻地影响着一个人的健康、幸福和人格完善。它能给人以欢乐,也能给人以痛苦;它可以引导人走向崇高的境界,也可以诱惑人误入歧途。性的问题将发展成为人生的问题、人的生活方式问题。不能抑制和歪曲对性的感情及其表现,重要的是有智慧地加以引导,使之有利于人类的幸福与发展。每一个人都需要建立一种健康的性价值观。

一　性的本质及对人的影响

　　一谈到性,一些人会表现得十分敏感或羞怯。敏感和羞怯的背后,隐藏着一种偏差的认识,即性只关涉性器官、性行为。这种认识是十分片面的,实际上,性具有丰富的内涵。究竟什么是性? 我们应当怎样认识和对待性? 应当如何培养自己健康的性心理? 这是每一个大学生自身成长发展都必须面对的重要课题。

(一) 大学生性问题的最新报道

　　大学生的性健康一直是社会关注的热点。虽然大学生意气风发、青春飞扬,然而阳光所能照射到的只是一个侧面。大学生也是芸芸众生中的一族,他们在读书学习之余,不可避免地具有普通人的欲求。处于这样一个青春的年龄,"性"的渴望又是何其的醒目! 他们的身体已经成熟,机能健全;他们的意识早已萌动,一触即发。论他们的年龄在社会上已属成年人,本可自作主张;论他们的身份则是受教育的学生,需要监控和保护。以下是关涉大学生性健康的三个事件。

1. 大学生用 DV 讲述爱与性

2005 年 10 月 24 日晚武汉理工大学余家头校区大礼堂座无虚席,迟到的人只好站着。一场特殊的电影首映式在这里拉开帷幕。一共有三部电影:《红印》、*First Time* 和《灯火阑珊》上映。除了片长 73 分钟的《灯火阑珊》外,其他两部充其量也只能算是短剧。这三部作品讲述的是同一主题:大学生的爱与性。被称为"限制级"的 *First Time* 甚至开篇明义,第一句台词就是:"你是处女吗?"这些作品的主创人员全部是武汉理工大学艺术与设计学院动画系学生,他们为自己的摄制组取了个好听的名字——"天堂映画"。一位主创人员说:"影片很写实,主要是想通过大家身边的事,真实表达大学生的生活状态、大学里的人和事、人和人之间的关系,以及时间和空间带给大家的亲近和隔阂,对自己所处的生活状态的反思。片中的恋爱在某方面来说,只是一个载体,毕竟恋爱是大多数大学生在大学里的必然经历,像三角恋、同居等,可能都经历过。""天堂映画"摄制组的这些作品,从经历者的眼睛和心灵出发,坦率地把当代大学生对于恋爱和性的态度展示出来,让更多的人看到,不是所有的爱情,都是空虚的结果,不是所有的性,都是冲动的惩罚。人们会因为他们的坦率而变得宽容,也会因他们的青涩而更加理解。这样的作品,对于转变前期那些被有些舆论过分扭曲的大学生形象,无疑是有积极作用的。"我们也不想刻意去揭露什么,只是想把这些事情真实展现出来。在大家观看影片之后,留下一些思考。"演员均由学生担当,场景是大家熟悉的大学校园和周边环境,故事情节也完全来自学生生活。虽然拍摄器材是非专业的 DV,故事情节简单,演技、台词也十分稚嫩,但这些影片的首映,仍然获得了该校大学生观众的一致好评,现场掌声不断。当晚的校园论坛上贴满了各种积极评价。校报、学工处、校团委、艺术学院等部门均对此给予了肯定。

2. "湿漉漉的玫瑰"

2004 年,一本名为《湿漉漉的玫瑰——中国大学生性现状调查》出版,作者杨小诚。这本书是对当代大学生的性态度、性行为的一个抽样调查,旨在为大学生性教育工作者、性社会学研究者以及广大的关心大学生性问题的读者提供辅助性资料。从本质上说,大学生群体仍然是社会物质发展和精神发展的主要建设力量。在性方面,大学生也并非一个开放、混乱的群体。作者写作的目的是为大学生性教育提供问题例证,而并非"妖魔化"大学生。全书分为上篇:性本冲动,情归何处;中篇:冷暖交汇的性与婚姻;下篇:我只尊重自己的需要。书中的小标题很特别,例如:我也不知道为什么就没有拒绝;如果发生关系就离不开他了;有一段时间我特别有一种冲动;我明明知道不能够一辈子,可是却还跟他好;我觉得我已经不算是一个处女了;我们寝室的一同看 A 片;我在意的只是找到一个性伴侣;觉得自己欲望比较强;我脱她衣服她也没反对。

3. 女大学生卖淫现象

2003 年 5 月 21 日人民网刊登了一篇名为《趁着年青多挣点:武汉高校女大学生卖淫现象调查》的文章。晚春时节,武汉市某全国知名高校门前的酒吧一条街上,在昏暗而暧昧的灯光下,某高校外语学院的一名女生向记者吐露心声,删节号所省略的那段话,是她用纯正英语说的有关做爱的粗话。这个女大学生自称姓赵,身高 1 米 60 左右,体态匀称,长相不错,和普通妓女穿着暴露、打扮艳丽、举止轻佻不同的是,赵几乎没有化妆,运动鞋、牛仔裤、休闲上衣和头发随意一扎,这种打扮透出一个青春女孩的清纯。如果不是她故意时时抛出媚眼,记者甚至不敢相信她已踏入风月场长达 3 年。在酒吧里,赵同意向记者披露高校学生卖淫的内幕,代价则是记者向其支付"500 元时间损失费"。赵承认,在走上卖淫道路后,绝大部分女生不想也不可能自拔。赵说:"从事这一行收入高,钱也来得轻松,所以花钱也随便,没几个会存钱。如果停下来,马上就会感觉手头拮据。"

(二) 性的本质

性,人人都有。我们每个人都是性塑造的生命,都伴随着性的发育成熟而长大,性是我们生命的一个组成部分。性,是自然的事情,如果没有性,生物就不复存在。性作为一种本能,贯穿于人类历史发展的全过程。作为生命延续的手段,性帮助人类完成种族繁衍;作为两性结合的方式,性维系着每个家庭的夫妻关系;作为人类欢娱的一种形式,性使千千万万的男女获得生理和心理的满足;作为两性联系的纽带,性使许许多多的青年男女徜徉在爱河之中;作为衡量文明的标准,性还体现着社会的文明程度。由此可见,性所反映出的方方面面都是自然而美好的。

但是,在中国,由于封建的性观念根深蒂固,本应很自然的性,却被莫名曲解,成了一个令人讳莫如深的禁区,很多人"谈性色变"。从个体成长的角度来说,每个个体都要经历好奇、拒绝到接受性的过程。其实,人类个体的性认知和性意识从幼小时期就开始形成了,青少年在性发育和成熟期内,如果没有得到正确的引导和教育,成年后便有可能产生性心理扭曲和障碍,这不仅毁坏个人健康、幸福的生活,还会伤害他人、危及社会。

性是人的生物属性与社会属性的统一。作为生物属性的性,是指男女在生理构造上的差异和人生来具有的性的欲望和本能,它是人类生存和繁衍后代的必要基础条件。从生物的形态学和生理学上来理解,性是伴随着性生殖而出现的。人的基因与性器官的差异形成了雄性和雌性,性征便是两性差异的表达。

古人云:"食色,性也。"人的性欲并不神秘,它来源于人体性激素的作用,是如同人的饥饿与口渴一样的生理现象。然而,只把性看做人的生物属性,而不能从人的社会属性上去认识和把握性,就会把性降低到动物的生存意义上去。人是社会性的动物,人的性行为受到社会的制约和规范。只有把性行为控制在社会允许的范围之内,人类自身才能够获得健康生存与发展,社会才能够获得安定与文明。

作为社会属性的性,是性的本质体现。人的性需要,不仅包括生理性需要,更重要的是也包括社会性需要。例如,择偶不仅是寻找一位异性,而且还要满足个人审美的需要、爱的需要、个人生活幸福与自我发展的需要,要考虑对方的兴趣、爱好、学历、职业、家庭等社会因素。人的性行为必须通过婚姻、经济、法律、道德关系的规范才能够实现。

性是人的生物属性和社会属性的统一体,这说明性既要受到人发展的生物规律的支配,又要受到人类社会文化发展条件和各种社会需要的制约。两者是有机联系、密不可分的。性的社会属性是人类文明进步发展的本质,人并不仅仅是一个生物人,更是一个社会人。

（三）性在不同层面上的含义

我们在谈到性时,常用到"性"、"性别"或"性别角色"这样一些词。虽然在日常使用时,我们会把这三个词互换使用,但实际上,它们分别从性的三个构成方面反映了性的特质,三者间的区分涉及到了生物学、心理学和社会学的知识。

性是生物学上的词汇。它是指男女两性在生物学上的差异,包括男女两性染色体不同,性腺不同、性激素不同、生殖器不同和第二性征不同。

性别是心理学上的词汇。它是指男女两性在生理差别基础上的心理差异,主要表现在性格、气质、感觉、情感、智能等方面。

性别角色是社会学上的词汇。它是指社会按照性别赋予人们不同的社会行为模式。性别角色是男女两性在生理差异的基础上,由于社会期望不同所形成的。男女先天生理解剖上的差异,为性别分化提供了可能。例如,女性生理解剖特点决定了女性天然地承担起生育的职能,女性先天的家庭分工便是母亲。但是,男女在家庭和社会生活中扮演什么角色,则主要由社会的伦理、道德、风俗、传统等社会文化因素决定。封建社会中男尊女卑的观念使得社会对两性产生了不同的期望:男子要刚强、独立、自主;女子要温柔、依赖、顺从。然而,伴随着社会生产力的提高和女性在社会生活中地位的提高,原先两性角色泾渭分明的界限日渐模糊了,出现了"双性化"的特征,即现代人应具有传统男性角色和传统女性角色中所有的一切优良品质。两性角色互化的出现也是社会进步的一大表现。

小练习:从下面词汇中找出你认为与性有关的词汇(7分钟)。

1. 快乐	2. 好玩	3. 污秽	4. 生育	5. 恐惧
6. 爱	7. 美妙	8. 信任	9. 羞耻	10. 不满足
11. 委身	12. 忠贞	13. 尴尬	14. 压力	15. 例行公事
16. 表现	17. 欢乐	18. 实验	19. 释放	20. 难为情
21. 舒服	22. 无奈	23. 罪	24. 厌恶	25. 内疚
26. 无助	27. 享受	28. 压抑	29. 乏味	30. 满足
31. 美丽	32. 征服	33. 沟通	34. 禁忌	35. 亲密
36. 融洽	37. 遗憾	38. 自卑	39. 自信	40. 和谐

讨论:学生分 5—6 人一组,每人在小组中交流。

　　1.你选了哪些词汇?

　　2.为什么这些词与性有关?

　　3.你的感觉是以负面为主还是正面为主?

二　大学生性心理的发展

　　大学生是人群中的一个独特群体,从生理上说他们已经发育完全,然而,他们还未走向社会,在心理上并未成熟。

(一) 大学生性心理发展特点

1.对性生理发展的关注

　　青少年进入大学之后,性生理功能和性体征的发展都已基本完成,许多人都会不同程度地出现自我欣赏现象,常常在镜中端详自己的外貌,甚至会悄悄与他人进行比较。每个人都希望自己能对异性产生极大的吸引力,可是如果性生理发展并不如己意,就会引发各种各样的烦恼与焦虑。对青少年来说,年龄越大,越是接近恋爱、结婚和过性生活的年龄,这方面的烦恼和焦虑可能就越严重。对有些大学生来说,这就成为他们在性生理发育问题上一个十分沉重的心理负担。

2.对性知识的渴求

　　在第二性征发育之后,首次遗精与初潮现象的出现使个体对自身性角色的认识发生了质的变化,个体的性角色基本定位并产生两性分化。伴随着性生理的变化,青少年普遍产生了对性知识的强烈渴求。他们非常关心自己和周围同伴的发育变化,对性知识既好奇又敏感。他们心目中有很多疑惑,想知道发生在自己身上的变化是否正常。中学时由于学习压力,很多时候往往缺少渠道去了解。上了大学后,学习压力缓解,有了很多自由的时间,他们常常会有意识地通过一些途径来寻求性知识,如翻阅医学书刊、收听专栏节目、上网查询、暗中与他人比较等。这时候,如果性教育没有跟上,他们就容易产生一些关于性的片面、扭曲甚至是错误的认识,对性观念的形成有消极的影响。

一封课后来信。樊老师,您好! 昨天听了您关于性心理的讲课,收获不少。但仍有一个问题想要请教,那就是,我们现在的大学生应该通过怎样的正规渠道来了解性知识呢? 我是一个女生,从来没有想过要通过黄色资料来了解性知识,在我的观念里,这是相当肮脏的。但这并不代表我认为性是肮脏的,我对性的认识更多是很积极和坦然的,在昨天您列出的那些词语里,我选择的多数是正面的词语。同时,我也渴望获得更多的性知识,一方面,年龄和发育要求我具备更多的这些基本知识,另一方面,也是出于自我保护的需要。只有更多地了解性,才能尽量避免因为无知而留下的遗憾。但是,正如您所说,现在中国社会上没有这样的坦荡的性教育环境,那么,我们应该如何寻求正当的渠道学习性知识呢? 请老师指路。

3. 对异性的爱慕

进入大学以后,青年们逐渐进入了性爱恋期。此时,大学生会明显地流露出想和异性相处的意愿,在行为上也会表现出一些主动接近异性的举动,在共同活动中彼此结识、相互接近、建立好感,最后形成单独接触。这种心理和行为都是很正常的,是以后建立美满婚姻生活的基础。的确,宇宙万物中阴阳相对、共生互补,组成了一个完整又平衡的世界,如果没有两性间的交往,那么世界将不会存在。

4. 性需求与性压抑

人在青春期,由于性生理的成熟,受到性需求的驱使,常伴有强弱不同的性冲动。一个人的性素质是他最内在、最深层和最根本的部分。然而,由于我国有着几千年的封建社会历史,谈性色变的保守观念依然影响着当代青年,认为有关性是下流、肮脏、难以启齿的。于是,有些青少年强迫自己否认、回避性需求,长期处于紧张、焦虑等状态下,形成严重的性压抑。这种性压抑会对青少年的生长发育带来诸多不利影响:一方面,性压抑表现为对身体的正常性反应感到困惑和厌恶,内心不安、焦虑、矛盾冲突剧烈;另一方面,性压抑还会表现为性恐惧和性敏感。应当说,适当的抑制是符合社会需要的,是成熟的反映。但严重的性压抑则会有害健康,导致性欲畸变,性能量退化,引发性扭曲。作为当代大学生,要以科学的态度认识性、接纳性,积极妥当地释放它或升华它。

在性成熟的过程中,面对自身突如其来的变化,大学生们都会感到不适及困惑。特别是面对现代社会变迁中的种种价值观和性观念的冲击,大学生们时常会出现一些心理上的迷茫,有的人出现了性行为上的失当。大学生常常出现的与性有关的问题如下。

(二) 大学生性生理的困惑

1. 性体象的困扰

进入青春期的男性和女性的体象发生了很大变化。男性希望自己身材高大、体魄强壮、音调浑厚,拥有男性磁力,以吸引女性;女性则希望自己容貌美丽、体型苗条、乳房丰满、音调柔美来显示女性魅力,以吸引男性。当体征不如己意时,他们常会出现烦恼和焦虑。在接受心理咨询的学生中,常常有一些男生因自己个子矮而烦恼,一些女生因体态胖而自卑,也有的人因对自己的阴茎或乳房等生理发育不满意而感到焦虑。

2. 遗精恐惧

遗精是指男性在无性交状态下的射精现象,是青春期男子常见的正常生理现象,是性成熟的标志。传统观念把遗精看得很严重,认为这种行为会伤元气。许多青少年常因此而焦虑不安、惊恐失措。尤其是初次遗精,曾有青少年因此而断切阴茎或轻生的。实际上,精液由精子和粘液组成,一次排放的数毫升精液中99％是水分,其余是蛋白质、糖等,损失的营养物质对人体而言微乎其微。认为遗精就是"泄阳"的想法是不科学的,会引起紧张焦虑的情绪,对身心健康产生不利影响。男性进入青春期后,睾丸源源不断制造出精子,精满则自溢。伴随着做梦而释放的,称为梦遗,间隔时间有时短有时长。青年人面对这种"过渡现象"应迅速使自己"成人化",而不是对自己的性器官及发育持童年式的好奇,过于经常地抚摸生殖器无疑是不好的,其刺激会促使性唤醒而发生手淫。如果遗精过于频繁,如一夜数次或一有性冲动甚至无性冲动就精液外流,则应该去医院检查。

3. 月经困扰

月经期及来月经的前几天是女性生理曲线的低潮期,身体的耐受性、灵活力下降,易疲劳。这些都是正常的生理反应,但确实会给女性带来一些不适的感受,是一个需要加倍体贴的"特殊时期"。但有些女性却不能正确接受这些生理变化,认为月经是件"倒霉"的事,有些女性则过于担心经期的不舒服,这些消极的暗示会加重自身情绪的低落和躯体的不适感,甚至造成恶性循环。心理因素可影响月经,它与闭经、经期前紧张综合征及痛经等均有关。

(1) 闭经。闭经指该来而未来月经。造成闭经的原因很多,因社会心理因素造成闭经的并不少见。如青春期女学生面临关键性考试的焦虑可能引发闭经,也有因害怕怀孕而停经的,远离家乡入学的女大学生因闭经或月经失调而就诊的比率高于学校附近地区入学的女生。这些都是由于过度的精神紧张、恐惧、忧虑等心理应激,造成大脑皮层功能失调,而导致闭经。而闭经又是女性评价自身健康状况的一个敏感问题,因闭经而穷思竭虑、忧心忡忡,加重了内分泌功能失调,构成恶性循环。如未及时治疗,久拖不愈,甚至会导致子宫内膜的癌变,加重病情。

(2) 经期前紧张综合症。经前期紧张综合症是指少数女性在月经期前3—4天发生周期性的消极情绪,如忧郁、焦虑不安、烦燥易怒、注意力不集中、自信度低下、失眠、头痛等症状,轻者自觉不适,重者则影响工作、学习和生活。资料表明,人的心理因素可以影响体内激素水平和行为改变,例如,精神紧张可能使月经推迟或闭经。经前期紧张症的严重程度因人而异,这不但取决于个体的适应能力,也取决于个体当时的体验和心理内容。

(3) 痛经。经期或经期前后,发生下腹疼痛或其他不适,以致影响日常生活和工作,被称为痛经。个性特征与社会因素对功能性痛经的发病有一定的影响,如女性心理发展不够成熟,有神经质的性格。她们对月经生理有错误的认识,从而产生恐惧、抑郁,或因对月经来潮有感到倒霉、痛苦乃至憎恨的心理及在经期产生情绪不稳定或情感冲突,引起或加重痛经。痛经用心理治疗或辅以镇静剂、止痛剂常能见效。

根据上述情况,女大学生应该关注经期心理卫生,具体做法如下:(1)对月经应有正确的认识,还要有月经前的心理准备,相信这一"不愉快"的阶段会平安度过。(2)不要进行消极自我暗示,即认为来月经会有疼痛的感觉。心理学研究表明,自言自语等自我暗示会对生理基础发生影响。实际上月经引起的疼痛,绝大多数女性是可以忍受的。(3)保持心理舒畅,避免情绪波动和精神过于紧张。具体来说,不要因为一件小事而与别人争吵不休,同样不要因为一件小事而伤感不已。注意积极参加力所能及的集体文娱活动,不要离群索居,这对保持良好的情绪也很重要。

(三) 大学生性心理的困惑

1. 与手淫有关的心身问题

手淫指性欲冲动时用手或其他物品摩擦、玩弄生殖器以引起性快感、获得性满足的行为。青春期男、女均可发生,以男性更多见。对男性来说,它伴随着精液排出;对女性来说,它呈现释放和缓解的体验。

手淫是青少年和未婚成人的普遍现象,在已婚及老年人中也存在。然而,资料表明,青少年对手淫存在着众多不恰当的看法,这不同程度地影响了他们的心身健康。

许多学者指出,手淫的最大危害在于使人有罪恶感。手淫可怕、罪恶的观念使许多手淫青少年陷入痛苦之中,而且这种影响还可能延续到婚后。有些男女青年误以为手淫会影响性功能,因而担忧、紧张,极有可能使性生活出现困难,并可能由此真的引起性功能障碍。对手淫的错误观念既是青少年不安、烦恼的真实原因,也是使手淫变得难以节制的心理原因。伴随着手淫快感的消失,他们往往认为手淫是有害的,因而常产生悔恨、紧张、害怕、多疑、自罪等心理。而越是如此,就越是有可能沉溺于手淫之中,借手淫来暂时地释放紧张情绪,于是就陷入恶性循环。这种情况特别容易发生在忧郁型个性者身上,那些性压抑、缺乏温暖友情、生活不如意的大学生,常有可能借手淫以自慰。手淫本意是用于释放性紧张的,而过于习惯手淫者而言,手淫常常可能变成释放紧张焦虑心理的手段。

从生理学角度来看,手淫是一种自然的性生活方式,从心理学角度看,它是一种性的自慰心理行为。国外有关调查表明 93%—96% 的健康男性、

60%的女性有过手淫行为。对青春期男女来说，手淫虽不是完美的性满足方式，但却无害于他人，是一种自我心理慰藉，在一定程度上能宣泄能量、缓解性紧张、保持身心平衡、避免性犯罪和不轨行为，因此，适当的、有节制的手淫是无害的。但是，需要指出的是，说手淫无罪、无害，并不等于说手淫必需，更不是说手淫可无度，纵欲难免伤身。过多地沉溺于手淫会有不利影响，因为它所带来的性满足是个体独自完成的，与异性情感关联较少，会使生理器官的冲动与心理情感的活动相脱节，不利于以后婚姻生活中夫妻性行为的适应，而且易造成男性尿道感染和女性月经失调、盆腔炎等，所以不宜提倡。总之，手淫这种性自慰行为利弊均有，不属于道德败坏，大学生朋友应该正确对待它。

2. 性的白日梦与性梦的困扰

当青年大学生与异性交往的强烈渴求不能径直实现时，性的白日梦就有可能发生。性的白日梦又叫性幻想。性幻想指在某种特定因素的诱导下，自编、自导、自演与性交往的内容有关的心理活动过程。处于青春期的大学生对异性的爱慕和渴望会很强烈，但往往又不能与所爱慕的异性发生性行为以满足自己的欲望。因而常常就会把曾经在电影、电视、杂志、文艺书籍中看到的情爱镜头及片断，经过重新组合，在头脑中虚构出自己与爱慕的异性在一起约会、接吻、拥抱、性交的情景；还有的会把想象中的情景用文字写出来，以达到自我安慰。性幻想可以导致生理上的性兴奋，偶尔也出现性高潮，男性有时还伴随着手淫现象。性幻想在入睡前及睡醒后卧床的那一段时间，以及闲暇时较多出现。它在一定程度上可以缓解人们的性需求，是一种较为普遍的心理现象。尽管这种性幻想的出现是正常的、自然的，但如果过分沉溺于其中，就可能会成为一种性异常现象，给身心带来不良后果。

性的白日梦是人为的幻想，而性梦则是真正的梦。性梦是指在睡梦中发生性行为。人们通过梦的方式部分达到自己白天被社会规范限制的性冲动的满足，从而缓解性紧张。性梦也是青少年性心理较为普通的一种表现。一些大学生由于缺乏对性梦知识的了解，常为自己有过性梦的经历而焦虑和自责。性梦的发生率男性多于女性；男性多发于青春期，女性多发于青春后期。一般来说,男性的性梦常伴有射精,即梦遗。对于成熟而未婚的男性来说,性梦是缓解性欲冲动的途径之一,一般多则每周一次,少则每半月或每月一次。研究发现,性梦的发生主要与精囊中精液的积蓄量有关,也与睡前身体上的刺激、心理上的兴奋和情绪上的激发有关。女性的性梦与男性相比有较大的差异,未婚女性很难有清晰的性梦。有过性梦体验的大学生,不必为自己的经历而焦虑和羞怯,应顺应自然,同时要把主要精力放在学习和工作上,避免过多地接受各种性信息的刺激和干扰。

3. 性骚扰引起的困扰

常见的性骚扰有故意擦撞异性身体的某个部位,故意贴近别人,故意谈性的问题,用色情语言进行挑逗,用暧昧目光打量别人,或强行要求发生性行为等。女大学生有时会遇到个别男教师或用人单位以学习指导或谈工作为名对其进行的性骚扰,在一些公共场合如公交车上,也会遇到性骚扰。男学生有时也会遭遇此类情况。由于缺乏自卫心理,一些同学面对性骚扰时常常惊慌失措、恐惧万分,甚至长时间地自责,认为自己不"干净",心理困扰长期不能解脱。

4. 同居:没有收据的爱情

同居是中国传统道德所不允许的,但现在似乎已成为一种社会时尚。有很多青年男女在恋爱过程中不能很好地控制住自己的性冲动,情不自禁,出现越轨行为,发生了性关系,进而发展为未婚同居。有调查显示,在大学生中也存在着恋爱男女校外租房同居的现象。即便是在网络世界里,也有人在聊天室中申请了一个属于自己的"房间",将网恋升格到网络同居。

对同居的说辞,有好有坏。同居者高举爱情大旗,认为"两个人既然相爱,又何必在乎一纸婚书"。事实上,薄薄的结婚证书承载的并不单单是一种形式,而是更多的承诺、责任和无止尽的期望及要求。非婚同居中的爱情尽管真实,但由于缺少了彼此间的承诺和责任,也就缺少了彼此对爱情的耐心和忠实。比如在为一些生活琐事拌嘴之后,婚内夫妻通常很快就会和好,而一对同居的男女很可能就此分道扬镳。也正是这种不受任何约束、不需要负任何责任的状态使很多同居者有种不安定感。

同居存在着诸多隐患,比如未婚先孕的问题,怀孕后女性人工流产造成的身心伤害问题,同居生活中的经济分担问题,频繁更换同居伴侣导致的性健康、性道德问题等等。因此,同居需三思而行,并做好为隐患付出代价的身心准备。

5. 同性恋问题

近年来同性恋问题在社会上引发的争议越来越多。同性恋大致可分为三种类型:

(1)真性同性恋,也称素质性同性恋。真性同性恋者的身心素质与普通人相比有极大的不同,大多具有较多的异性特征。他们的性活动不仅仅是感情之间的相互吸引和依恋,还包括肉体上的性行为。

(2)假性同性恋,也称境遇性同性恋,通常指由于长期生活在与异性隔离的生活环境,如军营、海轮、监狱等地方,由于没有合适的异性伙伴,而把同性作为满足自己性欲对象的同性恋者。这类同性恋者一旦生活情境改变,就会改变自己的情欲对象,与异性相恋。

(3)精神性同性恋,也称同性爱慕。这种同性恋只表现在个人精神上,把对同性的欲望存于心底或幻想、梦想之中。此类同性恋者男女都有,据统计在男性中占3%,在女性中占1%。

随着社会的文明进步,对同性恋也应该表示理解和宽容,不应视同性恋者为"怪物"而歧视他(她)们,也不能仅根据性取向的特殊,就否定一个人的整个人格和全部价值。我国同性恋研究专家李银河就认为"同性恋是一种属于人类中的一小部分人的自然和正常的性取向"。

三　性心理异常及其原因

进入青春后期和青年期,有些大学生会出现性心理扭曲现象,严重的还会形成性心理障碍(俗称性变态),一般以男性为常见。性心理障碍是指不符合一般常规的性心理和性行为现象,表现为性爱对象、性身份、性目的或性欲满足方式异常。有些性变态仅仅是脱离常规,并不造成伤害;有些则可能造成他人恐惧和受伤害,影响社会的安定团结。

（一）性心理异常的类型

1. 性偏好障碍：自身偏好扭曲

性偏好障碍者的性心理和性行为常带有儿童性活动的特点，例如裸露生殖器或偷看裸体异性等。主要常见的有异装癖、露阴癖、窥阴癖，还有施虐癖与受虐癖。

异装癖又称异性装扮癖，是以穿戴异性服饰来激起性兴奋、获得性满足的一种变态心理。露阴癖指在不适当的情况下通过裸露自己的生殖器或全部身体而引起异性紧张性情绪反应，从而使自己获得性满足的一种性心理障碍。窥阴癖指由于窥视异性的裸体和他人的性活动而获得性兴奋和性满足。这三种性心理障碍者多以男性为主。施虐癖是指通过折磨异性或配偶的肉体和精神，使对方痛楚和屈辱来满足性欲的一种心理异常。受虐癖刚好相反。施虐癖大都是男性，受虐者以女性为多。严重的施虐行为会构成暴力犯罪。

2. 性身份障碍：易性癖

性身份障碍指从心理上否定自己的生理性别和服饰，强烈希望转换成异性，即异性癖，又称异性认同症、异性转换症或性别转换症。

异性癖者大多在幼年时就出现朦胧的否定自己生理性别的倾向，表现在对服装、玩具、游戏的选择偏好上。到青春期后，对自己的第二性征发育严重反感和厌恶，出现强烈的变性愿望。他们往往都有严重的性压抑心理，严重者可能产生自杀心理倾向。

性心理扭曲和障碍的产生与遗传基因和性激素有关，也与个人的认知、社会环境、教育等因素有关，其中，家庭教养方式和社会环境起着重要作用。儿童性角色观念的形成、性心理的成熟，首先是向父母学习模仿的过程，父母对性知识的无知及教育行为的不当都会给孩子的性心理造成伤害，为日后的性心理变态埋下恶种。社会环境的影响主要在于：色情文化泛滥，特别是淫秽书刊和黄色录像，诱使一些青少年形成性越轨和性变态；网络技术普及，导致色情文化更隐秘、更便捷地侵蚀、扭曲着青少年的心理和灵魂；成人的性侵犯，使受害儿童在成年后可能发展为性变态者；性挫折、性压抑和家庭婚恋中的不幸遭遇也是形成变态心理的重要因素之一。

性心理障碍者的性心理和性行为尽管偏离了正常的轨道,但不属于道德败坏,对此应有正确的认识。但是,性心理障碍给个人和社会带来的损害都是很严重的,因此应该接受矫治。由于个人的经历及家庭社会的影响,大学生中有少数人存在着较严重的性心理障碍。上述任何一种症状,都会严重影响到大学生正常的生活和学习,影响今后的发展,应当及时向有关专业人员进行咨询,予以治疗。

(二) 大学生性心理问题产生的原因

1. 青春期生理与心理发展的内在冲突

当青少年进入大学以后,生理已逐步发育成熟。单从生理上来看,他们已经具备了进行性行为的自然条件。然而,从心理的角度看,他们还只是学生,无法负担起家庭的重任,他们所获得的各种性观念与性道德也告诉他们在这个时期不应发生超越伦理的性行为。因此,由生理本能所带来的性冲动就和内在的心理发展之间产生了冲突。

2. 对科学性知识欠缺了解

当前,设置性教育课程的大学有如凤毛麟角,许多学校认为没必要开设此类课程。而学生在中学时所接受的生理卫生课,也往往因为高考不涉及此类内容,被老师几句话带过。因此,我国的大学生对性的科学认识很欠缺。由于无法从学校正常的渠道了解到更多的性知识,学生们往往更加好奇,常常会采取其他途径来了解发生在自己身上的变化,这中间很容易会受到一些不良性文化的影响。

3. 性观念的冲突

我国正处在由传统社会向现代社会的转型时期,价值观的多元存在对青年的性观念有很大的影响。一方面有些人受封建的性观念影响,把性看做是低贱和肮脏的。在性教育课堂上,当老师放性生理的录像时,有的人深埋着头不敢看,有的人脸涨得通红很不好意思地看。在心理咨询中常见一些同学对于自己的性困扰不敢直接谈,有的甚至不敢说出"性"和"恋爱"这样的词,这种视性为肮脏、低俗的看法常常造成性无知和性压抑。另一方面有些人受西方"性解放"和"性自由"的影响,强调性的生物性,随意放纵自己的性行为。这些人淡漠了性的道德意识,不了解人类的性行为具有社会道德和规范。

4. 自我意识的不成熟

自我意识是人的自我认识、情感、意志的统一。它包括人的自我体验、自我认识、自我评价和自我控制。一个具有成熟自我意识的人拥有自尊、自爱和自信,认同自己的性别,接纳自己的体征,尊重自己的同时也尊重他人,并拥有较强的意志力,能够理性地调控自己的性冲突。一些大学生出现性心理问题,常常与他们缺乏成熟的自我意识有关。

5. 社会环境中不良性信息的刺激

社会环境中的各种性信息无时无刻不在对青少年的性健康发展产生着重要的影响。书摊上的黄色书刊、电视,电影中的情爱图像,光盘、网络中的不良性信息都对青少年发生性刺激。一些大学生缺少良莠鉴别能力,分辨不清什么是科学性知识、什么是色情文化。他们在浏览这些信息时,难免受到性刺激,产生性冲动。缺少自我控制的人,就有可能发生不当的性行为。

四　维护性健康的途径

大学生们已经到了身体发育成熟的年龄,性的需要是非常自然的事,然而,生理上的成熟并不代表心理上的成熟。那么,什么才是真正的性健康呢?大学生性健康的标准包括:有正常的性需要和性欲望;有科学的性知识;有良好的性道德;有正当的性行为。正常的性需要和性欲望是心理健康的物质基础,科学的性认识是性心理健康的自我调节机制,正当的性行为是符合校纪、道德、法律规则的行为。只有在以上几方面做到协调、通顺,才是具备了健康的性心理。一个人的性行为受制于价值观胜过受单纯的性知识影响。所以,大学生必须了解与性行为有关的道德意蕴,学会用尊重、责任心和自控等基本的道德标准来约束自己的性行为。

何时开始性教育? 这个问题实际上非常复杂,几乎不可能有正确答案。因为无论文化传统、社会环境、施教者、受教者,哪一方面薄弱或者特强,都会闹出笑话来。据国内大多数专家和教育者的观点,最合适开始性教育的时间是儿童十岁前后,他们的理由是:其时正是女孩初潮和男孩初次遗精之前的一两年,这时讲述性知识对孩子来说比较自然而且必要。据说这种观点的流行,与上世纪60年代周恩来总理说过类似的话有关。根据调查,我国大中城市少女初潮的时间大多是小学五年级,而少男初次遗精的时间是初一下半学期或者初二下半学期,两者都有提前的趋势。而学校开展性教育的时间大多从初中开始,也就是说,我们现时开展性教育比上世纪已经比较保守的理论指导还要滞后。

西方国家由于文化传统不同,性的观念比较开放。他们大多主张性教育应从幼儿开始,甚至从孩子出生就开始。理由是,越年幼的孩子对性越没有偏见和顾忌,更容易接受和性有关的概念。性教育的内容不应只是婚恋生育,而是包括认识身体、两性识别等更基础的内容,应从家庭开始始终伴随孩子的成长,最后与学校和社会的教育相融合。

虽然不可能有正确答案,但还是有客观评价标准。一个社会或者一个家庭的性意识是否健康,就看他们能不能像谈论吃饭似的自然从容地谈论性。(罗点点)

(一) 科学地掌握性知识

作为大学生,应该对"性"有一个科学的认识。

性包含着丰富的内涵。性科学是一门综合性的学问。它包括性生理学、性心理学、性社会学、性伦理学、性美学等。性生理学从生理解剖和遗传学上揭示了两性在生理构造上的区别、性器官的功能及性本能的产生,揭示了性的产生发展和成熟的规律。学习性生理学可以使人们去掉性禁忌,减少性神秘感,降低性压抑。性心理学包括性欲和性爱心理、性别角色心理、恋爱婚姻心理及性变态心理等,能够帮助人们了解自己性心理的发展,学会承担自己的性别角色,正确调控自己的性心理。性社会学揭示了性行为的社会属性,强调人要对自身生物的性进行控制,使其符合社会规范,以促进个人身心健康发展和社会的安定繁荣;性美学可以使人们了解如何使个人的性行为符合审美需要……因此大学生们应当努力学习和掌握性科学知识,避免性无知,消除把性仅仅看做生物本能的片面认识。面对社会文化中的性信息,大学生要提高自我鉴别能力,自觉抵制不良性文化的影响。

(二)培养健康的人格

性,不仅仅决定于生物本能,一个人对待性的态度,反映了其人格的成熟。人自身的尊严感和对他人是否尊重,都会在两性关系中充分体现出来。性,其实是人格的一面镜子。

1. 自爱自信,认同自己的性别角色

性别角色意识是一个人社会化成熟与否的重要体现,是心理健康的重要标志。世界是两性的和谐统一。男性和女性在生理和心理上各有自己的特点,各有自己的性别魅力。现代社会的大学生应当在生物生理、社会心理和文化、经济、社会参与以及政治方面,进行合乎科学、合乎道德、合乎时代要求的全面角色认同。尽管现在社会上对同性恋存在着各种不同的观点,但人们对同性恋所引起的社会适应困难的看法是相当一致的。因此大学生应当接纳和欣赏自己的性别角色,发展出适应时代要求的优秀个性特点,例如坚毅与刚强、温柔与关爱等。这些特点是现代人必备的个性品质,它们已经不再专属于传统的男性特点与女性特点。性别角色的认同和胜任是现代人成功适应和发展的重要心理基础。

无论男生或女生,都应当接纳自己的外貌和生理特征的现状。世界上没有完全相同的两个人,每个人都有自己独特的外表美,不必时时与别人进行比较。而且,一个人的外貌及身体的生理特征是先天遗传的,个人无法改变。人最重要的是增强自己的内在美,即增强自己的人格美、气质美、才华美。人常常不是因为美而可爱,而是因为可爱而美丽。当你拥有了自信乐观的心理,拥有了高尚的品格和高雅的气质,你就拥有了令人喜爱的魅力。

2. 对性行为负有社会责任感

如果性行为只停留于手淫、性梦等方式的自我宣泄,不会影响他人。但是如果性行为涉及到另一个人,那么便关涉许多社会责任。性行为可能会

给另一方造成心理和肉体上的伤害,会产生第三个生命。这将意味着影响另一个人的生活,也将影响自己的生活。在大学生中,因发生性关系而自卑内疚者有之,堕胎流产者有之,受到学校处分和法律制裁者有之。一些青年人常说:"不管天长地久,只要曾经拥有。"也许在一时冲动下,拥有了短时间的兴奋和满足,然而,个人能否承担起这"一时拥有"之后的沉重责任? 每一个成熟的大学生都应当了解个人性行为给他人、自我和社会带来的后果,尊重他人,尊重自我,对自我的行为负起责任。大学生要增强自己的性道德和性法律意识,以道德和法律规范自己的性行为。

3. 培养良好的意志品质

大学生自我控制性心理能力的大小,在一定意义上是由个人意志品质的强弱决定的。意志作为为达到既定目的而自觉努力的一种心理状态,具有发动和抑制行为的作用。尽管有的青年人有很强的性冲动,尽管在外界性刺激的情况下,人会急于寻求性的满足,但是,人不同于动物,人有意志力,可以抑制和调整自我的冲动。那些放纵自己的人往往缺乏坚强的意志品质。鲁迅先生曾经说过:"不能只为了爱——盲目的爱,而将别的人生的意义全盘忽略了。"为了自己长远的幸福和个人成功的发展,应当努力培养自己良好的意志品质。

(三) 积极进行自我调节

大学生应该懂得:每个人都应该尊重任何一个他人的存在价值;每个人都应该以希望他人如何对待自己的方式去对待他人;每个人发展自尊与自重都应该建筑于良好的人格标准基础上,即责任心、诚实、善良,并对自己的道德能力有信心;性欲是正常的和健康的,而且,性欲是可以控制的。

对于性冲动,可以采取一些积极的、富于建设性的符合社会规范的方式,来取代或升华,通过投入学习、工作和参加各种文体活动以及男女正常交往等多种合理途径,陶冶个人情操。

(四) 文明适度地进行异性交往

文明适度地进行异性交往,可以满足青年期性心理的需求,缓解性压抑。异性交往有益于完善自我,对个人的恋爱婚姻及成才发展具有重要的作用。但大学生在异性交往时要注意把握分寸,注意场合,规范行为,处理好"友情"与"恋爱"的关系。大学生更应当学会自我保护。女生晚上尽量不要单独外出,更不要单独在男性家中或住所长时间停留。面对异性的非分要求,不要畏惧,要敢于勇敢地说"不"。要以严厉的态度制止和反抗性骚扰,必要时向别人呼救或向公安部门寻求帮助。对于受到性骚扰的经历,不要过分恐惧和自责,因为你是无辜者,谁也无法避免遇到突如其来的意外骚扰事件。为了更快地排除自己的心理困扰,可以向父母、老师、知心朋友宣泄自己的情绪,也可以寻求心理咨询的帮助。

(五) 寻求心理咨询的专业帮助

当个人的方式无法排遣心中的困惑时,心理咨询无疑是最为有效的一种途径。在心理咨询室中,性不再是一个难于启齿的问题,同学们可以尽情地宣泄心中的苦闷。事实上,现在越来越多的大学都建立了心理咨询中心。据不完全统计,在大学生们前来咨询的问题中,与异性的交往问题占据了一半以上的比例,其中或多或少都涉及到性的困惑。当怀着疑虑的你来到心理咨询室的门前时,推开的并不仅仅是一扇普通的门,而是一扇通往心灵的门。

五　勇敢应对性骚扰

性骚扰这一用语最早在美国等西方国家流行。国际劳工组织曾调查了23 个工业化国家,有 15—30％的女雇员称经常受到性骚扰,其中 6—8％因此被迫更换工作;英国某杂志在全国 10 所大学调查,生怕遭受强奸或者性骚扰的女大学生占 25％。性骚扰给受害人造成极大的心理压力,还可能引起生理伤害和疾病。这一普遍性的社会问题引起世界各国关注,1985 年第三次世界妇女大会通过的《内罗毕战略》把"使青年妇女不受性骚扰"列为主要目标之一。

不同形式的性骚扰在中国广大城乡地区各具特色。根据近年来妇女儿童心理咨询热线披露,某些企业、公司招聘的打工妹、女秘书遭受性骚扰的事件日益增多。男上司多采用物质引诱、冒昧求爱、污言秽语、动手动脚、以解雇威胁等手段向女下属进攻、迫其就范。

(一) 什么是性骚扰

性骚扰原指男上司或男雇员用淫秽的语言或者下流的动作挑逗、侵扰女雇员,甚至强行要求与其发生性关系的行为,后引申为社会上以各种非礼的性信息侮辱异性(主要是妇女)或向异性提出性要求的行为。

(二) 性骚扰的三种方式

(1) 口头性骚扰:以下流语言讲述个人性经历或色情文艺。

(2) 行为性骚扰:故意碰撞或触摸异性敏感部位;诱导或强迫异性看黄色录像带或刊物、照片等。

(3) 环境性骚扰:在工作环境设计淫秽图片、广告等。

但最重要的是,这些行为都对受害者造成性心理上的不适感。

(三) 性骚扰的类型

1. 补偿型性骚扰

大多数性骚扰者属于这类男人,由于长期性匮乏或性饥渴导致的一时冲动使他们对女性做出非礼的冒犯举动。此类人的骚扰行径多是出于不同程度的亏损心理,骚扰的目的与其说是想占有女人不如说是想占便宜。

2. 游戏型性骚扰

多是有过性经验的男人,懂得女性的弱点,把女性视做玩物,对女人的非礼和不敬出于有意的游戏心态。这类男人一般是"猎物能手"或花花公子。骚扰的目的是为了猎奇,也为了印证自己的男性"势能"和"本事"。

3. 权力型性骚扰

多发生在老板对雇员或上司对下属,被骚扰者尤以女秘书居多。骚扰者大都受过较好的教育,骚扰时虽然也多出于游戏心态,却比一般游戏者的表现要"高级"且"彬彬有礼"。此类骚扰者大都把女性视为"消费品",且因为明显的利益关系,甚至认为女人喜欢这种骚扰,并把这种骚扰当做自己的

"专利"。

4．攻击型性骚扰

此类男人多半在早年和女人有过不愉快的关系史,对女人怀有较大的恶感和仇恨,把女人视为低等动物或敌人。他们的骚扰有蓄意的伤害性或攻击性,骚扰者有时并不想占有那个女人,不过是满足和平衡他对女人的蔑视和仇恨。

5．病理型性骚扰

这是带有明显病态表现的性骚扰,如所谓的窥淫癖和露阴癖。此类男性骚扰者大都是真正的性功能失调者。骚扰本身能给他们带来强烈的性冲动和性幻想,却无法"治愈"他们,反而会加重其病症。

6．冲动型性骚扰

多指处于青春期的青年由于年轻、好奇或文化素质低,不懂得尊重女性,不具备应有的自制力。他们对女性的骚扰多半起始于性冲动,以发生在熟人间的骚扰居多,往往从游戏和玩笑开始。

(四) 预防性骚扰对策

常见性骚扰及应对策略例举如下:

1．在公共场所被他人用暧昧的眼光上下打量或予以性方面的评价

处理技巧:可以的话立刻抽身离开;如果不行,首先要稳住,用眼神表达你的不满;若对方表现得过分,可直截了当地说"你看什么",也可找人协助,如警察等。

2．在公共汽车内遭遇故意抚摸或擦撞

处理技巧:千万不要退缩或不好意思,应大声叫"请将你的手拿开"以引起公众的注意,使侵犯者知难而退;情况严重时,应告诉司机协助报警;如果穿了高跟鞋,毫不客气地使劲踩他的脚趾吧。

3．遭遇露体狂

处理技巧:应该视而不见,冷静避开。尖叫和惊惶失措只会令骚扰者感到兴奋。

4．电话性骚扰

处理技巧：最好不要用激烈的言辞反唇相讥，因为这可能会引起对方的兴奋。应该用严正的语气说："你打错了电话！"若对方是个经常骚扰的陌生人，只要他打进电话，不妨拿个哨子对着话筒突然猛吹，相信他不会再打电话。

5．别人赠送与性有关的礼物或展示色情刊物

处理技巧：不要畏缩或偷偷将其处理掉，应用坚定的语气向对方说："你的行为实在无聊，若你不收回，我便会投诉。"并将事情转告其他相识的人，留下物品作为证据。

6．上司利用职权向女下属提出无理的要求

处理技巧：对于非工作范围内或无理的要求，你可直接拒绝，即使对方是上司。表示你的不满要加上怒气或微笑，否则骚扰者可能会恼羞成怒或强词自辩。

7．男老师利用职权表示对女同学的"关心"和"照顾"

处理技巧：应该明确地表明你不喜欢他的言行，并提出警告。若事情没有好转或对方威胁，便应该向其他老师、家长或校长寻求帮助。

8．男同学向女老师作出偷窥行为及言语上的骚扰

处理技巧：要采用较强硬的态度，以免他们再犯。可以警告："这是不能忍受的，以后不可以再犯！否则我会正式向你家长提出指控。"

9．女士在男同事面前做出具有性暗示的动作

处理技巧：直接表达你的感受，应该有礼貌但坚决地说："请自重，你这样做令我感到不舒服。"

建议阅读书目：

1. 蔺桂瑞、杨凤池、贺淑曼等编著：《性心理与人才发展》，北京：世界图书出版公司，1999 年。
2.〔英〕霭理士著、潘光旦译：《性心理学》，北京：三联书店，1997 年。
3. 陈一筠：《现代婚姻与性科学》，北京：社会科学文献出版社，1998 年。
4. 田书义、蔺桂瑞、刘晓睛：《性教育学》，北京：首都师范大学出版社，1998 年。

第十二讲

描绘职业生涯发展蓝图

什么是职业生涯规划

舒伯的生涯发展学说

青年职业生涯发展的困惑

职业生涯规划的内容与模式

大学四年如何做好生涯规划

　　"上大学之前我对生涯没什么概念,几乎从没想过我的未来是什么样的。我的家在农村,信息闭塞,十几年来唯一的心愿,就是从父母那儿遗传下来的对繁华的大都市的期盼。随着年龄增长,我的学习成绩一直很好,大概父母亲友都觉得快熬出头了,我就是他们的希望啊,他们对我都特别好。我也春风得意,相信自己有一个美好的未来,但具体是什么样却从没想过。从上小学开始便是按照社会上公认的最好的道路走下去,小学拔尖、重点初中、重点高中、高考大捷……走出了优越也走出了压力,却也越走越迷茫。考虑专业时才发觉,这么多年来学的东西都不是我喜欢得乐此不疲的,可能刚一接触时觉得新鲜,所以学得好。但想到一辈子钻研这些东西做工程师技师之类的工作,总觉得活得不够滋味。那时才隐约感觉到我不是一个能够踏下心来仔细钻研的人。我喜欢过不一样的生活,享受多味人生。于是我选了一个对我来说完全陌生的管理专业,据说这个专业是最轻松的,学生有时间去学习专业以外的各种知识。我的专业就这样草率地定下了,如同一场赌局,前途未卜,希望飘渺,我也迷茫。上大学以后看到有些学生已经开始做兼职,大二就准备分专业,大四一开学就制作简历、关注各种招聘信息了。原来遥在天边的事业,瞬间变得很现实,仿佛就摆在眼前,伸手就可以抓到。我将去向何方?……我在盲目地出发后,渴望有人能帮我理一理头绪,规划前途。”

当青年对未来满怀期待和憧憬时,每一个人首先要思考的一个问题是:我将从事什么样的工作? 我的职业发展领域在哪里? 打开门走出校园、走上社会时,如果不知道自己要去哪里,要干什么,可能得到什么结果,难免会走许多弯路,碰不少钉子。在人生的征程上应该深思熟虑、精心筹划自己的目标之后才出发。有位历史学家说,凡是不把未来考虑在内的必将被未来所覆没。一个人将成为什么样的人很大程度上取决于自己选择了什么样的路。

一　什么是职业生涯规划

法国作家罗曼·罗兰曾经说过,世界上许多事业有成的人,并不一定是他比你机会好,而仅仅是因为他比你能做。职业是自我的延伸。青年的职业生涯规划是否正确,不仅影响个体的心理健康,也影响个人一生的发展。要做职业生涯规划,首先要了解什么是职业生涯规划,以及工作、职业、生涯这些相关的概念。

(一) 职业生涯及相关概念

在日常生活中,我们常常把工作、职业与职业生涯混为一谈,以为找工作就是找职业,从事了某种职业就拥有了职业生涯。诚然,工作、职业与职业生涯是密切相关的概念,但它们并不完全是一回事。

1. 工作

工作是指在某一行业中的具体职位,是有目的、有结果、需要投入时间和精力并持续一定时间的活动,如教师的教学工作。工作不仅仅是谋生的手段,也可以满足人的多种需要(见表 12-1)。

表 12-1　工作可以满足人的不同需要

经济的	社会的	心理的
物质需求的满足 对未来发展的安全感 可用于投资的流动资产 购买休闲和自由时间的资产 购买物品和服务的资产 成功的证明	一个与人们会面的地方 潜在的友谊 人群关系 工作者与家庭社会地位 受人尊重的感觉 责任感 被人需要的感觉	自我肯定 角色认定 秩序感 可信赖感 胜任感 自我效能感 投入感 个人评价

2. 职业

职业是介于"工作"和"生涯"之间的概念,是由一系列相似的职位所组成的一个特定的专业领域,即指一系列的工作,例如教师、医生、律师就是职业。

3. 生涯

生涯不仅仅是工作和职业。"生涯"一词由来已久,在中文里,"生"原意为"活着","涯"原意为"边际","生涯"连起来是一生的意思。在英文里,"生涯"是 career,来自罗马文 via carraria 及拉丁文 carras,指古代的战车。因为在古希腊,career 代表疯狂竞赛的精神,最早用做动词,如驾驭赛马(to career a horse)。后来逐渐引申为道路,即人生的发展道路。生涯是生活中各种事件的演进过程,统合了个人一生中各种职业与生活的角色,由此表现出个人独特的自我发展历程。生涯是人从青春期至退休之后,一连串有酬或无酬职位的组合,除了职位之外,还包括任何与工作有关的角色,如职业、家庭和公民的角色等。简言之,生涯是指一个人一生中所从事的工作,以及所担任的职务、角色,也同时涉及其他非工作/职业的活动。

4．职业生涯

职业生涯是一个人一生中所有与工作相联系的行为与活动，以及相关的态度、价值观、愿望等的连续性经历的过程。职业的发展是个人发展中的重要内容，它涵盖了人的一生，并包括了个人的自我概念、家庭生活以及个人所处的环境、文化氛围的方方面面。职业生涯可以说是一个人终身发展的历程，是个人在人生中所经历的一系列职位和角色。一个人的职业生涯受各方面的影响，如本人对终生职业生涯的设想与计划、家庭中父母的意见、配偶的理解与支持、组织的需要与人事计划、社会环境的变化等，这些都会对职业生涯有所影响。在一定程度上，职业生涯可以说是多方面相互作用的结果。

（二）职业生涯规划

职业对一个人一生的发展至关重要。生活中常常可见这种现象，有的人在职场中春风得意、如鱼得水，而有的人则茫然无措、理想失落、无处寻觅。究其原因可能有很多种，但最主要就是没有对自己的职业生涯进行规划，对自己的工作没有准确定位，没能恰如其分地估计自己的特点，把自身长处充分发挥出来，真正找到并从事自己最适合的工作。

李开复的选择。美国电气和电子工程师协会院士、前微软公司全球副总裁、现 Google 公司全球副总裁兼中国区总裁、世界知名的计算机专家李开复博士祖籍四川，1961 年 12 月出生于台湾，11 岁赴美求学，1988 年获得卡内基•梅隆大学计算机博士学位。他开发的世界上第一个"非特定人连续语音识别"系统，曾被美国《商业周刊》评为 1988 年最重要的科学发明之一。李开复博士在回顾自己人生发展的轨迹时，对自己在职业兴趣方面的重大抉择至今难以忘怀。"我刚进入大学时，想从事法律或政治工作。一年多后我才发现自己对它没有兴趣，学习成绩也只在中游。但我爱上了计算机，每天疯狂地编程，很快就引起了老师、同学的重视。终于，大二的一天，我做了一个重大的决定：放弃此前一年多在全美前三名的哥伦比亚大学法律系已经修成的学分，转入哥伦比亚大学默默无名的计算机系。我告诉自己，人生只有一次,不应浪费在没有快乐、没有成就感的领域。当时也有朋友对我说,改变专业会付出很多代价,但我对他们说,做一个没有激情的工作将付出更大的代价。那一天,我心花怒放、精神振奋,我对自己承诺,大学后三年每一门功课都要拿 A。若不是那天的决定,今天我就不会拥有在计算机领域所取得的成就,而很可能只是在美国某个小镇上做一个既不成功又不快乐的律师。"

职业生涯是人生极为重要的方面,是社会与个人、整体与个体的联结点。从心理层面来说,在职业生涯中,人们的自我意识伴随着职业角色的发展而发展,在社会发展、职业组织发展的前提下,个人的需要得到了满足,个人的潜能得到了发挥。可见,职业生涯是人们求得自我实现的最主要途径之一。职业生涯规划指的是一个人主动地、自觉地对其一生中所承担职务及其发展历程所作的预期和计划。我们每一个人都应该去探索自己适合做什么,应该做什么,以及怎样实现自己的目标。

1. 职业生涯的特点

第一,方向性。在不同工作性质的岗位上,人们从事的职业在目标、内容、方式、场所上有很大差别。第二,连续性。职业生涯统合了人一生中依序发展的各种职业角色。从过去、现在到未来,人们从事相对稳定的、有收入的、专门类别的工作,发挥个人能力,并为社会作贡献。第三,独特性。每个人都是独特的、唯一的,因此,每个人的职业生涯也是独特的,不可复制,不能简单类比,只有适合自己的工作才是最好的。第四,综合性。职业生涯不仅影响职业发展,也会影响到生活。比如有些人工作虽然收入很好,但工作的时间很长,不仅没有时间休息,甚至会影响到社会生活,影响到和家人相处。

谁更出色。《伊索寓言》中有这样一个故事:有一天,森林里百兽聚会,大家都拿出自己的看家本领,尽情欢乐。一只金丝猴为大家表演了舞蹈,获得全场一直好评,掌声如雷般持续不断。在一旁观看的骆驼见金丝猴的舞蹈这么叫座,也想为自己赢得一些掌声,他也要求为大家助兴,舞上一段,可是,它笨拙的动作毫无美感可言,得到的只是一片嘘声,在羞愧难当之中,那头想出风头的骆驼伤心地哭了。它之所以遭遇如此的结果,原因在于没有发挥自己的长处,以己之短与金丝猴的长处相比较。假如它能择其优势而表演之,表现它走走沙漠的耐力,肯定会赢得大家的掌声。

故事虽简单,却说明了一个道理,在充满机遇和挑战的快速变化时代,只有了解自己,知己知彼,扬长避短,才能发展自己独特的职业生涯。

2. 职业生涯规划的目的

职业生涯规划强调的是个人该如何为自己作出适当的选择,焦点也在于探讨个人如何规划自己未来的生涯发展。职业生涯设计的目的绝不仅是帮助个人按照自己的资历条件找到一份合适的工作,达到与实现个人目标,更重要的是帮助个人真正了解自己,为自己定下事业大计,筹划未来,拟定一生的发展方向。每个人都应当审时度势,为自己筹划未来。有了事业的目标,生活才有方向;有了事业上的追求,生活才有动力。对自己的职业生涯进行设计规划就是将自己的理想化为现实的人生,把对未来事业发展的预期转变为明确的行动步骤。大学生正处在对个体职业生涯的探索阶段,这一阶段的职业选择对大学生今后职业生涯的发展有着十分重要的意义。

职业生涯的先驱者。在指导运动中,最有影响的人物是弗兰克·帕森斯(Frank Parsons),后人称之为指导运动之父。1908 年,帕森斯出版了一本书,名为《选择职业》(*Choosing a vocation*, 1909),这是最早的职业指导书籍之一。帕森斯本人的生活经历使他有资格写这样一本书:他学过土木工程,在一家钢厂做过普通工人,又在几所大学教过书,学习过法律,竞选过波士顿市市长,没有成功,最后便投身于社会工作。帕森斯在书中详尽地叙述了系统职业指导的指导思想和技术。他概括了职业指导的三个要素:(1) 清楚地了解自己的态度、能力、兴趣、智谋、局限和其他特性;(2) 提供职业的知识与信息,即成功的条件及所需知识,在不同工作岗位上所占有的优势、不足和补偿、机会和前途;(3) 上述二条件的平衡,即根据自身条件及职业信息恰当地判定职业方向。因此,解决个人选择职业的关键,就在于个人的特质和特定行业的要求条件是否相配。这种步骤被称为特质—因素理论(trait-and-factor theory),成为大专院校中许多职业指导方案的基础。

另一位先驱者戴维斯(Jessie B. Davis)是首先在学校开始辅导活动的人士之一。他于 1898 年在底特律市建立了一个教育职业指导中心。据说他也是第一个使用"咨询"(counseling)这一术语的人。学校辅导工作者关心学习迟钝、学业不振(underachievement)、残疾儿童的特殊困难、逃学、少年犯罪等问题。

通过这些先驱人物的努力,指导运动得到社会的广泛认可,政府和学校当局也采取了积极支持的态度。1913 年,美国的全国职业指导协会(NVGA)宣告成立。

二 舒伯的生涯发展学说

舒伯(Super)发展出一个诠释职业发展的生涯发展。舒伯认为,个人在能力、兴趣、人格特质上均有差异。每个人在个性特质上各有所适,每种职业均要求特别的能力、兴趣、人格特质,但是有很大的弹性可容许个人从事某些不同的职业,也容许某些不同的个人从事同样的行业。个人职业喜好、能力、工作环境和自我观念随着时间与经验改变,因此职业的选择适应成为一种持续不断的过程。

(一) 生涯发展阶段说

舒伯认为可依据年龄将每个人生阶段与职业发展配合,将生涯发展阶段划分为成长、试探、建立、保持与衰退五个阶段,具体如表 12-2 所示。

在上述舒伯的生涯发展阶段中,每阶段都有一些特定的发展任务需要完成,而且前一阶段发展任务的完成与否关系到后一阶段的发展。

舒伯认为在人的生涯发展中,每个阶段都要面对成长、探索、建立、维持和衰退的问题。例如,一个大学一年级的新生,必须适应新的角色与学习环境,经过"成长"和"探索",一旦"建立"了较固定的适应模式,同时"维持"了大学学习生活之后,又要开始面对另一个阶段——准备求职。原有的已经适应的习惯会逐渐衰退,继而对新阶段的任务又要进行"成长"、"探索"、"建立"、"维持"与"衰退",如此周而复始。

表 12-2　舒伯生涯发展阶段及发展任务理论

	成长期(14岁以下)	探索期 (15—24岁)	建立期 (25—44岁)	维持期 (45—64岁)	衰退期 (65岁及以上)
描述	经过家庭、学校中重要人物的认同,开始发展自我概念;需要与幻想为此一时期最主要的特质;随着年龄增长,社会参与及现实考验逐渐增加,兴趣与能力逐渐重要。	在学校、休闲活动及各种工作经验中,进行自我检讨、角色探索及职业探索。	寻求适当的职业领域,逐步建立稳固的地位;职位、工作可能变迁,但职业不会改变。	逐渐取得相当地位,重点在于如何维持地位,很少有新意;面对新进人员的挑战。	身心状况衰退,原工作停止,发展新的角色,寻求不同方式以满足需要。
阶段	(1)幻想期(4—10岁):需要为主;幻想中的角色扮演甚为重要。 (2)兴趣期(11—12岁):喜好是个体抱负与活动的主要决定因素。 (3)能力期(13—14岁):能力逐渐具有重要性,并能考虑工作条件。	(1)探索期(15—17岁):考虑需要、兴趣、能力及机会,作暂时的决定,并在幻想、讨论、课程及工作中加以尝试。 (2)过渡期(18—21岁):进入就业市场或专业训练,更重视现实的考虑,并企图实现自我概念;一般性的选择转为特定的选择。 (3)尝试期(22—24岁):生涯初定并试验其成为长期职业生活的可能性,若不适应则可重新确定方向。	(1)试验—承诺稳定期(25—30岁):寻求安定,可能因生活或工作上多次变动而尚未满意。 (2)建立期(31—44岁):致力于工作上的稳固;大部分人处于最具创意时期,资深、表现优良。	45—64岁	65岁及以上
任务	发展自我形象,发展对工作世界的正确态度,并了解工作的意义。	(1)职业偏好逐渐具体化。 (2)职业偏好特殊化。 (3)实现职业偏好。	调整、稳定并求上进。	维持既有成就与地位。	减速、解脱、退休。

(二)生涯彩虹图

舒伯还提出了一个更为广阔的新观念——生活广度、生活空间的生涯发展观。这个生涯发展观,除了原有的发展阶段理论之外,舒伯加入了角色理论,将生涯发展阶段与角色间的交互影响描绘成一个多重角色生涯发展的彩虹图(见图 12-1)。

在生涯彩虹图中,横向层代表的是横贯一生的生活广度,外层显示人生

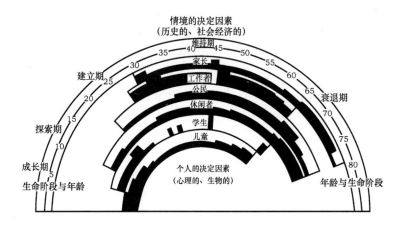

图 12-1　生涯彩虹图(舒伯,1980)

主要的发展阶段和大致估算的年龄——舒伯特别强调各个时期年龄划分有相当大的弹性,依据个体的不同情况而定,纵向层代表的是纵贯上下的生活空间,由一组职位和角色所组成。舒伯认为人在一生当中必须扮演九种主要的角色,依次是:儿童、学生、休闲者、公民、工作者、夫妻、家长、父母和退休者。彩虹图中未将"退休者"列入;夫妻、家长、父母等角色则并入"家长"一类中。不同角色的交互影响交织出个人独特的生涯类型。

每个人踏入学校之后,其一生必然多数时候同时在不同的舞台上扮演不同的角色。从结婚、谋得第一个职业开始,不同角色先后或同时在人生舞台上出现,直至退休。之后,仍有几种角色延续至终老。角色之间是交互作用的,某一个角色上的成功,能带动其他角色的成功,反之,一个角色的失败,也可能导致另一角色的失败。舒伯进一步指出,为了某一角色的成功付出太大的代价,也有可能导致其他角色的失败。

人的社会任务或职业生活不断变化,角色也随之变化,从一个角色进入另一个角色,这个过程称为角色转换。角色转换的变化从根本上说是社会权利和义务的变化。大学生就业后的社会角色转换不是瞬间发生和完成的,而是需要一个过程。

彩虹图中的阴影部分表示角色的互相替换、盛衰消长。它除了受到年龄增长和社会对个人发展任务期待的影响外,往往跟个人在角色上所花的时间和感情投入的程度有关,也跟角色理论中显著角色的概念有关。如彩虹图所示,成长阶段最显著的角色是儿童,探索阶段(15—20岁)是学生,建立阶段(30岁左右)是家长和工作者,维持阶段(45岁左右)工作者的角色突然中断,又恢复学生角色,公民与休闲的角色逐渐增加。显著角色的概念可以使我们看出一个人一生中工作、家庭、休闲、学习研究以及社会活动对个人的重要程度,以及对个体不同的发展阶段所具有的特殊意义。

大学生正处于生涯探索期和建立期的转换阶段,主要的发展任务就是通过探索,发现自己及认定工作世界,包括一连串透过工作或工作世界所提供的资料及刺激,结合对个人需要、兴趣、人格、价值观、工作角色及能力的澄清,对未来的职业生涯发展目标建立更明确的导向。

三 青年职业生涯发展的困惑

人生充满了选择,职业选择是人生最重要的选择之一。这不仅因为职业活动占据了人生最宝贵的时间,而且因为在职业岗位上所取得的成就体现了一个人一生的主要创造,是人生价值的主要体现。从这种意义上讲,选择职业就是选择自己的未来。那么我们应该选择什么样的职业,又该怎样选择自己的职业呢? 每当"就业季节"到来,大学校园里无论本科生还是研究生,都开始为找工作而奔忙。但是,许多青年学生面对求职择业感到非常迷茫,存在许多困惑,比如:不知道自己能干什么;不知道自己喜欢干什么;不知道自己适合干什么;不知道自己所学专业未来的发展状况;不知道哪些机构需要自己所学的专业;不知道现在应该继续深造还是应该出国留学或者就业。

我的困惑。"我出生在落后的豫西农村,那里虽然地势平坦,土壤肥沃,但以农业为生的祖祖辈辈在今天只能过着贫苦的日子,在艰辛的生活中长大,我深知庄稼人的辛苦。知识改变命运,上大学是农村孩子改变家庭面貌的唯一出路。于是我非常努力地学习,以至于学习几乎成了以前生活中的唯一事情。而对于其他方面我关注得少之又少。去年高考我以优异成绩被自己理想的大学录取,成功的喜悦是无法用语言表达的。但对于以后的路该怎么走,我很迷茫。我好像突然失去了奋斗的目标、前进的动力,我感到无所适从。"

近年来,大学毕业生找工作难的现象引起社会强烈关注,成为热门话题之一。好不容易找到了工作,签了合约,但不到岗,或者工作很短时间就跳槽的现象很普遍。企业对大学生的高流动率也非常无奈。究其原因,缺乏对自己的全面探索,缺少必要的就业前的职业规划,缺少对职场的了解,可能是造成很多职场新人刚踏上工作岗位就有了职业失落感的主要原因。

第一份工作调查。2004 年 4 月北森测评网与劳动和社会保障部劳动科学研究所、新浪网联合了进行的《当代大学生第一份工作现状调查》。结果表明:第一,在找到第一份工作后,有 50% 的大学生选择在一年内更换工作,两年内,大学生的流失率接近 75%,比例之高令人震惊;第二,33% 的大学生是"先就业后择业",第一份工作仅仅是由学校到社会的跳板,16.3% 的人"没有太多考虑"就"跟着感觉走"地选择了第一份工作;第三,正确的职业选择应兼顾兴趣、爱好和未来的发展空间,但事实是仅有 17.5% 的人在择业的同时考虑了这两个因素。

诚然,职业生涯规划是个新的课题。在以前计划经济时代,一切都是按计划进行,大学生从入学到毕业都由国家负担。毕业时由国家分配,自己没有选择的自由。我们的父辈熟悉的口号是"一颗红心两手准备,党指向哪里就打向哪里"、"革命战士一块砖,哪里需要哪里搬"、"进了大学的门,就是国家的人"、"一切听从党安排",关于自己的职业生涯没有太多的自主规划。从严格意义上讲,以往的青年是不需要生涯设计的。然而,即使是砖也有青砖、红砖、泡沫砖、花岗岩等区分,各有各的特点,适合于不同的环境与功用。如果不加以区别对待,做自己力所不能及的事,结果必然是自愧不能、丧失信心,对个人、对社会都将是人力资源的浪费。

自从改革开放以来,我国社会正经历着巨大的转变,市场经济的快速发展带来了更多的机会,社会变迁与社会流动日益加速,人才的竞争加剧。今天,社会上所有人都需要进行自我生涯发展的规划。依据生涯发展理论,选择一份符合自己天赋与兴趣的职业,不仅能带来人生的快乐,而且能让个人在工作中更有竞争力,更多贡献于社会。但下面的调查结果所揭示的与此明显悖逆,促使我们深入思考规划职业生涯发展的必要。

大学生职业生涯规划现状。 2004 年 6 月 28 日～7 月 7 日期间,北森测评、新浪与《中国大学生就业》杂志共同实施了一次大型调查,采用在线填答形式,共收集有效问卷 2627 份。参与调查人群包括在校非应届大学生、硕士生、博士生、应届毕业生及毕业超过一年的人等典型人群。调查显示,大学生对于个人职业生涯规划满意度整体水平不高。各项调查指标的满意度最高没有超过 3.6 分(5 分表示非常满意),其中对"职业生涯规划现状"和"求职方法和技巧"的满意度最低,对"清楚了解自己个性"满意度最高。有40% 的大学生在调查中表示,不愿意从事与自己专业相一致的工作。从职业发展的角度来看,放弃自己的专业需要承担非常大的机会成本,同时也会带来心理、家庭等诸多问题,而这些问题的融合需要专业职业发展人员系统的服务。

大学生在求职过程中,学校就业中心是他们获得外界工作信息及职业规划指导的一个主要途径。但是,对就业中心的各项情况和服务表示出满意或比较满意的调查者不到总数的 15%,而选择"一般"的调查者占总调查人数的 30%,另有 30% 的学生根本不了解就业中心的情况和服务。

调查还显示,曾经接受过系统职业生涯规划服务的人只占到所有被访者的 5%。这一方面说明无论是学校就业中心还是社会层面相应的服务机构提供的服务体系并不完善;另一方面也说明职业生涯规划服务市场还有很大的拓展空间。

在现实生活中,当大学生面临职业选择或职业困惑时,他们最主要的解决途径是自己思考解决,占到了 44%;其次是与父母和同学商量,分别为12% 和 15%;选择由专业机构对自己进行指导的学生仅占一成。

虽然现实生活中大学生较少使用系统的职业生涯规划服务,但是面对未来的发展,超过 80% 的人还是认为职业生涯规划在自己心目中地位重要或非常重要,70% 以上的人表示需要或者非常需要职业生涯规划服务的指导。(《中国青年报》2004 年 8 月 23 日)

四 职业生涯规划的内容与模式

马克思在《青年人选择职业》一文中这样忠告青年:"如果我们选择了力不胜任的职业,那么我们决不能把它做好,我们很快就会自愧无能,并对自己说,我们是无用的人,是不能完成自己使命的社会成员。由此产生的必然结果就是妄自菲薄。"因此,我们在选择职业的时候,"应该遵循的主要指针是人类的幸福和我们自身完美的统一"。(《马克思恩格斯全集》第40卷,北京:人民出版社,1982年,第6页)

人生航程的罗盘。生命总是神秘莫测,难以预料。不过也正因为这样人生才多彩多姿、充满魅力。任何对人生目标的精密规划和设计都可能随着时间的推移而变得不合适宜,但是航行在人生的大海上,有一张通向远方的航海图和一个简易的罗盘,应该比毫无准备地驶入好些。对未来的深入探讨与规划会使你更有信心和能力去面对充满挑战的未来。每个人都需要着眼于职业生涯发展,在对自己的兴趣、爱好、能力、特点及客观环境深入了解的基础上,进行综合分析与权衡,通过恰当的规划为自己确立职业方向和目标,确定教育和发展计划,制定行动策略,实现个体的全面最优发展。一言以蔽之,进行大学生涯规划的目的是为了使你的人生更精彩,使你的大学生活无憾。

职业生涯将伴随人生最宝贵的时间,拥有成功的职业生涯才能实现完美人生。因此,职业生涯规划对于大学生的人生发展具有特别重要的意义。在职业生涯规划中有这样一句话发人深省:你今天站在哪里并不重要,但是你下一步迈向哪里却很重要。现代社会,规划决定命运。有什么样的规划就有什么样的人生。成功的人生需要正确的规划。人生是有限的,越早规划你的人生,你就能越早成功。

(一) 职业生涯规划的意义

1. 协助个人认识自我、开发潜能

职业生涯规划可以协助大学生正确认识自身的个性特质、兴趣和能力

倾向,对自身的优势与劣势进行理性的分析;了解自己的职业价值观,树立明确的职业发展目标与职业理想;将职业目标与实际相结合,作出恰当的职业定位;学会运用科学的方法、采取可行的步骤与措施,不断增强自己的职业能力,实现职业目标与理想。

2. 协助个人规划自我、实现理想

职业发展规划有如一张生命蓝图,它引导你一步步实现自己的职业理想。人无论做什么都需要制定一个适合自己的目标,然后制定为达到目标而实施的具体计划。明确的职业生涯规划,可以使你把理想与现实的努力结合起来,脚踏实地地努力。例如,你的学习计划,你的知识、能力准备,你对各种职业信息的收集,你的社会实践的锻炼等。当今的时代是一个挑战和机遇并存的时代,机遇总是垂青于那些有准备的人。一个善于规划自我的人,总能把握自己的命运。

3. 协助毕业生进行理性的就业选择

大学生对职业生涯规划的明确程度,直接影响到毕业选择。有关部门对职业生涯规划明确程度与毕业选择满意度的相关性分析说明:职业生涯规划明确程度与毕业选择满意度之间有显著的联系,职业生涯规划越明确,毕业选择的满意度越高。反之,职业生涯规划明确程度越低,则毕业选择的满意度就越低。由于一些大学生没有真正理解职业生涯规划的确切含义,对职业生涯规划的重要意义认识不足,不了解职业生涯规划的程序,缺乏进行规划的具体技巧,因此在毕业选择时不是盲目追赶社会潮流,就是随意效仿别人,常常表现得被动和不知所措。

4. 协助个人作有效的决定

通过职业生涯规划,大学生可以对自我和职业环境进行深入、具体的探索,并对各种信息进行综合与评估,在此基础上作出选择和决定,并且掌握实施决定的各种具体技巧,例如具体的求职过程,如何写简历、进行面试、再评估和调整自己的选择等。有了这些具体、充分的准备,就能作一个有效的决定,勇敢地迈出职业生涯发展的第一步,为以后的职业成功奠定坚实的基础。同时,也大大提升了应对竞争的能力,因为这其中的每一个细节都包含着成功与失败。当今社会处在一个充满着激烈竞争的时代,无论是毕业时的职业选择,还是职业发展中的竞争都非常突出,要想使自己在激烈的竞争中脱颖而出并保持立于不败之地,必须设计好自己的职业生涯规划。

(二)职业生涯规划的主要内容

大学生涯规划应当是个性化的,是量体裁衣式的,没有一个对所有人都适用的方案,但有些内容是共同的,即人生理想、学习目标、生活目标、职业生涯。

1. 生涯规划的要素

第一,了解自己:年龄、性格、兴趣、限制、生活方式等;第二,了解工作的世界:工作的要求、环境、发展机会、前景;第三,培养抉择能力:选择适合自己的工作;第四,培养个人面对转变的弹性。(见图 12-2)

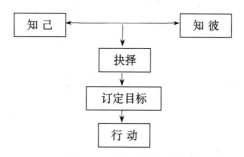

图 12-2　职业生涯规划图

2. 人生理想的规划

近年来,理想一词似乎从学生的常用词汇中淡出了,人们更多地关注现实问题,但事实上,人生观、价值观、人生理想仍引导大学生前进的方向。青年马克思 16 岁时,在自己的中学毕业论文中说为人类的幸福而努力并身体力行;青年周恩来发出了为中华之崛起而读书的誓言;爱因斯坦 16 岁时在作文中写道:对于一个严肃认真的青年人来说,他应当为自己所向往的目标树立尽可能明确的思路。人生目标确定以后,促使个体意志服从于这一目标并成为内驱力,使人把自己的感情、信念、意志、精力都倾注其中。在大学期间,必须确定自己的人生目标,换句话说,为自己定位。如果问大学生"上大学以前,你的理想是什么",可能绝大多数同学回答考大学;但"考上大学干什么",是不是为工作呢?一些大学生的人生目标不够清晰,上大学后有一种车到码头船到岸的安逸心态,只求安安稳稳地混文凭,开开心心地度日月,忙忙碌碌地谈恋爱,紧紧张张地忙考试。尽管这样的学生不是很多,但作为一种现象是存在的。

3. 学习目标的规划

在大学里,各人的学习任务有所分化:有的是为职业做准备而学习,即学习技能性知识;有的是为将来研究做准备而学习,即学习基础性知识;还有的是为学习而学习,换句话说这些大学生就是没有学习目标的漂流者。事实上,在科学的道路上,没有任何捷径可走,这是在小学就学习到的。将来的社会是一个学习社会,这个社会的特征就是知识不再是一成不变的,大学文凭仅仅说明你接受过大学教育,除此之外,什么也不能说明,不再是一种身份。

4. 生活目标的规划

理想的生活就是生活的理想,我们所做的一切努力都是为了追求我们心中想要的生活。

生涯幻游活动。"典型的一天"指导语:请闭上眼睛,放松身体。接下来,让我们一起坐在时光隧道机里,来到五年后的世界,也就是公元 XX 年时的世界。算一算,这时你多少岁?容貌有变化吗?请你尽量想象五年后的情形,愈仔细愈好。

好,现在你正躺在家里卧室的床铺上。这时候是清晨,和往常一样,你慢慢地张开眼睛,首先看到的是卧室里的天花板。看到了吗?它是什么颜色?

接着,你准备下床。尝试去感觉脚指头接触地面那一刹那的温度,凉凉的还是暖暖的?经过一番梳洗之后,你来到衣柜前面,准备换衣服上班。今天你要穿什么样的衣服上班?穿好衣服,你看一看镜子。然后你来到了餐厅,早餐吃的是什么?一起用餐的有谁?你跟他们说了什么话?

接下来,你关上家里的大门,准备前往工作的地点。你回头看一下你家,它是一栋什么样的房子？然后,你将搭乘什么样的交通工具上班？

你快到达工作的地方,首先注意一下,这个地方看起来如何？好,你进入工作的地方,你跟同事打了招呼,他们怎么称呼你？你还注意到哪些人出现在这里？他们正在做什么？

你在你的办公桌前坐下,安排一下今天的行程,然后开始上午的工作。早上的工作内容是什么？跟哪些人一起工作？工作时用到哪些东西？

很快地,上午的工作结束了。中餐如何解决？吃的是什么？跟谁一起吃？中餐还愉快吗？

接下来是下午的工作,跟上午的工作内容有什么不同吗？还是一样的忙碌？

快到下班的时间了,或者你没有固定的下班时间,但你即将结束一天的工作。下班后你直接回家吗？或者要先办点什么样的事？或者要参加一些什么其他的活动？

到家了。家里有哪些人呢？回家后你都做些什么事？晚餐的时间到了,你会在哪里用餐？跟谁一起用餐？吃的是什么？晚餐后,你做了些什么？跟谁在一起？

就寝前,你正在计划明天参加一个典礼的事。那是一个颁奖典礼,你将接受一项颁奖。想想看,那会是一个什么样的奖项？颁奖给你的是谁？如果你将发表得奖感言,你打算讲什么话？

该是上床的时候了,你躺在早上起床的那张床铺上。你回忆一下今天的工作与生活,今天过得愉快吗？是不是要许个愿？许什么样的愿望？

渐渐地,你很满足地进入梦乡。睡吧！一分钟后,我会叫醒你……（一分钟后）我们渐渐地回到这里,还记得吗？你现在的位置不是在床上,而是在这里。然后,现在我从10开始倒数,当我数到0的时候你就可以睁开眼睛了。好,10—9—8—7—6—5—4—3—2—1—0。睁开眼睛。你慢慢地醒过来,静静地坐着。（《金树人生涯咨商与辅导》,台北：东华书局,1997年）

讨论：生涯幻游讨论时有几个重点（Brown & Brooks,1991）：

（1）幻游时有无困难？哪里有困难？当你感到为难时有何情绪反应？外面的杂音困扰你吗？

（2）幻游各阶段的转换,有何特殊的感觉,有特别高昂或低潮的情绪吗？在哪些地方的停留有困难？

（3）哪些是最强烈的感觉(正、负面)？

（4）有哪些关键的人物出现？他们是谁？扮演什么角色？

（5）对于了解自己或是自己的问题,你能从中学到什么？

（6）幻想中间出现的,有无难解的问题？

（三）职业生涯规划的不同模式

在一个变化无常的世界里,不可能会有一成不变的事物,包括职业目标。一切都在运动中变化,而我们在这一变化过程中很容易迷失自己。人生在世,最紧要的不是我们现在所处的位置,而是我们未来要去的方向。因此,我们要去努力发现自己最正确的发展方向,这种方向不一定是最佳的,但却一定是最适合我们的,最能够实现自身价值的。人是职业的人,我们应沿着怎样的职业轨迹成长才能实现自我的人生价值呢？

1. 斯温的生涯规划模式

从斯温的生涯规划模式(图 12-3)可以得知,在整个人生历程中,想要达

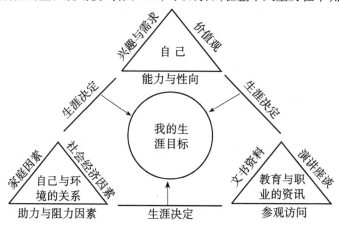

图 12-3　斯温的生涯规划模式

成每一阶段的任务与目标(如中间圆形),必须同时考虑三个生涯探索的重点(如旁边三个三角形)。培养生涯规划的能力包括:认识自己的能力、性格、兴趣、人格特质、价值观等;了解工作世界,包括工作世界资讯的搜集、分析判断以及作决定;增强解决问题的能力,评估环境、社会经济的助力与阻力。

2. 格林豪斯的生涯规划模式

格林豪斯特别强调职业决定乃一动态过程,并将这个过程划分成八个步骤,认为个人透过信息收集、认识自己和环境、设定目标、发展行动计划、执行完成行动计划、朝向目标达成、获得回馈和工作评估这些阶段,为自己作出完整的生涯规划。

第一步,寻求生涯线索:包括收集个人和环境的信息。第二步,认识自我和环境:个人更深入且精确地认识自己的特质和环境的特性;个人对自我和环境的认识程度愈高,愈能够设立合乎实际的生涯目标和生涯规划策略。第三步,目标设立。第四步,生涯策略:根据前面三个步骤设立自己的生涯目标和生涯策略(策略指行动计划,该计划指导个人实践生涯目标)。第五步,策略完成。第六步,导向目标的过程:个人将生涯策略付诸行动,逐步达成生涯目标。第七步,回馈(工作或非工作):通过回馈,个人追踪和评估其生涯目标的实现情形,修改或增强该生涯目标。第八步,生涯评估。

这八个步骤可整合成两大阶段:第一阶段包括步骤一到步骤四,为"生涯计划"阶段;第二阶段包括步骤五到步骤八,为"生涯评估"阶段。按照该模式,我们可以尝试将大学生的择业过程区分成两个阶段:一个是报考大学前思考选择的阶段,另一个是学生根据在校期间接受社会化过程中的绩效回馈来评估自己的选择。

3. 5W 分析法

(1) Who am I(我是谁)? 面对自己,真实地写出每一个想到的答案,并按重要性排序,比如自己的专业、家庭情况、年龄、性别、性格、动手能力、思考能力等等。

(2) What will I do(我想做什么)? 可以从小时候回忆,将自己喜欢做的事情写下来。

(3) What can I do(我会做什么)? 可以把自己有能力做的,还有通过潜能开发能够做的事写下来。

(4) What does the situational allow me to do(环境支持或允许我做什么)? 将自己所处的家庭、单位、学校、社会关系等各种环境因素考虑进去。

(5) What is the plan of my career and life(我的职业与生活规划是什么)?

4. SWOT 分析法:

SWOT 是"优势、劣势、机遇、威胁"四个英文词第一个字母的组合。优势:学了什么、做过什么、最成功的是什么、忍耐力如何;劣势:性格弱点、经验或经历中欠缺什么、最失败的是什么;机遇:现在的就业形势、各种职业发展空间、社会最急需的职业;威胁(挑战):专业过时、同学竞争、薪酬过低。

根据家长、老师和同学们的评价,借助于性格测验,发现自己是一个较为外向开朗的人还是内向稳重的人;对哪些问题较为感兴趣,如经济问题还是管理问题;或擅长哪些技能,如分析、对数字敏感、语言表达能力等;也可分析出自己的一些弱点。

通过上述方法,仔细分析就业形势与自己能力的匹配情况,规划好自己的职业生涯。

5. 内外因分析法

人生的整体规划离不开个人所从事行业的影响。如果在西方炒股,20世纪 60 年代炒钢铁,70 年代炒化纤,80 年代炒网络,90 年代炒微电子,那么新世纪呢? 有人说炒生物科技,有人说炒航空技术……众说纷纭,时代是不断发展的,社会是逐渐进步的,整个社会的发展都有其行业发展的轨迹。

俗语道:"女怕嫁错郎,男怕入错行。"在职海中择业,有如下四个问题值得考虑:

第一,冷门还是热门。热门职业一般薪酬高,但我们决不能以此定职业。必须分析自己的能力所长,对已经表露出来的职业兴趣和职业特长要特别珍惜,尽量寻找符合自己特长的职业。即使一时无法就职于自己喜欢的职业也没有关系,可以在以后工作中逐步调整。

第二,稳定还是不稳定。中国有句老话:"三十年河东,三十年河西。"以前很红火热门的职业,现在可能一点都不吃香。但是职业稳定的概念却是相对的,计划经济时,所有职业都是稳定的,而现在,即使是公务员也有淘汰机制。所谓的不稳定,不是职业的不稳定,而是企业、单位的不稳定。作为社会分工的各种职业,在社会上永远都是需要的。

第三,大公司还是小企业。大公司优点很多,比如有良好的福利、晋升、培训体系,就职经历为以后求职带来便利;但是缺点也很明显,因为大企业人才济济和分工过细、过于明确,个人长处就不易被发现,其他能力可能很难得到锻炼。相对于大公司,在小公司工作,可能身兼数职,更能展示才能,职业发展空间可能会更广阔。

第四,大都市还是小城镇。人才结构呈金字塔形,高端人才少;人才分布呈山地型,有的地方人才多,是高地,有的地方人才少,是平地。东北振兴、西部开发和中部崛起,这些地区的发展对中高级人才的需求都非常大。中西部地区更是对人才求贤若渴,每年都会从发达省市甚至国外引进优秀人才。

6.心理测验法

美国职业心理学家霍兰德(John Holland)根据多年实践与研究,提出职业性向的六角型理论。他认为有六种职业类型:(1)现实型;(2)研究型;(3)艺术型;(4)社交型;(5)商业型;(6)守规型。他认为个人和工作领域都是由这些类型综合而成的。六种人格类型及相应的职业类型(见图12-5)如下。

(1)现实型

现实型领域对个人有实质上的要求。这类工作场合常有个人操控的工具,如机器或动物。人们需要有技术能力来从事类似机器修理、电器设备维护、驾驶车辆或卡车、豢养动物或者其他实质技术等工作。在此领域中,处理事物的能力比待人接物的能力来得重要。这种类型的人喜欢有规则的具体劳动和需要基本技能的工作,但缺乏社交能力,适合从事的主要是熟练的手工工作和技术工作,如制图员、司机、电工、机械工、运输工、产业工人以及木工、瓦工、铁匠、修理工等。

(2)研究型

研究型人格的人比较喜欢猜谜或者是需要用到智慧思考的挑战游戏,他们善于学习,并对自己能解决科学上的问题感到自豪。他们也喜欢阅读

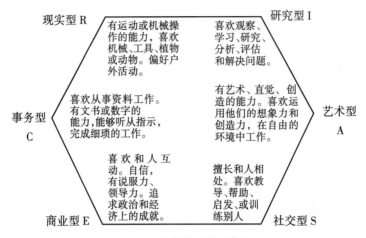

图 12-5　霍兰德理论示意图

有关科学的书刊,倾向于在工作中独立地解决科学上的问题。这类人喜欢智力的、抽象的、分析的、推理的和独立的定向任务,但缺乏领导能力,适合从事的主要是科学研究和实验工作,包括各类科学研究人员,如气象学者、天文学者、地质学者以及物理学、生物学、化学、数学等学科的科学工作者。

(3) 艺术型

艺术型的领域非常开放自由,很鼓励创意以及个人表现能力。这类领域提供了开发产品与创造性解答的自由空间。这种让人们发挥创意,并可颠覆传统、表达自我的职业类别,包括了音乐家、精致艺术家以及自由作家等。这类人喜欢通过艺术作品来达到自我表现的目的。他们感情丰富、善于想象,对艺术创作充满兴趣,但缺乏办事能力,适合从事的主要是文学如室内装饰、图书管理、诗人、作家、演员、记者以及音乐、书画、雕塑、舞蹈、摄影等。

(4) 社交型

社交型的领域鼓励人们要真诚待人,彼此了解。这些人对社会交往感兴趣,经常出入社交场所,关心社会问题,愿为社会服务,但缺乏机械能力,适合从事的主要是与人打交道和为人办事,即教育人、医治人、帮助人、服务于人的工作,如教师、医生、护士、律师、服务员、公关人员以及社团工作者和社会活动家等。

(5) 商业型

在商业型的领域中,人们通常很有自信,擅用社交手腕且极为独断。这个领域重视的是升迁和权力,说服力和业务能力占了很重要的地位。这类人往往缺乏科学研究能力,适合从事的主要是管理、决策方面的,如国家机关及机构负责人、党团干部、经理、厂长、推销员以及宣传、推广等工作。

(6) 事务型

事务型的领域通常就是指办公室,在这一领域里,需要保存记录、档案、影印资料、整理报告等。事务型的人往往会是有组织能力,且能听命行事的可靠人才。这类人对系统的、有条理的工作感兴趣,讲究实际,喜欢有秩序的生活,习惯按照固定的规程、计划办事。他们习惯选择与组织机构、文件档案和日程表之类的东西打交道,如办公室办事员、图书管理员、税务员、统计员、出纳员、秘书以及打字、校对等工作。

霍兰德的人职匹配理论以个体差异为基础,通过个体评价和职业分析使二者相结合。其方法直观简单,反映了职业指导的基本方面,并且便于实施。特别是心理测验技术的运用和发展,为人职匹配提供了必要的技术手段,使得这一理论曾一度占主导地位。

在人生的十字路口。在研究生二年级的第一个学期,我走到了一个选择人生方向的十字路口:每一种选择都意味着一定的放弃和未卜的前程。就在我为自己是继续深造还是找工作而左右摇摆时,在成功心理训练课上,通过了解霍兰德的生涯理论以及进行有关职业生涯的自测,我初步明确了自己的性格、爱好和工作的结合点。我发现自己在喜欢研究问题的同时也喜欢和他人交流。因此我的初步规划是先通过工作积累相关行业的经验,之后再继续深造,成为新闻或传播领域的老师和专家。在探讨有关职业生涯规划的话题时,樊老师和我们提起了她在38岁时成功转行,从事了自己最热爱的心理事业的例子。从中,我得到了很大的启示:职业生涯规划在某种意义上是一个探索和认知自我的旅程。就像斯芬克斯之谜所隐喻的那样,人最难了解的就是自己。我相信通过不断尝试、不断调整,随着对自己了解程度的加深,我最终能拥有一份钟爱的事业。

(四) 职业生涯规划的过程

大学生职业生涯规划应包括评估自我、评估外部因素、确定短期和长期目标、制定行动计划和内容、选择需要采取的方式和途径等步骤。

1. 自我评估

每个大学生对自身都要有一个客观、全面的了解,摆正自己的位置,相信自己的实力。现在很多高校毕业生就业的时候,在用人单位面前缺乏勇气,对比较有把握的事情总是不能大胆接受,尤其是对一些自己向往的高职、高薪的单位缺少竞争的勇气,从而丧失理想的就业机会。清楚自己的优势与特长、劣势与不足,知道自己适合做什么,只有这样才能赢得竞争优势。为此,我们首先要准确地评估自己掌握的知识和技能;其次要善于剖析自己的个性特征,这是职业生涯规划的基础。千人千面,只有相似的性格,却没有完全相同的性格。不管你的性格如何,都有你自己的特点和优势、劣势。所以,应该充分挖掘自己独特的个性,去走自己独特的人生路。只有这样才不至于一味盲目地从众,人家考研究生,你也一定要考;人家考律师,你也一定要考;人家进政府机关,你砸破脑袋也一定要进……人云亦云,随波逐流,最终会找不到自己的人生定位,而被时代淘汰。

2. 确定短期和长期目标

长期目标一般是职业规划的顶点或较高点,也就是梦想,但要细化至具体工作,如毕业后进入国际知名管理顾问公司从事研究分析、咨询工作。短期目标设立一般是素质能力的提高,如通过考试和获取有用证书。

许多人在大学时代就已经形成了对未来职业的预期,然而他们往往忽视了对个体年龄和发展的考虑,就业目标定位过高、过于理想化。近几年,不少毕业生在职业选择中一直强调大单位、大城市和高收入,甚至为了这些不惜放弃个人的专业特长,不顾个人的性格和职业兴趣。同样,"这山望着那山高"的心理,也是职业目标不确定的一种表现。盲目的攀高追求与选择不仅影响个人目前的就业,同样会对个体以后的职业发展造成不利的影响。每一个人都应该知道自己在现在和将来要做什么。职业目标的确定,需要根据不同时期的特点,根据自身的专业特点、工作能力、兴趣爱好等分阶段加以制定。

3. 了解用人单位的要求与期望

据调查所得资料,例举如下:

美国的调查结果:基础——学习如何去学习、新的学习方法和策略;基本能力——阅读、书写、电脑、数学;沟通——表达、口才、主动聆听;适应能力——创新思考;发展技巧——自我尊重、意志力、订立目标;小组效能——人际关系、团队合作、谈判;影响技巧——明白企业文化、分享领导的地位。

香港的调查结果:沟通能力、创新思考、分析推理、实用取向、激励推动、领导能力、策划能力、人际关系、判断决定、情绪稳定。

用人单位最喜欢的工作态度:准时、诚实、可靠、稳定、主动、合作、学习、幽默、乐于助人;用人单位最不喜欢的工作态度:懒惰、迟到、缺席、不忠实、不诚实、太少或太多野心、被动、不合作、没礼貌、不守规则、破坏、不尽责、无适应能力、虚假报告、精神不集中。

4. 制定行动计划与措施

在确定了职业生涯目标后,行动便成了关键的环节。没有达成目标的行动,目标就难以实现,也就谈不上事业的成功。这里所说的行动,是指落实目标的具体措施,主要包括工作、训练、教育、轮岗等方面的措施。例如,为达成目标,在工作方面,你计划采取什么措施提高你的工作效率;在业务素质方面,你计划学习哪些知识、掌握哪些技能以提高你的业务能力;在潜能开发方面,你计划采取什么措施开发你的潜能等等。这些都要有具体的计划与明确的措施,以便于定时检查。

经过对不同的成功人士的观察总结,可以将不同的成长周期划分为"自我认识——目标设定——目标执行——目标达成",而后便又是这一过程的再度开始。其中,"目标执行"又可包括"态度"和"方法"两层含义。

幸福体验。哈佛大学曾作过一个有关"幸福体验"的调查,结果发现,凡幸福者的共同之处并不在于人们事先估想的金钱、健康、情感和地位……而是在于心中明确地知道自己的生活目标,体会到自身在迈向目标计划时的喜悦感受。这是因为"目标"可以带给刚刚踏入社会者拼搏进取的坚定信念,而"幸福"恰恰便是在这种信念驱使下出现的。曾有一支英国探险队,在穿越撒哈拉大沙漠时迷了路。而这时,骄阳似火,飞沙漫天,却又滴水全无了。当队员们在生死线上挣扎的时候,队长突然惊喜地喊到:"这里还有一壶水,但这是我们的保命水,在穿越沙漠之前,谁都不能喝!"正是这壶水,给了大家求生的坚定信念。大家最终走出茫茫戈壁后,激动地打开水壶,里面流出的却是黄色的沙粒。

从以上例子可以看出,人是多么有韧性啊!一旦确定了自己的目标,只要义无返顾,道路再艰难也能最终达成目标。职业生涯规划是每个大学生在毕业前必须认真学习的,对于那些尚未进行职业生涯规划的学生而言,"毕业那天我们一起失业"确实不是一句空话。

5. 选择需要采取的方式和途径

有调查表明,选错职业的人群中有80%是失败者(《北京人才市场报》2005年7月20日)。专家建议,大学生的职业生涯规划应该在入学时开始,从大一起就应该思考个人所学专业未来的发展,需要掌握哪些知识和能力,掌握这门知识能到哪些行业和企业去,自己是否喜欢这样的职业,而不是简单地根据教学安排和教材开始自己的大学学习和生活。从而使所学专业知识与社会发展、自身潜力与将来职业发展同频共振。

职业生涯规划和发展是一个复杂的、持续的过程,在这一过程中,单凭个人的经验是很难实现目标的。我们知道,职业生涯发展是一个不可逆转的过程,对于每一个人来说,生命都是有限的,职业选择的每一个步骤都与个人的年龄联系在一起。因此,在这一过程中,借助职业咨询师的智力和经验优势,获取对个体职业生涯规划具有建设性的建议,将起到事半功倍的作用,至少是少走弯路。

五 大学四年如何做好生涯规划

职业生涯发展贯串生命始终,但大学阶段确实是重要的起步期。大学生可以按照年级特点,每年都做一些准备。

一年级为试探期。要初步了解职业,特别是自己未来想从事的职业及自己所学专业对口的职业,提高人际沟通能力。具体活动包括:多和师兄师姐们进行交流,尤其是向大四的毕业生询问就业情况;大一学习任务不重,可多参加学校活动,增加交流技巧,学习计算机知识,争取通过计算机和网络辅助自己的学习,并为可能的转系、获得双学位、留学计划做好资料收集及课程准备,多利用学生手册,了解相关规定。

二年级为定向期。应考虑清楚未来是否深造或就业,了解相关的信息,并以提高自身的基本素质为主,通过参加学生会或社团等组织,锻炼自己的各种能力,同时检验自己的知识技能;可以开始尝试兼职、社会实践活动,要坚持,最好能在课余时间长时间从事与自己未来职业或本专业有关的工作,提高自己的责任感、主动性和受挫能力;增强英语口语能力和计算机应用能力,通过英语和计算机的相关证书考试,并开始有选择地辅修其他专业的知识充实自己。

三年级为冲刺期。因为临近毕业,所以目标应锁定在提高求职技能、搜集公司信息并确定自己是否要考研上。在撰写专业学术文章时,可大胆提出自己的见解,锻炼自己独立解决问题的能力和创造性;参加与专业相关的暑期工作,和同学交流求职、工作的心得体会,学习写简历、求职信,了解搜集工作信息的渠道,并积极尝试,加入校友网络,向已经毕业的校友、师哥师姐咨询往年的求职情况;希望出国留学的学生,可多接触留学顾问,参与留学系列活动,准备 TOEFL、GRE,注意留学考试资讯,向相关教育部门索取简章参考。

四年级为分化期。找工作的找工作、考研的考研、出国的出国,不能再犹豫不决,大部分学生的目标应该锁定在工作申请及成功就业上。这时,可先对前三年的准备作一个总结:首先检验自己已确立的职业目标是否明确,前三年的准备是否已充分;然后,开始毕业后工作的申请,积极参加招聘活动,在实践中检验自己的积累和准备;最后,预习或模拟面试。积极利用学校提供的条件,了解就业指导中心提供的用人公司资料信息,强化求职技巧,进行模拟面试等训练,尽可能地在做出较为充分准备的情况下进行实践演练。

建议阅读书目:

1. 沈之菲编著:《生涯心理辅导》,上海:上海教育出版社,2000 年。

2. 林清文:《大学生生涯发展与规划手册》,台北:心理出版社,2000 年。

3. 樊富珉等主编:《大学生心理素质教程》,北京:北京出版社,2002 年。

4. 〔美〕理查德·尼尔森·鲍利斯著、陈玮等译:《你的降落伞是什么颜色?》,北京:中信出版社,2002 年。

5. 〔美〕保罗·蒂戈尔、巴巴拉·蒂戈尔:《就业宝典》,北京:中信出版社,2002 年。

第十三讲

有效的时间管理

时间管理及其意义
你是否善用时间
时间管理中常见的问题
有效管理时间的技巧

俄国科学家柳比歇夫是一个将自己的一生都用时间表来计划的人。他既是一个专家，又是一个杂家，治学博大精深。生前发表了七十多部学术著作，其中包括分散分析、生物分类学、昆虫学方面的经典著作，这些著作在全世界广为翻译出版。他通过自己发明的时间统计法对自己进行了研究和试验：在写、读、听、工作、思索各方面，他到底能做多少？怎么做？他不让自己负担过重，力不胜任，而是循着自己能力的边缘前进。他对自己能力的估计精确无疑，充分发挥了自己的潜能。从 1916 年到 1972 年去世的那一天，他五十年如一日，一丝不苟地记下每一笔时间支出，一天也没有中断过；每天都结算他是如何度过的，做每件事花了多少时间。多年来经常看表的结果，使他形成了一种特殊的时间感。他借助于一种内在的注意力，感觉得到时针在表面上移动——对他来说，时间的急流是看得见摸得着的，他仿佛置身于这一急流之中，觉察得出光阴在冷冰冰地流逝。让我们来看看他《论生物学中运用数学的前景》一文的手稿最后一页上的记录："准备(提纲、翻阅其他手稿和参考文献)14 小时 30 分;写 29 小时 15 分;共费时 43 小时 45 分;共 8 天,1921 年 10 月 12 日至 19 日。"正是这种精确的时间统计法使得柳比歇夫在短暂的一生中做了许许多多的事,产生了那么多的成果。最后几年,他的工作精力和思维效率有增无减,创造了奇迹。

现代社会竞争激烈,每一个渴望追求成功的青年都离不开有效的时间管理。时间是一个固定的东西,每个人拥有的时间是一样的,但使用的方法却不同。根据杰克·弗纳的观点,时间管理是"有效地应用资源,以便我们有效地取得个人重要的目标"。已有研究证明,使用一些很简单的时间管理技术可以搞高个人的工作效率,其结果是可以使我们有更多的时间参加社会活动,进行锻炼、休闲以及做一切自己想做的事。

一 时间管理及其意义

人生是由时间组成的。时间是人们最宝贵的财产。历史上有两位法国哲人用猜谜的方式,把时间的特性描述得淋漓尽致。

哲人伏尔泰问:"世界上,什么东西是最长而又是最短的;最快而又是最慢的;最能分割又是最广大的;最不受重视又是最受珍惜的;没有它,什么事情都做不成;它使一切渺小的东西归于消灭,使一切伟大的东西生命不绝?"

智者查帝格回答:"世界上最长的东西莫过于时间,因为它永无穷尽;最短的东西也莫过于时间,因为人们所有的计划都来不及完成;在等待着的人看来,时间是最慢的;在作乐的人看来,时间是最快的;时间可以扩展到无穷大,也可以分割到无穷小;当时谁都不加重视,过后谁都表示惋惜;没有时间,什么事都做不成;不值得后世纪念的,时间会把它冲走,而凡属伟大的,时间则把它们凝固起来,永垂不朽。"

（一）时间及其特性

1. 时间的一维性

一维性是时间最基本的特征。时间之所以珍贵就是因为它是一种不可再生的资源，过去了就不可能再挽回。我们只能从昨日到今日，今日一过就不可能再来，因此我们只能前进，而不可能回头。

时间总是沿着从过去到现在到未来这样一个方向前进，对它的度量只能在单线上进行。它不可替代，不可购买，不可贮存，不可增减，并且一去不复返。一小时 60 分钟，一分钟 60 秒，无论你多么有钱、多么有地位，时间对每个人都是很公平的，也是毫无弹性的。

2. 时间的有限性和无限性

时间的另一个重要特征是其有限性和无限性。

对每一具体事物来说，时间是有限的，人生有限，青春有限，事物产生的历史有限（如地球形成至今约 46 亿年），一天 24 小时有限，一年 365 天有限……

对于整个宇宙来说，时间又是无限的，它无始无终。理论上，一个有限的时间段也可无限分割，如同一个有限的线段包含着无限个点（这一个个的点就可以看做时间），即有限的时间中仍包含着无限更小单位的时间。而且，人们对有限时间的利用也是无限的。自然界中的万物都是无限时间中的有限存在物，但唯有人能自觉意识到自身的这种有限性。人正是在这种无限与有限的矛盾中，不愿自己在无限的时间长河中随波逐流，而把注意力放到对有限的时间的利用上，探索提高时间效益的正确途径，充分地利用有限的生存时间使自己获得尽可能大的发展。正如鲁迅先生所说，时间就像海绵里的水，只要愿挤，总还是有的。

（二）时间管理的意义

1. 时间管理的内涵

所谓"时间管理"，就是在充分认识时间的性质和价值的基础上，科学、合理、有效地利用时间资源,以产生最大效益。时间管理不是意味着去管理时间,而是意味着管理与时间息息相关的我们本身,是对我们选择怎样使用时间的管理,是我们在使用时间时选择的行为。

任何人任何时候都在与时间打交道,时间虽然看不见、摸不着,但却是最实际、最实在的。因此,开发、利用时间有巨大的价值。马克思说:"任何节约归根到底是时间的节约。""时间是能力等等发展的地盘。"又说:"一切经济最后都归结为时间经济。"罗斯福总统也极为重视时间,曾专门制定"保护总统时间法",采取法律措施保护总统的时间。美国钢铁大王卡耐基曾悬赏,谁能教他"节约时间"的方法,他就给予2.5万美元的奖金。美国早就有专门负责整理办公桌的公司。这种公司专门把乱七八糟的办公桌清理得井井有条,清理一个办公桌收费高达1000美元,而公司老板们因为这样能节省时间,都认为值得。可见时间之重要。在此意义上可以说,一切节约归根到底就是时间的节约。每个人每天都有24小时,但是时间在每个人手里的价值却并不相同,效益大相径庭,这就是人们在时间管理上的差异了。

2. 时间管理的功能

一个好的时间管理者不仅能根据自己的时间来满足所有的合理需要,而且还能够只消耗最少的身体和心理的资源。他们认识到,仅仅完成工作任务是不够的,还需要做到经济地完成任务。因此,科学的时间管理具有两个功能:高效率地生活;不过多地消耗生理或心理能量,即经济、有效地完成任务,实现预定目标。

3. 时间管理的益处

具体而言,一个人如果善于管理时间,他将获得如下益处:

(1) 有效的时间管理能提高效用和效率,使人在工作、家庭生活及个人爱好方面获得更多的成果;能增加业余时间,因为更有效地工作,意味着你会有更多自己的时间,更好地全面发展自己;有利于拥有一种协调的生活状态。

(2) 有效的时间管理能增加工作的愉快感——假如能够熟练地操纵工作,而不是让工作操纵我们,我们都会对工作感到愉快,在工作中容易抓住重点,更好地应付各种干扰,避免办事拖拉,有利于举行有效率的会议,发展优秀的团队精神。

（3）有效的时间管理能减轻压力，使人得到更多的休息机会，拥有更多的精力；可以为将来的短期和长期计划的实现赢得更大的可能性，为此个体也会变得更加自律。

（4）有效的时间管理可以使工作方法更系统化、条理化，工作更有效、更有成果、更有创造力。显然，如果你能腾出时间坐下来思考和做一点儿白日梦的话，创造力就会得到最好的发挥。它还能使个体拥有更多的努力方向、拥有更多的动力去实现自己的目标，获得更多的成功，增强自尊和自信感，从而获得更大的动力——认为自己"能做"而不是"不能做"。

（5）有效的时间管理还可以给他人带来好处，例如，可以推动他人优化时间管理，利于他人有效完成工作，进而推动整个社会效益的提高。

4. 不善于管理时间的后果

相反，那些不善于时间管理的人往往容易出现如下这些不良现象：

（1）极端的 A 型行为。这可不是血型系统中的"A 型"，而是特指无休止地、迫不及待地把自己和他人逼到极限的一种行为。他们不会休息，不懂得一张一弛乃成功之道，不懂得正确地管理时间应当是合理地为自己定下速度，并安排空暇时间去消遣。

（2）一种毫不顾及别人时间的自私的生活方式。

（3）狂热地追求效率。牺牲了健康，牺牲了生活中其他的乐趣，迷失了方向。

（4）过于呆板而缺乏创造性。

如上所述，能否有效地进行时间管理将出现的正反两方面的现象清楚地展示在你面前，你希望自己的生活如何安排？是做科学使用、支配时间的"管理者"，还是仅仅做时光的跟随者呢？

磨刀不误砍柴功。不被表面现象所迷惑，分清主次轻重，做事才会有效率。时间运筹的重要法则是分清事件的轻重缓急，正确判断并按先重要、紧急的事，次紧急、不太重要的事，再次重要、不太紧急的事，最后是既不太重要，也不太紧急的事（即Ⅰ、Ⅱ、Ⅳ、Ⅲ）的顺序处理事务。

这里有一个坐标图,非常有意义。它是一个可以图示任务性质的坐标图,横坐标表示事情的重要性,按 0 到 10 分级,10 分表示非常重要。纵坐标表示事情的紧急程度,同样以 10 分表示非常紧急。这样整个坐标图分作 4 块。Ⅰ象限表示紧急而重要的事;Ⅳ象限表示重要但可稍缓的事;Ⅱ象限表示紧急但不重要的事;Ⅲ象限表示既不紧急也不重要的事。我们每天的工作大致可分为如此四类。针对四个区中的工作,合理分配工作的时间、安排工作的顺序。

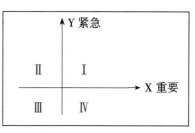

首先小心谨慎地做好Ⅰ象限的工作,对该区既重要又紧急的的工作可给出相对较多的时间,避免忙中出错。

再做Ⅱ象限紧急但并非很重要的工作,要讲求效率,能省则省,尽量减少时间的浪费。

接下来,你可认真细致地做Ⅳ象限重要但不太紧急的工作,力求完美。该区的工作需给出最多的时间和精力,凸显你的智慧和能力。

Ⅲ象限既不十分重要又不十分紧急的工作,你可趁其他工作的间隙顺便完成,最好不要占用成片的时间。

二　你是否善用时间

关于时间管理,人们对它的认识经历了四个阶段。第一代理论着重利用便条与备忘录,在忙碌中调配时间与精力。第二代理论强调长期、中期、短期日程表,反映出时间管理已注意到规划未来的重要性。第三代理论注重优先顺序的观念,即依据轻重缓急设定短、中、长目标,再逐日制订实现目标的计划,将有限的时间精力加以分配,争取最高效率。第四代理论主张时间管理的关键在于个人管理,与其着重于时间与事务的安排,不如将重心放在提升个人工作和生活的质量上。强调以原则为重心,以良知为导向,针对个人独有的使命,帮助个人平衡发展工作和生活中的不同角色,并且全盘规划日常生活。

赖亚伦(Alal Lahain)是"善用时间"的专家。他建议我们认真面对三个问题:

(1) 我的生活目标是什么?

我们应当将所想到的尽快写下——赚钱、升职、环游世界、使家人生活更好……然后在认为最重要的三个目标前置一颗星。在另外一张纸上,将有星作记号的目标各用两分钟的时间去思索:"怎样才可使这些目标实现?"当已经想到可行步骤去实现这些目标时,再问一问自己:在以下的一个星期内,我应怎样朝这个方向走?

(2) 我希望怎样度过以下的五年?

当思考这个问题时,应当考虑我们真正想做并且能够实现的事。没有生活目标,没有指望,时间最容易白白地溜走。

(3) 假如我只有六个月的寿命,我希望怎样度过?

很少有人对这一问题认真地思考过。若能把它的答案写下,将会有很大的帮助。

以上三个问题,若能仔细地回答,可以帮助我们重新思量我们现在及将来要做的事,也可以让我们清楚地知道我们生活的目的,什么是重要的并且要优先完成,这样可使我们生活更均衡,也有更多时间休息和松弛。

若要更清楚详细的去决定进行某件事与否,以下问题可作参考。

第一,在其他人眼中,我们做的是否有价值?

当然这并不表示我们要活在别人的期望中。但对一些我们所尊重爱戴的人——例如我们的家人、亲戚、朋友这些在我们生命中重要的人,往往要重视他们的看法和评价。

第二,我们所做的是否重复了别人,或别人在这些事上是否做得更好?

对人生很认真的人,会期望自己有独特的成就。倘若一个人能欣赏自己所做的,自然会产生许多生活的动力。

第三,这个工作是否可以实现?

很多时候这个问题会被作为一个藉口而去放弃所做的了。但这个问题真正的着重点不是挫减锐气,而是对工作本身的可行性作一真实评估,以免打无把握的仗,浪费时间和精神。

第四,我对这个工作的感受如何?

有时我们做某一件事情会觉得趣味盎然,但有时却感到很沉闷。人是会受情绪影响的,故此我们不能忽略自己的情绪和心态。

小练习:时间运用调查

1. 你一天最有效的时间是什么时候?

2. 你一周最有效的时间是星期几?

3. 你睡眠最有效的时间是什么时候?

4. 你每天读书、工作花费多少时间?

5. 你每天浪费多少时间?是做哪些事情?

6. 如果每天有额外的两小时,你喜欢做哪些事?

7. 在过去一年中,你曾用至少一星期的时间来记录你的时间使用状况吗?

8. 你是否会将时间的紧迫性与重要性分类?

9. 你是否总有时间做最重要的事情?

10. 你总能够按计划在预定的时间内完成工作吗?

三 时间管理中常见的问题

在探讨如何管理时间之前,先来看看时间是如何被错误管理的。最常见的问题是迷惑、犹豫不决、精力分散、拖拉、躲避、中断和完美主义。

(一) 常见问题的表现

1. 迷惑

迷惑指不清楚自己的目标在哪里,不知该去向何方,不知该干些什么。这样时间管理就没有什么意义。帕汀把这种情形比喻为飞机驾驶员在空中报告说他们"飞得不错,但迷失了方向"。

2. 犹豫不决

犹豫不决让我们无法集中精力、无法放松、无法创造,它使我们的惶惑和紧张更加严重，从而拖延完成任务的时间。犹豫不决不仅是时间管理还可能是其他问题的根源。

3．精力分散

精力分散指企图做超出需要的甚至超出可能的过多的事情，会引发无效的问题解决，导致无法集中精力，对最简单的工作也缺乏动机。竭力面面俱到会使身体产生疲劳，同时也给人的精神带来更大的压力。人的精力有限，精力分散的结果是什么也干不好。

4．拖拉

拖拉把"今天"应做的事情留到"明天"，典型的语言是"等等再说"、"需要商量商量"等。正如明代文嘉所言："明日复明日，明日何其多。我生待明日，万事成蹉跎。"莫瑞和当娜·道格拉斯确认了三种类型的拖延：拖延不愉快的事情，拖延困难的事情，拖延难以作决定的事情。

5．逃避

人们可以找到许多逃避学习或工作的办法，他们延长休息时间、在楼道中溜达、与人聊天、阅读并不需要读的书籍和报纸、做着一些琐碎的事情、泡网吧乃至做白日梦。

6．中断

不在计划中的打断是令人烦恼的耗时的事情。那种随时有人干扰，而使学习或工作不得不中断的情景人人都遇到过，太频繁的中断必然影响效率。

7．完美主义

你可能经常听见人说："我是个完美主义者。"李保尔夫指出高尔夫球的好分是 18 分，而出色的分数是 72 分。很少会有人真的要求自己得到这么高的高尔夫分数，但人们在生活的其他方面却往往为自己确定很不现实的目标。

（二）确立目标是关键

1．为什么需要确立目标

确立目标就是确定自己人生的方向，确定自己经过努力争取所希望达到的未来状况,目标明确才可能全力以赴。

譬如射标,一定要有一个靶,才会射中标的。同样,人生若没有目标,只能任由环境影响,而不是自己影响环境。据耶鲁大学研究,只有3%的学生为自己订下目标并坚持到底,其成就远远超过其余97%学生的总和。人生有无目标完全两样。一个人如果没有目标,就没有人生的方向,缺乏生活的动力,个人潜力就得不到充分发挥,当然就不可能实现其人生价值。对时间管理者来说,如果没有目标,就弄不清自己到底需要什么,不能确定哪些任务重要,完成这些任务的先后顺序,不能控制事情发展的进程,不能用结果来评价时间的利用,这样,白白地把生命消耗掉了,自己却一事无成。相反,只有明确目标,才能最大限度地节约时间,达到高效,成就成功人生。

一般人不愿为自己设定目标的原因无外乎:第一,恐惧:怕万一达不到,会有失败感;第二,无此意愿:为何要设定目标,每天过得好好的就可以了;第三,误将行动当成就:每天忙来忙去,好像很有成就感。其实行动不等于成就,有结果才算有成就。人生的道路上,存在着时间与价值的对应关系。有目标,一分一秒都是成功的记录;没有目标,一分一秒都是生命的耗费。所以,确立目标对实现时间管理极为重要。

2. 确立目标的原则

确立目标需遵循以下原则:第一,目标的现实性(符合社会现实需要,切合实际);第二,目标的可实现性(具备达到目标的条件);第三,目标的可衡量性(易于看到进展和实现);第四,目标的限时性(采取行动的紧迫性,时间管理尤显重要);第五,目标的具体性(如我想要升教授、当主任、得到硕士学位等);第六,设定周详的时间表。

3. 确立目标的步骤

对一个人来说,目标是多层次的,有总体目标,又有为达到总体目标而设立的一个个子目标;目标又是分阶段的,有长远目标,又有为实现长远目标而设立的一个个阶段目标,如中期目标、近期目标。这样对目标进行分解,有利于最终的总体、长远目标的实现。而且,一个个近期目标的实现,会给人以最终必定达到总体大目标的信心和力量。

让我们先参考一下耶鲁大学提出的目标确立步骤:第一,先列出你期望达到的目标;第二,列出好处:达到这些目标有什么好处;第三,列出可能的障碍点:你要达到此目标的障碍,可能是知识不够、能力不够等,一一列举出来;第四,列出所需资源和信息:思考需要哪些知识、训练等;第五,列出可提供支持的对象:一般而言,很难靠自己一个人即达到目标,所以应把可提供支持的对象一并列出;第六,制定行动计划;第七,制定达成目标的期限。

在此基础上制定出确立目标的步骤:(1)消除恐惧:不要担心失败,立定目标是必需的;(2)认同每个人一定要"有目标"这个想法;(3)完成耶鲁大学确立目标的七个步骤;(4)坚持目标:若不坚持,任由挫折、打击所摆布而放弃,则永远达不到预定的目标;(5)排定时间表;(6)确实做、马上做。

表 13-1　今年工作计划(根据目标管理时间)

我想达成的重要目标	预定完成日期	为了达成目标必须完成的事
1		
2		
3		
4		
5		

四　有效管理时间的技巧

在认识到时间的宝贵、时间管理对人生成功的重要性之后,在明确了学习时间管理的任务之后,我们便要学习管理时间所需的能力,培养时间管理所需的正确心态,即与时间管理相适应的良好的心理品质,以及掌握时间管理的方法与技巧。

(一) 培养时间管理所需的能力

这种时间管理能力是在人的一般能力(智力、操作能力)基础上形成的特殊能力。具体表现在:(1)能高度集中注意力并能正确分配注意力;(2)能正确安排属于自己支配的时间;(3)能了解自己精力变化的大致趋势,了解自己的"生理节奏",按照"优时优用"原则,以最佳时间完成最重要的任务,事半功倍;(4)能根据自己注意力分配的广度尽可能把有关的任务安排在同一时间完成;(5)能根据大脑的功能定位把不同性质的活动作交错安排,防止大脑疲劳;(6)能根据情况变化及时调整计划以防止时间空耗;(7)能在各种可能的方法中选择最简便的方法完成任务;(8)能定期总结自己的用时情况并制定改进措施,对自己在时间管理上的每一个微小进步给予赞美和鼓励;(9)养成整洁和条理的习惯。

(二) 培养时间管理所需的积极心态

在以往的许多事例中,有的人在时间管理上失败,主要原因并不在于是否熟悉时间管理的技巧,而恰恰在于他们缺乏良好的心理品质,不能言行一致地去付诸实施。

那么,究竟需要什么样的心理品质才能有效地管理时间呢? 人们列出了许多,诸如:思维清晰,有决策判断力,注意力集中,良好的记忆力,决心大,持久稳定,一丝不苟,准确无误,沉着、冷静、客观,言行合理……但是,最关键的还是自信心,有一种积极的思维、积极的心态。因为,我们的思维方式深深地影响着我们的行为方式。积极的思维能给人以信心、动力,而消极的思维则会变成一种毁灭性的习惯。

在时间管理方面,消极的思维会使人无休止地谈论自己的不足,认为良好的时间管理者的心理品质主要是先天气质的原因,而自己"恰好没有那种气质",把对自己不能很好地时间管理的谴责移到遗传基因这种自己无法控制的事情上,进而认为自己无论怎么做都是徒劳的,要改进是根本不可能的。这当然不是在增强而是在削弱自己的力量。消极的思维就是这样,越是告诉自己不具备时间管理所必需的那些品质,就越是相信自己根本就不具备那种心态、那种品质,结果造成了"我没有这种气质 → 我不行 → 我什么也完成不了 → 所以我不行"的恶性循环。因而,也永远无法成为良好的时间管理者。

相反,积极的思维给自己的是一种积极的信息,它告诉自己,虽然我目前还不完全具备良好的时间管理者的这些心理品质,但我肯定已具备其中一种或几种品质,完全可以利用并发展它们,因而完全有能力有效地、有把握地支配好时间,成为良好的时间管理者。积极的思维实际上是彻底挖掘个人潜力的根本要素。

不可否认,有些明显地存在于良好的时间管理者身上的品质可能是受到遗传的影响,但这种先天遗传决不会起决定作用。时间管理者的良好品质的培养,很大程度上取决于他们自身的学习经历和所处的环境。所以,在学习时间管理问题上,如果失败了,过错决不在遗传基因上,而肯定在行动上,在于行动被消极思维支配了。

1. 积极思维与心态的表现

(1) 不仅注意自己的失败之处,更注意自己的成功之处。即使这种成功微不足道,也应该为自己庆贺,并且记录在案以鼓励自己。

(2) 自己在时间管理上有过错、失误时,不要作消极的评述(如果已经作了,应立即停止),而要表述自己打算如何改进。例如,把"今天上午我浪费了那么多的时间"改为"今天下午我要节约时间,不能……"

(3) 不要为已浪费的时间、已失去的机会惋惜、后悔("要是我……就好啦"),要用一种坚定的决心来代替它("决不能让它再次发生")。

2. 抓住今天

成功的秘诀在于:抓住现在,不要沉湎于过去。拿破仑·希尔说:"所谓'美好的古老时光'就是今天,因为这才是我们生活的日子,也是我们在历史上唯一生存的一段时间。这是属于我们的时代。"

应当如何抓住今天呢? 请在心里存有这样的信念:

就在今天,我要开始工作;

就在今天,我要拟订目标和计划;

就在今天,我要考虑活在当下;

就在今天,我要锻炼身体;

就在今天,我要健全心理;

就在今天,我要让心休息;

就在今天,我要克服恐惧忧虑;

就在今天,我要让人欣赏;

就在今天,我要走向成功卓越。

(三) 掌握时间管理的方法

1. 制定合理的时间计划表

写出你的渴望、目标及梦想,每天至少大声念出两次,将有助于将这些目标融入你的潜意识中。

确立了目标后,依此制定计划。有人认为制定计划是"多此一举",是"浪费时间",其实"磨刀不误砍柴工",合理的计划不但不会浪费时间,反而有助于节省大量的时间。

切记制定计划应具体、细致,太粗的计划等于没定计划;计划要有完成某项任务的最后期限(这样可使人集中精力去做某事);制定计划要留有余地,留出机动时间以应变突发事件;公开自己制定的计划以展示自己的决心,不留后路,也可以争取更多的帮助;对制定的计划要有适时的检查和评估,以保证计划按时按质完成,保证各阶段目标、整体目标的最终实现。

制定一份可行的待办计划表并身体力行。每晚在熄灯前制定好第二天的工作计划表,计划表应简单明了,并且要定期检查,最好是早上起床后第一件事就是查看计划表,这样就不会"忘记"要做的事了。要注意的是,应当在计划项目旁注上日期与时间。同时不要忘记制定长期计划表。

2. 先做最重要的事

要把自己有限的时间集中在处理最重要的事情上,切忌每样工作都抓,切忌平均分配时间。请你每天花 20 分钟将一天中要做的事情分轻重缓急记录下来,就可以节省至少一个小时的用于记住这些事情的时间。

标出急需处理事项的方法有:(1)限制数量;(2)制成两张表格,一张是短期计划表,另一张则是长期优先顺序表。你可以在最重要的事项旁边加上※号,A、B、C、D 等英文字母或数字 1,2,3,4……

一般来说,每天刚开始工作的时段是精力最充沛的时候。每晚临睡前都在纸上写下明天要做的6件最重要的事,并标明这些事情的重要性次序,第二天一开始工作就将它拿出来,不看其他的,只看第一项。着手做第一项,直至完成为止。然后用同样的方法对待第二项、第三项……直到一天的工作结束为止。即使只做完第一件事也不要紧,因为你总是做着最重要的事情。每一天都要这样做。

人们有不按重要性顺序办事的倾向。多数人宁可做令人愉快的或是方便的事。但是没有其他办法比按重要性办事更能有效地利用时间了。试用这个方法一个月,你会见到令人惊讶的效果。人们会问,你从哪里得到那么多精力? 但你知道,你并没有得到额外的精力,你只是学会了把精力用在最需要的地方,只是学会了合理有效地安排时间。

3. 勿轻言放弃

最浪费时间的一件事就是太早放弃。人们经常在做了90%的工作后,放弃了最后可以让他们成功的10%。这不但输掉了开始的投资,更丧失了经由最后的努力而发现宝藏的喜悦。如果爱迪生在发明电的过程中,过早地因一次次的失败而放弃了,那我们不知还要等多久才能享受到电带给人间的光明和快乐;如果科学家不具有如此坚韧不拔的毅力,坚持数百次的试验,那"六六六"也不会及早问世了……1922年冬天,最终发现图坦·卡蒙法老王墓地宝藏的探险家卡特几乎放弃了找到法老王坟墓的希望,他的赞助者即将取消赞助。他在自传中写道:

> 这将是我们待在山谷中的最后一季,我们已经挖掘了整整六季了,春去秋来毫无收获。我们一鼓作气工作了好几个月却没有发现什么,只有挖掘者才能体会这种彻底的绝望感;我们几乎已经认定自己被打败了,正准备离开山谷到别的地方去碰碰运气。然而,要不是我们最后垂死的努力一锤,我们永远也不会发现这远超出我们梦想所及的宝藏。

正是再坚持一下,不轻言放弃使得卡特最终发现了近代唯一的一个完整出土的法老王坟墓。

4. 学会拒绝

生活中常常会有各式各样的人和事出乎预料地出现,以致干扰到你的计划。因此,珍爱时间者应当学会适时说"不",懂得拒绝的艺术,以保证自己人生规划的实现。

时间管理专家尽量避免浪费时间的会议、约会及社交活动。但是,如果是必须参加的经常性例行活动,他们也许无法逃避。他们会忍受,尽量想办法改善,而且只要他们可以不参加就尽可能请人代替。假如朋友请你接手一个计划,但是你已经负荷过多,或是你对计划并不感兴趣,面对同样的情况,许多优秀的时间管理专家会有如下的反应:"抱歉,我现在没有办法帮你。"

不要让别人浪费你的时间。不要接手任何别人想给你的问题或责任,如果你接受所有找上门的问题,你的生活会变成一场噩梦。许多人花费几天、几个月甚至几年的时间处理从别人那里接过来的"烫手的山芋"。因此,如果你珍惜自己的时间,就要学会适时说"不"。

关于如何拒绝,这里有一些注意事项大家不妨参考:

(1) 耐心倾听别人的要求;

(2) 如果你无法当场决定接纳或拒绝请托,则要明白告诉请托者仍要考虑多长时间;

(3) 显示你对他的请托已给予慎重的考虑,你已充分了解其重要性;

(4) 拒绝时表情上应和颜悦色;

(5) 拒绝时态度坚定;

(6) 最好能对请托者指出拒绝的理由;

(7) 表明拒绝的是他的请求,而不是他本身;

(8) 为其提供其他可行途径;

(9) 切忌通过第三者拒绝其请求。

5. 巧用生物钟

如果你能找出自己一天之中何时效率最高,用这段时间去处理最重要、最繁难的工作,将会大大节约时间,提高时效。

专家发现,对一般人而言,上午的后段和晚上的中段是人的精神状态最佳的时刻。中午之后,人开始有睡意;晚上 2—3 时,人的工作效率到达了"谷底"。专家建议,要利用一天中的高效时段去处理棘手的工作和从事创造性的思考,而在低效时段则读报纸或整理信件等。巧用生物钟,就可以用较少的时间做更多的事情。

一个人如果能在了解自己每天的最佳工作、学习效率时间段后,将每天最重要的任务放在自己效率最高的时段来完成,就会事半功倍。你的每日效率最佳点在何时? 实际生活中,我们常常可以看到按三种不同思维效率曲线用脑的人:

(1)百灵鸟型。这种类型的人在清晨和上午精神焕发,朝气蓬勃,记忆和创造的效率高,而晚上到了一定的时候,大脑的工作效率就降低了。英国小说家司各特即是此种类型的人,他说:"我的一生证明,睡醒和起床之间的半小时,非常有助于发挥我创造性的任何工作。期待的想法,总是在我一睁眼的时候大量涌现。"如果你是早上起来后精力最充沛,做事效率最高,那你可能是百灵鸟型的人,就可以考虑将最困难和最重要的工作放在早上来完成。

(2)猫头鹰型。这种人就像昼伏夜出的猫头鹰一样,白天无精打采,一到晚上就神采奕奕,高度兴奋,思维活跃,工作效率极高。许多作家常常是这类人。如鲁迅常写作到深夜,有一次竟让梁上君子都等得不耐烦,只好空手而返。有的作家因此就把作品起名为《灯下集》、《月下集》、《燕山夜话》等。如果你是晚上特别兴奋,办事效率高,那你很可能是猫头鹰型的,不妨考虑好好利用一下晚上的时间处理一些可以带回家的棘手问题或进行一天的重大构思。

(3)混合型。除了前两种类型的人外,还有一种人,随时都可以工作、创造,全天的用脑效率都差不多,没有白天、黑夜之别,可称之为"混合型"。他们在一天之中的效率高低划分得不是非常明确,而中午常常要短暂地休息一会儿。

了解自己,将最重要的任务放在你效率最高的时段来完成,将是节约时间、提高效率的良好方法。

6. 找出隐藏的时间

时间效率专家阿列斯·伯雷说:"一天的时间就像大旅行箱一样,只要知道装东西的方法,就可以装两箱之多的物品。开始不要把东西扔到箱子的正中间,而是不留缝隙地往4个角和箱子的边缘填充,最后再向旅行箱的中间填。如果毫不浪费地使用了 4 个犄角旮旯的时间,你就可以把一天当作两天用了。"这是一个非常好的建议,因为如果你一天能利用 30 分钟的零散时间,那么一年下来累计就可达 22 天,还是很可观的。那么,这些可能被找出来的"隐藏"时间在哪里呢?

(1) 过渡时间。如早上可边洗脸边听广播,或到处放一些报纸杂志,可随手拿来翻阅。

(2) 旅途时间。你可以收听广播或背外语单词,也可以打腹稿,反省昨天或计划明天。著名的未来学家赫尔曼卡斯特别喜欢在旅途中看书,无论走到哪里,都终日与书为伴。

(3) 等待的时间。办事、约见、排队时等待的间隙可以利用,如听广播、看报纸、读书、算账、作计划、整理一下皮包或备忘录,思考一些问题,观察一下周围有什么有趣的事没有,或做几次深呼吸、伸展一下身体等简单的放松练习。

(4) 睡眠时间。一般成人 6—8 个小时就够了。你不妨试着每晚少睡半小时,再坚持一段时间来适应这种新情况。如能适应,精力不减,那么在一年之内,你就等于节省出了一星期。另外,午休最好不要超过 45 分钟,小憩 15—30 分钟,可以让人精神倍增。早上醒来之后不要赖在床上不起,否则会失去许多宝贵的时间。这样每天可省出 20—50 分钟。

(5) 多出来的每一分钟。抓住每天多出来的时间,去实现你所确立的特别重要的人生目标。如你想学好一门外语,不妨见缝插针地背几个单词。

生活中往往会有一些零散时间,如能充分地加以利用,可以最大限度地提高工作效率。著名的成功学家拿破仑·希尔 11 岁时就养成了身上随时带一本书的习惯。这样,即使遇上交通阻塞,也不会浪费时间。有了自己的事业后,他时常用汽车上的录音机。汽车上总有几十盒录音带,一边开车一边听。车上还有一个电话和一个微型录音机,开车回家的路上他还能接电话,或口授信件,或把一个忽然闪现的主意用录音机录下来,以免忘了。可见,对时间有深厚情感的人是真正懂得如何节约时间的。他们在任何时候都有所准备,以便充分利用时间,取得辉煌的成就,拥有充实的人生。正如亨利·福特说的:"大多数人是在别人浪费掉的时间里取得成就的。"

爱因斯坦有句名言："人的差异在于业余时间。"话虽简单,但却告诉我们,业余时间是你可以自由支配的时间,如果你能充分利用,就能学到很多,做出很多。如果你把业余时间用于打牌、闲谈等,时间一下子就过去了,随便地就消耗掉了。那么这个人为的时间差别就造成了成功的和不成功的,为社会做出贡献的和碌碌无为的人生。成功的人一定是懂得时间管理的。

7. 注意休息

充分利用时间并不意味着马不停蹄,适时的休息可以使你的学习和工作更有成效。在长时间的学习或工作的中间打一会儿瞌睡能使人恢复精力,活动一下能使人头脑清醒、身体放松,甚至深呼吸都能起到休息的作用。如果高压力的时间过长,你可以考虑放自己几天假。

8. 时间馅饼

以大圆代表一天 24 小时,请根据你在时间流水账中一天生活的平均活动状况,将各类活动所花费的时间按比例在圆内画出。圆内每格表示 1 小时。然后想一想你个人期望的时间安排图是什么样的,画在理想的时间馅饼上。两张饼比较一下,看看可以作哪些改变,使自己对时间的利用更加满意、更加有效。

表 13-2　记录时间流水账

事　情	每天花费时间	每周花费时间	备　注
睡眠(包括午睡)			
吃饭(每日三餐)			
个人卫生 (洗漱、洗衣、洗澡等)			
上课时间			
自习和作业			
上网时间			
阅读报刊杂志			
运动锻炼			
娱乐(看电视等)			
社团和社会活动			
朋友聚会(聊天等)			

事　情	每天花费时间	每周花费时间	备　注
打电话发短信			
其　他			
总　计	24 小时	168 小时	

做完流水账后,你的发现是:_____

图 13-1　你的时间馅饼

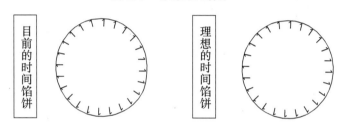

(四) 学会时间管理的具体技巧

1. 技术一:改变你的想法

美国心理学之父威廉·詹姆士对时间行为学的研究发现这样两种对待时间的态度:"这件工作必须完成,但它实在讨厌,所以我能拖便尽量拖"和"这不是件令人愉快的工作,但它必须完成,所以我得马上动手,好让自己能早些摆脱它"。

当你有了动机,迅速踏出第一步是很重要的。不要想立刻推翻自己的整个习惯,只需强迫自己现在就去做你所拖延的某件事。然后,从明早开始,每天都从你的 to do list 中选出最不想做的事情先做。

2. 技巧二:学会列清单

把自己要做的每一件事情都写下来,这样做首先能让你随时都明确自己手头上的任务。不要轻信自己可以用脑子把每件事情都记住。而当你看到自己长长的 list 时,也会产生紧迫感。

3. 技巧三:遵循 20:80 定律

生活中肯定会有一些突发困扰和迫不及待要解决的问题,如果你发现自己天天都在处理这些事情,那表示你的时间管理并不理想。成功者花最多时间在做最重要但不是最紧急的事情上,而一般人都是在做紧急但不重要的事。

4. 技巧四:安排"不被干扰"时间

每天至少要有半小时到一小时的"不被干扰"时间。假如你能有一个小时完全不受任何人干扰,关在自己的空间里面思考或者工作,这一个小时可能抵过一天的工作效率。

5. 技巧五:严格规定完成期限

巴金森(C. Noarthcote Parkinson)在其所著的《巴金森法则》(*Parkinsons Law*)中写下了这段话:"你有多少时间完成工作,工作就会自动变成需要那么多时间。"如果你有一整天的时间可以做某项工作,你就会花一天的时间去做它。而如果你只有一小时的时间可以做这项工作,你就会更迅速有效地在一小时内做完它。

6. 技巧六:做好时间日志

你花了多少时间在做哪些事情,把它详细地记录下来,早上出门(包括洗漱、换衣、早餐等)花了多少时间,搭车花了多少时间,出去拜访客户花了多少时间⋯⋯把每天花的时间一一记录下来,你会清晰地发现浪费了哪些时间。这和记账是一个道理。当你找到浪费时间的根源,才有办法改善。

建议阅读文献:

1. 贺淑曼等:《成功心理与人才发展》,北京:世界图书出版公司,2000 年。

2. 众行管理资讯研发中心编著:《科学的工作方法·方法篇》,广州:广东经济出版社,2002 年。

3. 〔美〕罗伯特·W. 布莱著、陈秀玲译:《时间管理十堂课》,北京:机械工业出版社,2002 年。

4. 李践著:《做自己想做的人》,北京:中信出版社,2000 年。

5.〔英〕戴维·丰塔纳著、胡穗鄂译:《时间管理》,北京:商务印书馆,2000 年。

6.〔英〕凯蒂·琼斯著、杨合庆译:《时间管理》,北京:中国社会科学出版社,2001 年。

7.〔日〕桑名一央著、陈禾译:《怎样提高时间利用》,北京:科学普及出版社,1986 年。

第十四讲

学会与压力共处

压力与心身疾病

压力与失眠

压力自我管理策略

压力应对具体方法

　　爱立信中国有限公司总裁杨迈、麦当劳公司董事会主席兼总裁杰姆斯·坎塔卢波相继病逝,引发了人们对"经理人压力"的关注与反思。而从对全国数百名企业家的抽样调查显示来看,中国企业家群体已成为与心理因素有关的多种疾病的高危人群。《财富》中文版曾专门作了一个"中国高层经理人压力状况调查",发现近70%的高级经理人感觉自己的压力较大甚至极大,但仅有21%的高级经理人曾考虑通过心理指导来解决压力问题,27%的高级经理人处于较高的心理衰竭水平。从这个意义上来讲,清华继续教育学院推出的"企业总裁压力管理高级研修班"颇有些讨巧的味道。

　　据清华大学继续教育学院有关负责人介绍,举办"企业总裁压力管理高级研修班",就是希望将心理学的理论、理念、方法和技术应用到企业家的工作和生活中去,帮助他们保持良好的心理状态,提高人际沟通、交往与合作的能力,寻求身体、家庭与事业之间的平衡点。课程分为6个单元模块,由来自国外以及国内著名大学具有丰富心理治疗与咨询经验的专家教授讲授心理学前沿理论，以互动体验的培训方式亲身传授减压技术并进行训练，内容包括中国企业家价值取向与精神健康、权变领导与挫折应对、家庭危机对策、情绪管理、谈判与沟通等。"我们希望传递这样一个观念：只有健康的企业家，才能缔造成功的企业，才能成就完美的人生。"

在日常生活、学习、工作中，我们常常承受着来自各方面的压力，从而产生紧张的情绪状态。可以说，世界上不存在没有任何压力的环境。适当的压力可以促使个体对工作更多的投入。但是，如果个体感觉到过大的心理压力，也会影响其身体状况和工作绩效。因此，针对学习和工作情境中的压力，个体应采取适当的管理策略，以便掌握身心调节的方法，保持良好的身心状态。

一　压力与心身疾病

心理学上讲的压力，主要是从物理学借鉴来的。压力最早是在工程、力学方面上用，指的是单位面积所承载的力量。把物理学中的压力借鉴到心理学中来，指的是某种具有威胁性的刺激，如失业、天灾、贫困等，引起的生理和心理反应。压力这一概念最早是在 1936 年由加拿大著名内分泌专家汉斯·薛利（Hans Selye）博士提出的，因此他被称为"压力之父"。薛利认为，压力是表现出某种特殊症状的一种状态，这种状态是"由生理系统中因对刺激的反应所引发之非特定性变化所组成的"。国内通常将压力（stress）译为应激，有三种不同的含义：第一是指导致机体产生紧张反应的刺激；第二是指机体对刺激的紧张性反应；第三是指由于机体与环境之间的"失衡"而产生的一种身心紧张状态。目前，比较普遍被接受的看法是压力指由刺激引起的，伴有躯体机能以及心理活动改变的一种身心紧张状态。心理学家对压力问题感兴趣约在 60 年代至 70 年代之间。当时美国少数大学专门开设压力课程。近年来关于压力的研究和压力处理在心理学界颇为流行。

压力知多少小测验。你对压力到底知道多少？请做一个压力是非题。

以下十个论断认为对的请打上圈,认为错的或不赞同的请打上叉。

1、人一旦有压力的感受他首先一定会觉得神经紧张。

2、只要你遭受到压力你一定会知道的。

3、长期的运动会减弱你抗拒压力的能力。

4、有压力总是不好的。

5、压力会制造不愉快的问题,但不置你于死地。

6、打针吃药就可以控制压力。

7、当你离开教室的时候,会留下学习的压力,而不会把它带回宿舍。

8、压力只是心事,与身体无关。

9、压力是可以完全消除的。

10、除非你改变生活方式,否则你对压力一点也没办法。

做完了,数一数你打勾的数目。正确的答案是上述题目全部是错的。

(一) 压力反应及其功能

当人们面临压力时会产生一系列心理、生理的反应。这些反应在一定程度上是机体主动适应环境变化的需要,能够唤起和发挥机体的潜能,增强抵御和抗病能力。但是过低或者过度的压力会导致身心健康受损、工作效率下降、人际关系退步、适应力渐降、免疫系统减弱。见图14-1。

压力反应通常表现在心理反应、生理反应、行为反应诸方面。

1. 心理反应

压力引起的心理反应有警觉、注意力集中、思维敏捷、情绪的适度唤起,这是适度的反应,有助于个体应付环境。但过度的心理反应如过分烦躁、抑郁、焦虑、激动不安、愤怒、沮丧、失望、消沉、健忘等,会使人自我评价降低、自信心减弱,表现出消极被动、无所适从。

2. 生理反应

在压力状态下,机体必然伴有不同程度的生理反应,主要表现在中枢神经内分泌系统和免疫系统等方面。比如,导致心率加快、心肌收缩力增强、血压升高、呼吸急促、各种激素分泌增加、消化道蠕动和分泌减少、出汗等。

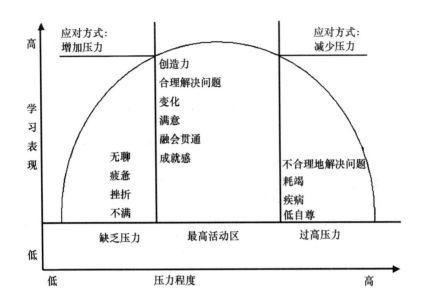

图 14-1 压力适当论(Anderson，1987)

这些生理反应,调动了机体的潜在能量,提高了机体对外界刺激的感受和适应能力,从而使机体能更有效地应付外界环境条件的变化。但过度的压力会使人口干、腹泻、呕吐、头痛、口吃。

3.行为反应

压力状态下的行为反应可分为直接反应与间接反应。直接的行为反应是指直接面临紧张刺激时为了消除刺激源而作出的反应。例如,路遇歹徒或与其搏斗或逃避。间接的行为反应是指为了减少或暂时消除与压力体验有关的苦恼,如借酒、烟、麻醉品等使自己暂时缓解紧张状态。人们对压力的反应通常经历三个不同的阶段。

第一阶段为冲击阶段。发生在暴露于压力源后不久或当时。如果刺激过大,就会使人感到眩晕,表现麻木呆板、不知所措,亦可称为"类休克状态"。如突然听到亲人死亡的消息后大多数人会表现出发呆、惊慌或歇斯底里,只有少数人能保持冷静与镇定。第二阶段为安定阶段。这时,当事人会努力恢复心理上的平衡,控制焦虑和情绪紊乱,恢复受到损害的认知功能。

尔后采用各种心理防御机制或争取亲人、朋友的支持。第三阶段为解决阶段。当事人将自己的注意力转向产生压力的刺激,并努力设法处理它。可能采取逃避行为远离产生压力的原因;或者提高自己的应付技能,改变策略和行为,直接面对刺激、解决刺激。

4. 压力的功能

人们对压力的反应有显著的个体差异,也就是说相同的刺激引起的反应是不同的,这取决于个体的认知、评价及起调节作用的个性心理特征、个性倾向性和社会支持、个体健康状况等因素。压力是由刺激引起的,不仅有害的、侵略性的刺激会引起压力,就连愉悦的、受欢迎的刺激也会带来压力。承受压力并非都是坏事。适度的压力是维持人们正常的心理功能和生理功能的必要条件,同时有助于人们适应环境、提高能力。可见,压力是我们生活的一部分,我们需要压力,正像需要食物与水分。大庆石油开发的时候铁人王进喜说过一句话,叫"人没压力轻飘飘,井没压力不喷油"。这话非常符合心理学研究的规律。生活中如果没有压力,我们就无法适当地成长,不管在生理、心理或社会方面。当生活中没有足够的刺激来引发生理激活状态时,我们通常会觉得厌烦,于是就去寻找一些能造成压力的刺激,如爬山、竞赛等。假如工作学习缺乏压力,也会使我们感到厌烦,难以保持适当的效率。但是,如果在长时间内有太多的压力,身体的细胞、组织与器官就会发生变化,生理与心理便会出现不同的混乱甚至致病。压力让我们学习掌握生活的技巧,应对压力可以成为一种生活的技巧。因此,我们需要学习处理压力的原则与方法,并将其应用于自己的生活、学习之中。

(二) 压力对心理健康的影响

如果压力反应过于强烈或持久,超过了机体自身调节和控制能力,就可能导致心理、生理功能的紊乱而致病。已有大量的研究证明,长期的压力会危及心理健康。台湾大学临床心理学家柯永河教授根据自己多年的临床经验,给出了一个心理不健康的公式,指出压力、自我、社会支持是影响心理健康的三大要素:

$$B = \frac{P + K/P}{E + SS - (SS/C)^2}$$

B = 心理不健康的程度;E = 自我强度;P = 压力强度;K = 个人所需要刺激的最低量
SS = 社会支持;C = 个人所需要的社会支持最低量;K/C 是常量(不同人数值不同)。

由公式可知,压力在两个方向制约,太大太小都影响心理健康;社会支持从两个方面制约,太大太小都会导致心理不健康;越有自信的人越健康。压力是否影响身心健康,与个体差异有关,图 14-2 显示了压力源、压力反应与疾病之间的关系。

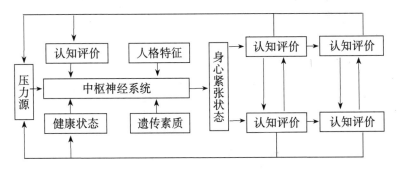

图 14-2　压力源、压力反应与疾病的关系

(三) 压力产生的原因

压力产生的原因可称为压力源(stressor)或称应激源。压力源广泛地存在于我们的生活之中。有些压力源是稍纵即逝的,它引起瞬间的兴奋和欢欣。有些压力源则持之以日、周或月,造成习惯性的高压反应,使人经常处于一种戒备状态,甚至导致心理失衡。我们所遇到的压力源可能在自身,也可能在环境之中。自身的压力源包括痛苦、疾病、记忆、罪恶感、不良的自我概念等,可称之为"内因性压力源";环境的压力源包括热、冷、噪声、其他任何无机性的刺激和有机性的刺激,可称之为"外因性压力源"。但是,人类最主要的压力源是人,人际关系是造成压力的最主要来源。如果我们把造成压力的各种因素作一大致分类,可以划分为躯体性、心理性、社会性和文化

性四大类压力源。

1. 躯体性压力源

躯体性压力源是指经由人的躯体直接发生刺激作用的刺激物,包括各种物理的、化学的、生物的刺激物。如过高过低的温度、酸碱刺激、微生物、变质食物等。这一类刺激是引起生理压力和压力的生理反应的主要原因。

2. 心理性压力源

心理性压力源是指来自人们头脑中的紧张性信息。例如,心理冲突与挫折、不切实际的期望、不祥预感,以及与工作责任有关的压力和紧张等。心理性压力源与其他类压力源的显著不同之处在于它直接来自人们的头脑中。前文提到的 A 型性格者经常都是努力工作的高成就者,事业十分成功,但却由于压力过大或无法处理压力而赔上了自己的健康。

3. 社会性压力源

社会性压力源主要指造成个人生活样式上的变化,并要求人们对其作出调整或适应的情境和事件。这里的生活样式是指组成一个人的日常生活方式的许多"经验和事件",包括:居住地及居住环境、工作的类别及工作场所的环境条件、饮食情况、个人生活习惯、娱乐活动的种类与时间、体力活动的程度、社会联系等。比如,家庭中常常存在导致大量的持续性压力的因素。像照顾年长的双亲、配偶或孩子患病、夫妻关系恶化等。1967 年两位美国研究者汤玛斯·霍曼(Thomas Holmts)及理查·瑞希(Richard Rake)曾探讨不同的生活事件如何影响个体的健康。他们根据与数以千计的被试的晤谈制定了一套"社会再调节评定量表",简称 SRRS,量表中 43 个项目都有一个压力值,压力值范围从"丧偶"100 分到"圣诞节"12 分不等。其中 24 个项目是直接与家庭内的人际关系有关的,而其他项目都间接与家庭有关,在最高得分的前 15 个项目中,有 11 个直接与家庭中的人际关系有关,其他 4 个则强烈地影响家庭的稳定性。可见,家庭虽然是爱的源头,但也同样是压力的来源。社会性压力源及压力量举例见表 14-1。

表 14-1　压力事件及压力量举例

事　件	压力量	事　件	压力量
丧　偶	100	婆媳不和	29
离　婚	73	开　学	26
近亲死亡	63	生活情况改变	25
受伤及大病	53	与上司争执	23
结　婚	50	迁居	20
被辞退工作	47	转校	20
怀　孕	40	改变社交活动	18
经济状况变化	38	改变食物习惯	15
挚友死亡	37		

（四）文化性压力源

文化性压力源,最为常见的是"文化性迁移",如由一种语言环境进入另一种语言环境,或由一个民族聚居区、一个国家迁入另一个民族聚居区、另一个国家。在这种情况下,一个人就将面临一种全新的环境、生疏的生活方式、陌生的风俗,从而不得不改变自己原有的生活方式与习惯,以顺应新的变化。如出国留学是众多学子期盼的深造机会,但一些学生由于对面临的文化环境改变缺乏充分的心理准备,在异文化背景下难以适应,压力过大而引发疾病,中断学业的事例时常发生。

引发压力的因素普遍存在于我们生活的方方面面。对某些压力源,我们一点也不作反应;对某些压力源,我们只作轻微的压力反应;而对另一些压力源,我们会有相当高程度的压力反应。这些反应可能是短促的,也可能持续相当长的一段时间。所有的压力反应都具有累积的效应,必须引起我们的重视。承受压力是生活中不可避免的,压力产生的紧张状态可以提高警觉水平,适当的压力是健康所必需的条件。但是压力过于强烈、持久,超过个人的耐受能力,会破坏人的心身平衡,影响人的学习与工作,损害心身健康,这是压力的有害方面,也是主要方面。压力引起的一系列心理和生理反应过于强烈,就会以临床症状和体征的形式出现,并成为人们身体不适、虚弱、精神痛苦的根源。心身医学研究发现,心身疾病是由多种因素引起的,但更多是由个人遭受的紧张刺激以及生活境遇所决定的,紧张刺激而引起的生化改变最终导致自我损害是心身疾病发病的重要原因之一。也就是说,心理性、社会性、文化性的压力引起紧张状态过于强烈、持久,会通过生理渠道导致躯体病变或直接导致心理疾病。

4.心身疾病

心身疾病是指心理、社会因素在疾病的发生、发展和转化过程中起主导作用的、具有明显的生理结构和功能障碍的一类躯体性疾病。而刺激产生的压力引发紧张状态持续,常常会导致心身疾病。

心身疾病一般表现在以下方面:(1)心血管系统:原发性高血压、冠心病、心律失常、心动过速或过缓等;(2)呼吸系统:支气管哮喘、过度换气综合症、血管舒缩性鼻炎等;(3)消化系统:消化性溃疡、溃疡性结肠炎、神经性厌食、神经性呕吐等;(4)内分泌系统:肥胖症、糖尿病、甲状腺机能亢进等;(5)肌肉骨骼系统:痉挛斜颈、类风湿关节炎、口吃等;(6)神经系统:紧张性头痛和偏头痛等;(7)泌尿生殖系统:性功能障碍、月经失调等;(8)皮肤系统:神经性皮炎、瘙痒症、过敏性皮炎、斑秃、荨麻疹等;(9)其他:癌症、自身免疫性疾病等。

在现代社会,威胁人们健康的疾病已不再是传染性疾病,冠心病、高血压、癌症等疾病已成为新的致死因素,严重地危害着人类的生命。流行病学、行为医学研究发现,这些疾病的发生与社会和心理诸多因素有关,其中心理应激是重要因素。Weiss 的研究发现,心肌梗塞患者有 1/3 以上由急性应激所致,1/3 与慢性应激有关;Graham 等人研究发现,紧张刺激与高血压发病关系密切,职业上精神高度紧张、责任过重或矛盾较多的人易患高血压,重大的创伤性事件或长期处于紧张状态亦可使高血压发病率增高;Leshen 研究发现,忧郁、失望和难以解脱的悲哀是癌症的先兆。

大学生长期紧张的脑力劳动、焦虑不安的情绪积累、生活方式不健康、生活规律紊乱都可能引起心身疾病。大学生中常见的心身疾病主要有:原发性高血压、偏头痛、胃和十二指肠溃疡、心动过速、月经不调等。过度紧张会引起血压升高,对 192 名医学院学生的研究表明,休息、考前 30 分钟和考后 30 分钟三种情况下,血压有所变化。考前 30 分钟面临的压力大,血压非常显著升高的人数增加,有 23 人的收缩压升高 20—40 毫米汞柱,升高最多者为 60 毫米汞柱。考后 30 分钟,血压升高的 51 人中有 32 人恢复正常,19人有轻度升高。见表 14-2。

表 14-2　考试前后 30 分钟血压变化情况(192 名)

时　间	血压变化	人　数	%
休　息	轻度血压升高	12 人	6.25
考前 30 分钟	非常显著的血压升高	51 人	26.56
考后 30 分钟	轻度血压升高	19 人	9.89

大学生中常见的消化性溃疡(胃和十二指肠溃疡)和紧张性头痛、偏头痛都与压力引发的紧张状态持续有关。强烈而持续的心身紧张状态可能引起迷走神经的兴奋,导致胃液分泌增加,胃酸和胃蛋白酶原水平升高,从而损伤胃和十二指肠粘膜而发生溃疡;也可能通过神经血管机制引起头部血管和肌肉的强烈收缩而诱发头痛。患消化性溃疡的人常常表现为顺从依赖、过分自我克制、情绪不稳、内心冲突等;患头痛的人常常表现出好强、固执、刻板、敏感、内心冲突等人格特征。人格特征与心身疾病的关系见表 14-3。

表 14-3　人格特征与心身疾病

心身疾病种类	人格特征
哮　喘	过分依赖、幼稚、希望被人照顾,对别人、对自己在情感上都是模棱两可的
结肠炎	听话、带有强迫性、抑郁、心情矛盾、吝啬
心脏病	忙碌、好胜、争强、争躁、善于把握环境
荨麻疹	渴望得到情感、有罪恶感、自我惩罚
高血压	好高骛远、愤怒被压抑、听话
偏头痛	追求尽善尽美、死板、争胜、嫉妒
溃疡病	依赖、敌意被压抑、感情受挫折、雄心勃勃、有魄力

心身疾病的防治应从生理、心理和社会环境三方面入手。避免、消除各

种心理社会压力源,纠正不良的行为习惯、生活方式与人格特征,学会在紧张刺激下采取合理的心理防御机制来解决心理冲突,锻炼自己的挫折承受能力,都是积极而重要的措施。

二 压力与失眠

失眠是指实际睡眠时间过短(包括入睡困难、夜间频繁觉醒以及早醒)或睡眠时间如常但缺乏睡眠感。失眠会造成慢性的疲劳状态,降低白天的活力,导致工作、学习效率不佳。与睡眠充足的人相比,睡眠不足的人明显容易动怒且忧郁不安,而且也易引发精神疾病和其他疾病。失眠是常见的现象,患失眠症的人比率不低,据美国政府1992年1月6日发表的一项报告称,美国约有4000万人患失眠症及其他慢性睡眠问题。2006年1—3月,由我国39个健康网进行了"中国人睡眠状况调查",发现80%的都市成年人睡眠不健康,近四成人饱受失眠的"折磨"。

(一)失眠的类型

睡眠是人们生存和保证正常生活所必需的,是消除疲劳极为有效的途径。俄国著名生理学家巴甫洛夫把睡眠称为"神经系统的救星"。近代生理学研究表明,人在睡眠时,脑的血液供应相对增多,脱氧核糖核酸(DNA)的合成加快,神经传导中不可缺少的介质——乙酰胆碱含量显著提高,使脑组织已经消耗的能量得到补充、恢复,从而为第二天大脑兴奋做好准备。另外,睡眠还能使生长激素分泌增加。因此,适时的睡眠对脑的发育、脑功能的恢复、记忆的巩固以及儿童的生长发育都有重要作用。如长期睡眠不足会出现头晕、食欲减退、精神委靡不振、注意力不集中、记忆力下降、情绪淡漠或急躁,从而影响学习和工作。

当我们在生活中遇到压力事件时,无论是急性的或慢性的,情绪处于紧张状态,首先受影响的就是睡眠。当承受的压力较大时,常常躺在床上辗转反侧、终不成眠,压力反应一再被激起,生理活动一直停留在相当高的水平,神经系统的兴奋一直没有降至睡眠所需的界限,弄得精疲力尽。在大学生心理咨询中常常会见到因失眠困扰而来的求询者。有的学生过于担心睡不着，形成条件反射，一到睡眠时间就恐惧；上床后思想像脱缰的野马，胡思乱想，不能控制；早上起床头昏脑涨，疲乏无力。如果长期睡眠不足易造成严重后果。学生上课注意力不集中，影响学习效率；司机睡眠不足会造成交通事故；工人睡眠不足易造成工伤事故。失眠是睡眠过程中某一环节的不足，大致可以分为几种类型：(1)入睡困难：躺上床后翻来覆去，甚至1—2小时还难以入眠；(2)睡眠表浅、易醒：睡眠质量不高，每夜多次醒来，尔后不易入睡；(3)早醒：凌晨早早醒来，再入睡困难；(4)恶梦多，出冷汗。

失眠与压力有关，同时也与失眠者的心理密切相关，即失眠引发了"失眠心理"，而"失眠心理"又加重了失眠状况。一种失眠心理是把失眠的消极后果无限扩大，从而形成"消极后果链"。比如，一个大学生由失眠联想到会影响学习，考试通不过，大学毕不了业，最后推出"人生没有希望"的可怕结论。由于担心不良后果，失眠者最强烈的反应是力图迅速克服，但越想克服失眠越加剧了失眠，适得其反。

另一种失眠心理是一些失眠者有一种爱把"消极结论"和自己"对号入座"的归因倾向。当他们难以入眠时，就开始对自己进行无情剖析，怀疑自己神经系统脆弱，埋怨自己自控能力太差，责怪自己连睡觉这么简单的事都不能处理好，于是又走入了上面的怪圈。

心理学家曾经对失眠者做了一个实验，让他们服下一颗无任何药效的糖丸，然后告诉一部分人服的是一种令人兴奋的药丸，而告诉另一部分人这种药丸将起助眠镇静作用。结果发现，前者因为把神经兴奋归因于药丸的作用，而不像先前习惯地引咎自责，因而很快入睡了。相反，后者服了想象中能使自己尽快入睡的药丸之后，神经系统依然那么兴奋不安，于是更坚定地确信是自己出了什么毛病，这种不安与自责更加剧了兴奋，所以比平时入睡更晚。

(二) 大学生中常见的失眠原因

(1)心理因素：各种事件引起的紧张、焦虑、忧虑或兴奋、激动的心理状态持续而久久不能平静，导致失眠。或卧床后一些不良的心理暗示，如过于担心睡不着而导致失眠。

（2）生理因素：睡眠前过饱、饥饿、口渴等也会直接影响睡眠。

（3）疾病因素：因重感冒流涕鼻塞而呼吸不畅通，外伤引发的疼痛难忍，其他疾病导致的严重不适感都可能影响睡眠。

（4）物质因素：临睡前饮用酒精类饮料或咖啡、浓茶等引起兴奋的物质而造成大脑兴奋难以入睡。

（5）环境因素：睡眠环境直接影响睡眠质量。寝室人多嘈杂、睡前"卧谈会"上的争论、床板太硬、被褥不适、温度过冷或过热等都会影响睡眠。

（三）失眠的认知调节

克服失眠、改善睡眠可以从分析原因入手，除有针对性地调整外，更重要的是应对失眠有合理的观念和正确的认识。

首先，失眠不等于失眠症。失眠症是指以失眠为主要特征并持续较长的一种睡眠障碍。由于一些压力事件或特殊原因导致的暂时失眠或睡眠不足不等于失眠症。偶尔失眠是任何人都可能遇到的事情。

其次，睡眠的质和量存在个别差异。睡眠所需时间因人的年龄、健康状况、神经类型等等不同而存在差异。不必苛求每天必须睡满八小时，不足八小时就担心休息不好。另外，睡眠是否充足，除了时间因素之外，还要看睡眠质量，即睡眠的深浅程度。睡得熟、睡得深，睡眠时间相对可以少一些。只要第二天精神状态好，就不必为睡眠时间的多少而过虑。

再次，应积极正确地对待失眠。失眠本身对人的影响远没有失眠者对失眠的认识及态度不良而带来的思想负担及心理压力大。有些学生出现失眠症状就紧张，产生恐惧心理，害怕神经衰弱，心理负担很重，或者一有失眠就服安眠药、补脑药，结果效果反而差。其实，失眠不等于神经衰弱。通过心理行为的调整，失眠状况是可以改善的，不必夸大失眠对人的影响，以免造成巨大的心理负担。以平常心坦然面对失眠并积极调整，完全可以改善睡眠质量。

（四）讲究睡眠卫生

睡眠是一种保护性抑制，可以消除疲劳、恢复精力体力。因此，改善睡眠质量可以提高学习和工作的效率。改善睡眠主要在于遵循睡眠卫生的原则及要求。按照以下建议去做，将有助于改善失眠状况。

（1）保持平常心。如果对睡眠抱有无所谓的态度，顺其自然，不刻意去关注，即使偶有失眠也不把它看得很严重，反而会睡得好。

（2）避免不良暗示。不良的自我暗示指睡眠前总是想"今天可别又睡不着"、"今晚一定能睡好"、"睡不好明天就干不了事"，其结果往往反而强化了失眠。

（3）先睡心后睡眠。这是宋代蔡季通在《睡诀》中提出的，意指入睡时精神放松、情绪宁静，就容易入睡。万一睡不着，也要心平气和地躺着，放松心理和身体。

（4）生活规律。按时起床、按时入睡。每晚在同一时间睡，容易形成条件反射。

（5）避免刺激。睡前避免剧烈的活动和繁重的脑力劳动。避免兴奋、激动、气愤、紧张等情绪唤起，以免大脑处于兴奋状态而难以入睡。

（6）饥饱适中。睡前吃东西会增加肠胃负担，因此睡前应避免饥饿状态和过饱状态，不喝有刺激的茶、咖啡、酒，可饮一些热的甜饮料，如热牛奶。

（7）睡前一盆汤。"晨散三百步，睡前一盆汤"是古人总结出的健康要诀，指的是临睡前用热水泡泡脚，可起到安定心神的作用。

（8）睡眠环境良好。睡眠的大环境指房间内安静，光线适当；小环境指被褥干净、松软舒适，枕头高低适当。环境良好有助睡眠。

（9）睡姿科学。睡觉的姿势应科学，仰卧易生梦，俯卧影响呼吸，右侧位最科学，有助睡眠质量的保持。

（10）健康防病。应加强体育锻炼，保持健康、预防疾病、消除疾病，以防止疾病带来痛苦而影响睡眠。

（11）劳逸结合。要学会调剂过重的脑力劳动，以免使大脑皮层兴奋和抑制过程失调而引起失眠。当出现较长时间的失眠症状，应该寻求心理咨询机构的帮助，以便及时找到原因，通过心理治疗.改善睡眠质量。

三 压力自我管理策略

适度的压力有助于提高人的学习和生活效率,但过度的压力会危害人的健康。

(一)压力状况测量

人所承受的压力是适当还是过当,可以通过测试表来了解。"国际压力与紧张控制学会"是一个关注压力研究及压力处理问题的国际学术组织,学会创始人之一 J. Macdonaldwallace 先生研究开发的压力测试表"心理身体紧张松弛测试表"(Psycho-Somatic-Tension-Relaxation Inventory),简称 PSTRI,该表简便适用,通过测试即可了解自己的压力程度。用大约 10 分钟时间填写 PSTRI,不要在每一题上花太多时间考虑。

表 14-4 PSTRI 压力测试表

仔细考虑每一个项目,看它究竟有多少适合你,然后将你对每一项目的评分,根据下面这个发生频率表现出来。

| 频 率 | 总是——4 经常——3 有时——2 很少——1 从来不——0 |

项目评分

1. 我受背痛之苦
2. 我的睡眠不定且睡不安稳
3. 我有头痛
4. 我颚部疼痛
5. 若须等候,我会不安
6. 我的后颈感到疼痛
7. 我比多数人更神经紧张
8. 我很难入睡
9. 我的头感到紧或痛
10. 我的胃有病
11. 我对自己没有信心
12. 我对自己说话
13. 我忧虑财务问题
14. 与人见面时,我会窘怯

15.我怕发生可怕的事
16.白天我觉得累
17.下午我感到喉咙痛,但并非由于染上感冒
18.我心情不安、无法静坐
19.我感到非常口干
20.我心脏有病
21.我觉得自己不是很有用
22.我吸烟
23.我肚子不舒服
24.我觉得不快乐
25.我流汗
26.我喝酒
27.我很自觉
28.我觉得自己像四分五裂
29.我的眼睛又酸又累
30.我的腿或脚抽筋
31.我的心跳过速
32.我怕结识人
33.我手脚冰冷
34.我患便秘
35.我未经医师指示使用各种药物
36.我发现自己很容易哭
37.我消化不良
38.我咬指甲
39.我耳中有嗡嗡声
40.我小便频密
41.我有胃溃疡
42.我有皮肤方面的病
43.我的咽喉很紧
44.我有十二指肠溃疡病
45.我担心我的工作
46.我口腔溃烂
47.我为琐事忧虑
48.我呼吸浅促
49.我觉得胸部紧迫
50.我发现很难作决定
总分

回答完毕请把总分加起来,然后从分数解释表上找到你的总分所在位置,并认真阅读后面的解释。如果你的分数是 43—65 之间,那么你的压力是适中的,不必寻求改变生活型态;如果你的分数低于 43 或高于 65,那表示你可能需要调整生活型态。低分者需要更多刺激;高分者需要减轻压力。

表 14-5   PSTRI 压力程度分析

分　数	
98 (93 或以上)	这个分数表示你确实正以极度的压力反应在伤害你自己的健康。你需要专业心理治疗给予一些忠告,它可以帮助你消减你对于压力源的知觉,并帮助你改良生活的品质。
87 (82—92)	这个分数表示你正经历太多的压力,这正在损害你的健康,并使你的人际关系发生问题。你的行为会伤害自己,也可能会影响其他人。因此,对你来说,学习如何减除自己的压力反应是非常重要的。你可能必须花许多时间做练习,学习控制压力,也可以寻求专业的帮助。
76 (76—81)	这个分数显示你的压力程度中等,可能正开始对健康不利。你可以仔细反省自己对压力如何作出反应,并学习在压力出现时,控制自己的肌肉紧张,以消除生理激活反应。你也可以选用适合的肌肉松弛录音带。
65 (60—70)	这个分数指出你生活中的兴奋与压力量也许是相当适中的。偶尔会有一段时间压力太多,但你也许有能力去享受压力,而且很快地回到平静的状态,因此对你的健康并不会造成威胁。做一些松弛的练习仍是有益的。
54 (49—59)	这个分数表示你能够控制你自己的压力反应,你是一个相当放松的人。也许你对于所遇到的各种压力,并没有将它们解释为威胁,所以你很容易与人相处,可以毫无惧怕地担任工作,也没有失去自信。
43 (38—48)	这个分数表示你对所遭遇的压力很不易为之所动,甚至是不当一回事,好像并没有发生过一样。这对你的健康不会有什么负面的影响,但你的生活缺乏适度的兴奋,因此趣味也就有限。
32 (27—37)	这个分数表示你的生活可能是相当沉闷的,即使刺激或有趣的事情发生了,你也很少作反应。可能你必须参与更多的社会活动或娱乐活动,以增加你的压力激活反应。
21 (16—26)	如果你的分数只落在这个范围内,也许意味着你在生活中所经历的压力经验不够,或是你并没有正确地分析自己。你最好更主动些,在工作、社交、娱乐等活动上多寻求些刺激。做松弛练习对你没有什么用,但接受一些辅导也许会有帮助。

（二）松弛及其作用

松弛是肌肉纤维的伸展状态，意味着让肌肉纤维卸除其中的紧张，它是紧张的反义词。无数临床与实验研究表明，学会放松身体肌肉就可以在极短的时间内促使身心得到完全的休息，减少压力。1981 年美国《社会科学与医学》(*Social Science and Medicine*) 杂志上刊登了一篇题为《与压力有关之死亡的生理基础》的重要论文，作者是宾夕法尼亚大学的 Sterling 和 Eyer。他们指出，当人的身体处于紧张状态时肌肉收缩，处于松弛状态时肌肉放松，同时指出，两种状态下新陈代谢作用有明显差异(见表 14-6)。

表 14-6　新陈代谢中的功能差别

紧张状态	松弛状态
停止合成蛋白质、脂肪、碳水化合物	增加合成蛋白质、脂肪、碳水化合物（成长与能量储存）
增加消耗蛋白质、脂肪、碳水化合物（能量的使用）	减少消耗蛋白质、脂肪、碳水化合物
提高血液中葡萄糖、脂肪酸含量，脂蛋白及胆固醇浓度降低	减少葡萄糖、脂肪酸、胆固醇等
增加生产血球及胆汁酵素	
减少骨骼的修补及复原	增加骨骼的修补及成长
减少制造免疫系统细胞(胸腺缩小，循环白血细胞减少)	增加制造免疫系统细胞(胸腺及骨髓的白血细胞增加)
一些正常具有高代换率的细胞(例如内脏、皮肤等)的修补与代换减少	一些正常具有高代换率的细胞(例如内脏、皮肤等)的修补及代换增加
血压升高	血压降低
心脏的输出增加	心脏的输出减少
增加盐与水的维持量	减少盐与水的维持量
减少性过程	增加性过程(包括细胞组成方面、荷尔蒙方面、心理方面)

由上表可见，任何压力都意味着紧张升高以及交感神经系统活动量的增加，这对人是有益的。但另一方面，如果停留在紧张状态时间过久，副交

感神经就没有机会执行其静化的影响功能,而修补荷尔蒙也就无法对身体进行保护。

在生活中,必须使紧张与松弛状态维持在合理的平衡水准上。有许多人虽然不了解这一点,却能成功地掌握好分寸。但也有许多人从来也没有达到这种平衡,而使身心受到损害。当平衡点越趋近松弛状态,生活就会变得枯燥无味,生理活动也会停滞下来;当平衡点越趋近紧张状态,生活就变得具有冒险性、挑战性,更加刺激,同时也更可能发展出与压力有关的健康问题。

从紧张状态到松弛状态的过程叫放松。放松会使我们心境安静、身心和谐。一般来说,放松包括身体上的放松和精神上的放松。放松可解除紧张,让我们保持更好的心理状态去面对生活中的困难,帮助我们应付各种压力。

(三) 压力的自我管理

1. 情景性自我管理

这是指个体面临压力情景,减轻最初压力反应的技能。这种技能包括认知重构、运动和呼吸训练等。个体可以通过改变假设来缓解压力体验。比如面临意外的失败,想到失败可能会带来的种种后果,个体会感到很大的压力。如果能改变假设,把这次失败看成是工作中的一个小事件,或是成功过程中常见的一次挫折,心存感激地接受失败带来的教训以及不同的工作体验,多思考明天应如何做以取得成功,那么个体的压力体会就会减轻很多。另外,当个体面临很大的任务挑战时,也可以通过运动放松和呼吸训练来减轻压力体会。

2. 更新性自我管理

这是指个体在已经感觉到承受了很大的压力时,如何从现存的精神、身体和情感的过分紧张状态恢复到乐观、放松心态的技能。这时,可采取自我建议、紧张减轻训练等措施。比如个体处于很大的任务压力中,整天觉得有许多事情需要做,但进展缓慢。此时不妨学习有效的时间管理,将任务根据紧急和重要两个维度分类,每天安排时间首先处理紧急且重要的事情,所有的任务根据其性质采取不同的处理方式,安排相应的时间。在这些时间里不能做打电话等琐碎的事情,以免整块时间被分割而不能完成原来安排的任务。按照正确的方法进行时间管理,相信任务压力会减轻很多。再比如,如果个体遭遇很大的人际压力,可以采取向好友倾诉等方法来缓解。总之,当个体处于高压力之时,不要坐以待毙,任凭压力摧残自己的心身,而应采取积极的态度,进行并实施各种自我建议。只有减轻压力才能提高个体绩效。

3. 防范性自我管理

这可以增强个体的适应能力,从根本上减少过度压力反应的机会。其工具包括精神构想、运动调节等。个体应注意自身良好的心态和正确的人生价值观的培养。人的一生不仅要追求结果,更应注重过程的体验,从细微人手,追求过程的完美,结果往往会水到渠成。即使有暂时的挫折,也应该有乐观和健康的心态。同时,努力增强自身实力,如知识、技术、人际交往等技能,可有效减少因自身能力不足而体会到很大压力的可能性。

玻璃杯实验。在一个有关压力处理的课程上,老师给学生做了一个示范,提出了一个问题。他举起手中的玻璃杯,问课堂上的学生:"你们估量一下玻璃杯内的水有多重?"学生议论纷纷,答案不一,范围由二十克到五百克不等。老师说:"那些水的实质重量并不重要,重要的是你拿着水杯的时间。如果拿着一分钟,OK,一点感觉也没有;如果拿着一小时,手臂会疼痛;如果拿着一整天,可能就要叫救护车了。""就算玻璃杯重量不变,拿在手中的时间越长,手中对象的重量就愈重。"

老师要大家作一些联想。"其实,人的情绪和玻璃杯里的水差不多。如果时常背负很多重担,重担的重量不变,担子也会变得愈来愈重,最后重到负担不起。要减压就应放下玻璃杯休息一下,然后再拿起。长时间来说,最好可以定期把担子放下,等自己喘一喘气,又可再背起担子。一个人下班回家,最好迅速放下各种担子。千万不要带着重担踏入家门,你可以明天再背起担子上班。"

不良的情绪也可用这个方法处理。牢骚、愤怒、埋怨、低落的念头一起,就要马上处理。这类情绪无论有多少,积存时间愈长,对人对己的伤害愈大。只要像放下担子喘气一样经常处理就会健康快乐一些。拿得起、放得下,人自然会觉得自在。

四 压力应对具体方法

当人们面对压力和紧张困扰时,就会自觉或不自觉地采取一些方法来应付压力。

(一) 常见的错误方法

1. 依赖药物

有些人相信药物可以消除压力,因而常常服用,甚至滥用。药物只可以暂时消除紧张情绪,但不可能治疗压力的根源。长期持续性地使用药物,而不主动去控制自己的压力行为,那么药物就会带来依赖,使人失去个人主动性并导致各种疾病。

2. 饮酒

有些人认为酒精是解除压力的方法之一,因此面临压力时常借酒消愁。酒精是神经系统的刺激物,同时也是一种镇静剂,能够暂时起到抑制中枢神经系统的功能,但经常饮酒容易引致酒精中毒而危害健康,而且饮酒过量会影响人的判断力。

3. 抽烟

烟草是一种兴奋剂,有一定的镇静作用。有些人遇到大压力时拼命吸烟,以缓解紧张的神经。但吸烟过量会引致神经过敏,因吸入大量尼古丁而使心肺呈现紧张状态,产生一些意料不到的反应和后果。

(二) 正确的应对方法

1. 认识压力及其可能导致的后果

当我们认识到在现实生活中充满竞争,心理压力和精神紧张无法彻底消除时,就可能对已出现或将要出现的压力有一定的准备。同时可以学习一些更有效的应对方法。

2. 在问题及后果还未引发之前将压力加以控制

控制的常用方法有:坦诚倾吐,当紧张情绪积累到一定程度时找一位朋友或亲人诉说倾吐;增加休息、忙里偷闲,在还没有达到极度疲劳时,让工作步伐缓慢下来;切合实际,当自己期望过高达不到目标时就会产生精神紧张,如果定的目标切合实际,必定有把握成功;计划工作,当感到工作永远做不完而内心紧张、焦虑增加时,最好把工作好好计划一下,使时间与精力能有效利用;经常运动,运动可调整身心,有助于发泄愤怒和消除压力;学会放松,每天花几分钟时间平静和安定情绪。

(三) 放松的常用方法

1. 一般身心放松法

放松是指身体或精神由紧张状态转为松弛状态的过程。放松主要是消除肌肉的紧张。在所有生理系统中,只有肌肉系统是我们可以直接控制的。当压力事件出现时,沉重负担不断积累,个人的压力增大,持续数分钟的完全放松,比一小时睡眠的效果还好。身体放松的常用方法有游泳、做操、散步、洗热水澡;精神放松的方法有听音乐、看漫画、静坐、钓鱼等;其他常用方法还有瑜珈、冥想、打太极拳等。所有的方法都是通过肌肉松弛而达成的。

那么,我们是否需要放松,何时放松为好,除了可以通过压力测量得知外,也可以从身体、精神状态方面了解。从身体方面了解可以观察饮食是否正常、营养是否充分、睡眠是否充足、有无适当运动等;从精神方面了解可以观察处事是否镇定、是否容易分心、是否心平气和等。如果回答都是“是”,说明你的生活比较放松。但如果遇到不如意的事精神会受到干扰,情绪会变得紧张不安,则需要借助放松的技巧和方法,去排除干扰。

2. 放松训练

放松训练又称松弛反应训练或自我调整疗法,是一种通过机体的主动放松来增强自我控制能力的有效方法。它是在一个安静的环境中按一定的要求完成某种特定的动作程序,通过反复的练习使人学会有意识地控制自身的心理和生理活动,以期降低机体唤醒水平,增强适应能力,调整那些因紧张反应而造成的紊乱和心理生理功能,达到预防和治疗疾病的作用。放松训练的具体方法有许多种,如直接放松与间接放松、全部放松和渐进放松等。在这里,我们介绍一个可以由自己操作的简便的放松练习。同学们可以利用早上醒来或晚上睡觉前的时间练习。

在实施练习前,可先测一下压力状况,然后在练习一段时间后再测一下压力状况,你会发现,压力有所减轻。简易放松练习前的准备工作:

(1) 找一个安静或不受干扰的地方,光线柔和。

(2) 给自己预备足够时间。

(3) 有一个活动自如的空间。

(4) 留意自己的姿势,看看是否坐得舒服。

放松练习开始:

当你舒舒服服坐好之后,可以开始做深呼吸,慢慢吸入然后呼出,每当你呼出的时候在心中默念"放松",当你感觉呼吸平稳、有规律的时候,暂时不用说"放松"。

将你的注意力集中到右手上,慢慢将右手握紧、握紧成拳头,再用点劲、紧紧握拳,你会感觉到整个右手由拳头到肩膀都变得硬直,然后数1至10。

慢慢将右手放松、放松,你感到僵直的右臂逐渐经由肩膀——手肘——手腕——手心——手指而慢慢地松弛下来,放松、继续放松,放松整个右手。跟着注意力集中在呼吸上,每当呼吸时,心里轻轻默念"放松"。重复3次。

再次将注意力集中在你的左手上,重复以上练习。

将注意力集中在整个右脚,将右脚伸得硬直、收紧,将脚趾"拉"向头部方向,你会感觉小腿部分酸硬,数1至10,再将脚趾反头部方向伸,数1至10,放松整个右脚。当你的脚完全放松时,它会很自然地略向外倾。然后将注意力集中在呼吸上,让自己放松……

再将注意力集中在左脚上,重复以上的练习。

肌肉放松的关键是练习者能分辨和感受到肌肉收紧、放松时的状况。当你能把握以上的感受后,可将上述练习的原理运用到身体其他部分,如头部、颈部、肩部、胸部、背部。

3．精神放松练习

试着把注意力集中在不同的感受上。

（1）视觉：静心看着一支笔、一朵花、一点烛光或任何一件柔和美好的东西，细心观察它的细微之处。

（2）听觉：聆听轻松的音乐，细细体会，或闭目仔细倾听周围的声音并分析。也可以自己数数。

（3）触觉：触摸你的手指，按按掌心，轻抚额头或面颊。

（4）嗅觉：点燃一些香料，集中注意力，微微吸入它散发的芳香。

此外，还可以闭上眼睛，试着将生活中一切琐碎、不愉快的事情忘掉，着意只想像恬静美好的景物，如蓝蓝的海水、金色的沙滩、朵朵白云、高山流水等，都可以起到放松身心、调节情绪、减轻压力的作用。

表 14-7　A—Z 减压 26 式

A	Appreciation	接纳自己接纳人，避免挑剔免伤神
B	Balance	学习娱乐巧安排，平衡生活最适宜
C	Cry	伤心之际放声哭，释放抑郁舒愁怀
D	Detour	碰壁时候要变通，无须撞到南墙头
E	Entertainment	看看电影听听歌，松弛神经选择多
F	Fear Not	正直无惧莫退缩，哪怕背后小人戳
G	Give	自我中心限制大，关心他人展胸怀
H	Humor	戴副"墨"镜瞧一瞧，苦中寻乐自有福
I	Imperfect	世上谁人能完美，尽力而为心坦然
J	Jogging	跑跑步来爬爬山，真是赛过食仙丹
K	Knowledge	知多一些头脑清，无谓担心全减少
L	Laugh	每天都会笑哈哈，压力面前不会垮
M	Management	不怕多却只怕乱，时间管理很重要
N	No	适当时候要讲"不"，不是样样你都行
O	Optimistic	凡事要向好处看，无须吓得一头汗
P	Priority	先后轻重细掂量，取舍方向不难求
Q	Quiet	心乱如麻自然慌，心静如水自然安
R	Reward	日忙夜忙身心倦，爱惜自己要牢记
S	Slow Down	做下停下喘口气，不必做到脑麻痹

(续　表)

T	Talk	找人聊聊有人听,被人理解好开心
U	Unique	人比人会气死人,自我突破最要紧
V	Vacation	放放假或充充电,活力充沛展笑脸
W	Wear	穿着打扮用点心,精神焕发心情好
X	X-ray	探寻压力的源头,对症下药有计谋
Y	Yes, I can	相信自己有潜能,勇往直前步青云
Z	Zero	从零开始向前看,每日都是新起点

(资料来源:香港浸会大学学生事务处辅导中心)

建议阅读书目:

1. 樊富珉主编:《大学生心理健康与发展》,北京:清华大学出版社,1997 年。

2. 李虹:《压力应对与大学生心理健康》,北京:北京师范大学出版社,2004 年。

3. 〔美〕Phillip L. Rice 著、石林等译:《压力与健康》,北京:中国轻工业出版社,2000 年。

4. 何跃青编著:《如何进行压力管理》,北京:北京大学出版社,2004 年。

第十五讲

识别与预防心理障碍

心理问题及其鉴别
常见心理困扰及障碍
识别与关注抑郁症
珍爱生命预防自杀
心理咨询与心理治疗

　　2005年12月，上海某著名高校数学系研究生张某在寝室里残忍地挖出猫眼，以此为发泄，受到媒体、网友和社会舆论广泛且激烈的谴责。张某刚开始领养小猫的时候，是由于小猫的可爱，直到有一次他因为小猫调皮、吵得他无法休息，就用力打了这只猫。而这只小猫是他最喜欢也是养的时间最长的猫，它有个可爱的名字叫皮皮。用他的话来说"皮皮是我唯一正常对待的小猫"，不过"皮皮被我打得也很厉害，我把它打得奄奄一息，然后再放到草丛里面，我不确定它能够活多久，但它那个时候已经大小便失禁了"。随后这种行为就成了他发泄的一种方式，更让他多了某种快感。张某在半年内以帮忙收养小猫为由，从学校同学手中骗取小猫数十只，施虐后丢弃。张在自白中解释"虐猫是自己愤恨时的一种发泄渠道"。母亲发现儿子的不良行为后,表示将带他去看心理医生。近几年,有关大学生的轰动性新闻迭出:继大学生"伤熊事件"之后,又有大学生杀死亲人、绑架人质、杀人弃尸、微波炉中活烤小鹿犬以及虐猫事件,不少人在问:大学生怎么了?

人的心理、精神也和人的躯体一样,可以保持正常状态,也可能出现异常、障碍和疾病。人们对于躯体疾病和生理障碍一般容易理解和接受,并主动求医求治,但是对于精神疾病和心理障碍却不甚了解。青年学生中有一些人存在着不同类型、不同程度的心理障碍或精神疾病,在日常学习和生活中饱受痛苦,但不知是怎么回事,也不懂去求得心理咨询机构的专业帮助。多数人从报刊或有关书籍里读到一些心理异常的知识介绍,不作细致分析就简单对号入座,整日忧心忡忡、惶恐不安,严重影响了正常的学习和生活。本讲中将介绍大学生中常见的心理障碍或异常表现的种类,分析心理障碍产生的原因以及预防和矫治心理问题的方法。

一　心理问题及其鉴别

心理问题是指所有心理及行为异常的情形。心理的"正常"和"异常"之间并没有明确的和绝对的界限,一般认为,人的心理及行为是一个由"正常"逐渐向"异常"、由量变到质变,并且相互依存和转化的连续谱。因此,生活在现实社会中的每一个人都在一定程度上存在心理问题,即人的心理问题是普遍存在的,只是程度不同而已。

(一) 心理问题的分类

根据严重程度,通常把心理问题分为心理困扰、心理障碍和精神病。

1.心理困扰

心理困扰是人们经常遇到的因各种适应问题、应激问题、人际关系问题等引起的轻度心理失调,其强度较弱,持续时间较短,对人的生活效能和情绪状态有一定的负面影响,但不属于疾病范畴,容易通过自我调整和适当的心理疏导得到恢复和矫正。

2. 心理障碍

心理障碍,又称心理疾病,是指心理功能紊乱,并达到影响个体的社会功能或使自我感到痛苦程度的心理问题。主要是指神经症、情感性障碍、人格障碍和性心理障碍等轻度的心理创伤或心理异常现象。

3. 精神病

精神病是指人脑机能活动失调,丧失自知力,不能应付正常生活,不能与现实保持恰当接触的严重的心理障碍。精神病的种类很多,常见的主要有精神分裂症、情感性精神病、偏执性精神病和反应性精神病等。

心理问题产生的原因是复杂的和多方面的,既有遗传和生理因素,又有心理、社会和环境因素。大学生是同龄人中的佼佼者,在智力和躯体健康方面通常没有问题,因此,大学生心理问题主要源自各种心理冲突,有个人的原因,也有家庭、社会和学校教育的原因,也可能是遗传因素和突发性事件所致。

大多数学生具有良好的心理健康状态,有能力调节和处理成长过程中所遇到的各种压力和问题,但也有部分学生单单依靠自己的力量已不能有效地面对所遇到的压力和问题,需要外界的帮助和引导,否则,问题有可能进一步发展,甚至导致心理疾病。心理疾病与其他任何疾病一样,不及早治疗就会加重病情,从而给治愈带来困难。如果及早发现、及早进行心理咨询和治疗,就可以较快地治愈。所以,积极面对、及早求助,是每一名大学生面对心理问题的基本应对策略。

身心健康"十个一"。一个宽阔的胸怀,心态决定健康。豁达、宽容、大度的生活态度会使你更容易满足和懂得享受生活的美好。一种活泼、热情、开朗的合群性格,性格决定命运。活泼、热情、开朗的人天真、善良、自信,愿意帮助别人,拥有和谐的人际关系。一种不向任何压力低头的意志。能接受挑战的人,说明他的精力十分充沛。一张永远微笑的面孔。笑会使你全身肌肉牵动,促进血液循环,并能呼出二氧化碳,吸入更多的新鲜空气。一种对年龄的忘却。不要老是想着我又长了一岁,更老了。每天都要抱着乐观的态度去生活,你就会觉得永远年轻,有活力。一种规律的生活。这将有助于形成良好的条件反射,以保证各种生理机能发挥最好的效应。一种合理的饮食习惯。合理饮食是长寿之本,每餐吃八成饱最好。注意营养平衡,不能偏食,主副食适当搭配,不吸烟,不饮酒。一种最适合自己的锻炼方法。选择原则有两条:一是个人的兴趣和爱好;二是根据自己的身体状况,特别是心血管和呼吸系统的状况。一种能调节身心的业余爱好。一个人起码要有一种以上业余爱好,它能增添你的生活情趣,同时也是消除工作疲劳的良方。一种正确对待疾病的态度。既得之,接受之。生病时,不要恐慌,要积极找医生治疗,且乐观自信,相信自己一定能战胜它。(改编自《读者》2004年第2期,作者王振华)

(二) 心理问题鉴别方法

判断是否有心理问题,特别是判断是否有某种心理障碍或精神病,实质上是一个心理评估与诊断问题,需要专业人员,如临床心理学家、心理咨询师等,运用心理学和精神病学的理论、技术、方法和手段,根据严格的诊断标准,按照严格的程序去实施的一项专业性很强的工作。通常所使用的评估和诊断方法主要包括观察法、会谈法、调查法和测验法。

1. 观察法

观察法即通过对当事人外显行为的直接观察来评估其心理问题及程度的方法。分为在自然情景下观察和在特定情景下观察两种。

2. 会谈法

会谈法是通过咨询师与当事人面对面的谈话来进行心理评估的方法。也是了解当事人动机、态度、认知和情感体验等内心体验的常用方法。有三种会谈方法:结构式会谈、非结构式会谈、半结构式会谈。

3. 调查法

调查法是一种间接、迂回的心理评估方法,根据调查的取向可将调查法分为历史调查和现状调查两类。

4. 测验法

测验法是通过心理测验和评定量表进行心理问题评估的方法。心理测验包括智力、能力、性向、成就、人格等个体心理特征。我国心理测验专家开发的中国大学生心理应激量表（CCSPSS）、中国大学生人格量表（CCSPS）、中国大学生适应量表（CCSAS）、中国大学生心理健康量表（CCSMHS）就是专门针对大学生发展与心理健康程度评估的科学工具。

可见，是否有心理障碍或精神疾病，不能仅根据一些情绪或躯体现象就轻易作出判断，更不能简单地"对号入座"。人们在遇到挫折时，出现一些情绪反应和躯体症状，本来属于正常现象，可有些学生却盲目地"诊断"为某种心理障碍，如焦虑症、抑郁症、强迫症等，这对降低紧张情绪和缓解心理痛苦是很不利的。这种消极的暗示作用有时还会使情绪和躯体反应进一步加重，反而给身心调整带来障碍。

二 常见心理困扰及障碍

青年学生正处于人生发展的关键时期，将面临很多重要的发展课题，将会遇到各种困惑和矛盾，将会体验伴随成长的兴奋、喜悦、欢乐、自信以及焦虑、苦恼、悲观、失望。

（一）大学生心理困扰的表现

1. 适应问题

这一问题在刚入大学的新生中较为常见。新生来自全国各地，以往的家庭环境、受教育环境、成长经历、学习基础等相差很大。来到大学后，在自我认知、同学交往、自然环境等方面都面临着全面的调整适应。由于目前大学生的自理能力、适应能力和调整能力普遍较弱，所以这种生活适应问题广泛存在。例如，一名女同学刚入校不到一个星期就申请退学，原因是不能适应集体生活，晚上睡不着，白天在学生食堂吃饭也没有胃口，时常感到精神紧张、心情烦躁，不能再坚持下去。

2. 学习问题

大学生的主要任务是学习，学习上的困难与挫折对大学生的影响是最为显著的。大量的事实表明，学习成绩差是引起大学生焦虑的主要原因之一。虽然大学生在学业方面是同龄人中的优秀者,但由于大学学习与中学存在很大不同,所以,很多学生存在学习问题,包括学习方法、学习态度、学习兴趣、考试焦虑等。例如,有一位同学因对专业不满意而提不起学习兴趣,经常想着转系或退学回家重考,就这样在矛盾中度过了大学生活的第一个学期,期末考试出现了两门课不及格。

3. 人际关系问题

受应试教育的影响,多数学生较为封闭,人际交往能力普遍较弱。进入大学后,如何与周围的同学友好相处、建立和谐的人际关系,是大学生面临的一个重要课题。由于每个人待人接物的态度不同、个性特征不同,再加上青春期心理固有的闭锁、羞怯、敏感和冲动,都使大学生在人际交往过程中不可避免地遇到各种困难,从而产生困惑、焦虑等心理问题,这些问题甚至会严重影响他们的健康成长。例如,有一名大学三年级的女同学,由于与同宿舍的另一名同学发生口角,心理很不平衡,总想找机会报复,于是便故意将那个同学的东西偷了然后扔掉,后来被发现受到了校纪处分。

4. 恋爱与性心理问题

大学生处于青年中后期,性发育成熟是重要特征,恋爱与性问题是不可回避的。总的来说,大学生接受青春期教育不够,对性发育成熟缺乏心理准备,对异性的神秘感、恐惧感和渴望交织在一起,由此产生了各种心理问题,严重的还导致心理障碍,如失恋、单相思、恋物癖、窥阴癖等。

5. 性格与情绪问题

性格障碍是较为严重的心理障碍,其形成与成长经历有关,原因也较复杂,主要表现为自卑、怯懦、依赖、猜疑、神经质、偏激、敌对、孤僻、抑郁等。例如,有的同学或者认为自己相貌不佳,或者认为自己能力比别人低,或者认为自己知识面窄而感到自卑,用有色的眼镜看自己及周围环境,影响了正确的"自我认识",事事处处都认为自己赶不上别人,总觉得"低人"一等。

别用"放大镜"看苦恼。现代人常常觉得活得苦活得累,其中很大的原因是我们自己常常用放大镜看苦恼,顾影自怜,最终难以自拔。心理学家为了研究人们常常忧虑的"烦恼"问题,做了下面的实验。要求实验者在一个周日的晚上把自己未来7天内所有忧虑的"烦恼"都写下来,然后投入一个指定的"烦恼箱"里。过了三周之后,心理学家打开了"烦恼箱",让所有实验者逐一核对自己写下的每项"烦恼"。结果发现,其中九成的"烦恼"并未真正发生。然后,心理学家要求实验者将记录了自己真正"烦恼"的字条重新投入了"烦恼箱"。又过了三周之后,打开了这个"烦恼箱",让所有实验者再一次核对自己写下的每项"烦恼"。结果发现,绝大多数曾经的"烦恼"已经不再是"烦恼"了。实验者发现,烦恼原来是预想的多,出现的少。心理学家从对"烦恼"的深入研究中得出了统计数据和结论:"一般人所忧虑的'烦恼',有40%是属于过去的,有50%是属于未来的,只有10%是属于现在的。其中92%的'烦恼'未发生过,剩下的8%则多是可以轻易应付的。"因此,烦恼多是自找的。不是我们承受了太多的烦恼,而是我们不善于用快乐之水冲淡苦味。其实,在我们叹息、痛苦、焦虑甚至流泪时,快乐就在身边朝我们微笑。

(二) 大学生常见神经症

神经症是一种心理疾病,但不是"神经病",神经病是指神经系统的疾病,是由于感染、中毒、外伤、血管病变等原因引起的神经系统的疾病,如脑血管疾病、中风、癫痫等。神经症也不是精神病。神经症是一组由精神因素造成的非器质性的、大脑神经机能轻度失调的心理疾病,其主要临床表现为焦虑、抑郁、恐惧、强迫、疑病症状或神经衰弱症状。以18岁到30岁的青年患者最多。神经症一般没有任何可以查明的器质性病变,但又确实有心理异常表现,甚至可以表现得非常严重;通常病人对自己的病态有充分的自知力并能主动求医,而且生活自理能力、社会适应能力和工作能力基本没有缺损。表15-2是神经症的分类及症状。

表15-2 神经症分类及症状

分 类	症 状
焦虑性神经症	每天焦虑不安,并伴有失眠,食欲减退等身体症状
歇斯底里	经历不愉快的体验大喊大叫、健忘、痉挛发作
恐怖症	对人恐怖,对脏东西极度厌恶等

（续　表）

分　类	症　状
强迫神经症	明知毫无意义,但还是不断出现这种想法或行为
神经症性抑郁	挫折,失败体验后陷入忧郁状态、失眠,状态持续
疑病症	虽然身体没病,但总担心是否有病

资料来源:〔日〕长尾博《学校咨询学》(新福,1984)

1. 焦虑症

焦虑症是一种以焦虑情绪为主的神经症,主要特征是发作性或持续性的情绪焦虑、紧张,包括惊恐性障碍和广泛性焦虑障碍。惊恐性障碍的基本症状是反复的惊恐发作,表现为突发性的紧张性忧虑、害怕或恐惧,常伴有即将大祸临头的感觉。广泛性焦虑障碍则表现为持续的紧张不安,并趋向慢性过程。

2. 强迫症

强迫症是以强迫症状为特征的神经症。强迫症状是指患者主观上感到有某种不可抗拒的和被迫无奈的观念、情绪、意向或行为的存在,虽然患者同时能够清醒地认识到这些观念、情绪、意向或行为都是毫无意义的和没必要的。强迫症主要表现为强迫观念、强迫意向和强迫行为。

3. 恐怖症

恐怖症指对某些事物或特殊情境产生十分强烈的恐惧感。这种恐惧感与引起恐惧的情境通常极不相称,患者自己也明知自己的恐惧不切实际,但仍不能自我控制。常见的恐怖症有社交恐怖、旷野恐怖和动物恐怖等。

4. 疑病症

疑病症是指患者在没有任何证据的情况下确信自己有病,而处于对疾病或失调的持续的强烈恐惧之中。患者通常极为焦虑,对自己想象出来的疾病经常表现出强迫性动作。当被医生检查证明没有病时,常常会断定医生的诊断是错误的,又去找其他医生。疑病症状常常是患者不自觉地希望从家庭或周围寻求对自己的的注意、关心和同情,同时也作为满足某些欲望的手段,在疑病症的背后实质上往往是一种潜在的不安全感及内心的矛盾、冲突和困扰。患者对健康过分关注是对现实生活的转移,逃避矛盾、逃避实际或可能出现的挫折。他们常常把一切挫折、失败归结于"病",从而减少个人心理上的压力、内疚和自责,避免对自己能力、才学等的怀疑和否认,避免自以为可能出现的名誉、地位的损失,以求心安理得。可见,疑病症实际上是一种自我心理防御机制作用的结果。

(三) 常见人格障碍

人格障碍指不伴有精神症状的人格适应缺陷。主要表现为:行为怪癖、奇异;情感强烈而不稳定;紧张、退缩等。

1. 人格障碍的类型

人格障碍的情况十分复杂,美国《心理障碍的诊断与统计手册》(DSM-IV)中依据临床常见的病例,将人格障碍分为三大类群。

(1) 以"行为怪癖、奇异"为特征的类群:包括偏执型人格障碍和分裂型人格障碍。如偏执型人格的人易产生偏执观念,对自己的能力估计过高,有极强的自尊心,同时又很自卑、好嫉妒,看问题主观片面,常常言过其实,乖僻古怪,失败时常迁怒或归咎他人。

(2) 以"情感强烈而不稳定"为特征的类群:如冲动型人格,表现为情绪不稳,常因微小的精神刺激而突然爆发非常强烈的愤怒情绪和冲动行为,且自己不能克制。还包括癔病型人格障碍、自恋型人格障碍、反社会型人格障碍、攻击型人格障碍。

(3) 以"紧张、退缩"为特征的类群:如强迫型人格,表现为常有个人的不安全感和不完善感,因而焦虑、紧张,过分地自我克制、自我关注,事事追求完美,同时却又墨守成规、处事拘谨,缺乏应变能力。还包括回避型人格障碍、依赖型人格障碍。

以上这些心理障碍严重地影响了人际关系的处理,而且妨碍了工作和事业的正常发展以及亲情、友情和家庭幸福,所以应引起足够的重视。

2. 人格障碍的鉴别

人格障碍一般始于童年或青少年,而持续到成年或终生。一般认为是在不良先天素质的基础上遭受到环境的有害因素影响而形成的。在大学生心理咨询门诊中很常见。尽管人格障碍的类型比较复杂,但也有一些共同的特点,可以作为鉴别之参考。

(1) 一般意识是清醒的,认识能力也保持完整,是在没有意识障碍和记忆力、智力活动无明显缺陷的情况下出现的情感与行为活动的明显障碍。情感障碍表现为情绪极不稳定,或对人感情淡薄甚至冷酷无情;行为活动障碍表现为极易受冲动、偶然动机和本能欲望支配,缺乏目的性、计划性,自制力差,常常与周围的人甚至亲人发生冲突,人际关系差。

(2) 一般能正常处理自己的日常生活和工作,能理解自己的行为后果。但由于对自己的人格缺陷缺乏自知力,很难从错误中、从过去的生活经验中吸取教训,加以纠正。因此,不能适应周围的社会环境。

(3) 有相对的稳定性,一旦形成就不易改变,且矫治困难。

(四) 网络综合症的表现及自我调适

网络综合症是被医学上称做"互联网成瘾综合症"(简称 IAD)的心理疾病,顾名思义,是上互联网成瘾所致的症候群。它与网上暴力、网上色情并列为"网络新生代"的三大杀手。

网络综合症患者多沉湎于网上自由说谈或互动游戏,并由此而忽视了现实生活的存在,或对现实生活缺乏满足感。初时只是精神上的依赖,渴望上网遨游冲浪,尔后可发展成为躯体的依赖,不上网时表现情绪低落、头昏眼花、双手颤抖、疲乏无力、食欲不振等,更严重者甚至会发展成心理失衡、社交障碍甚至双重人格。究其原因,是由于患者上网时间过长,使大脑神经中枢持续处于高度兴奋状态,引起肾上腺素水平异常增高,交感神经过度兴奋,血压升高。这些改变可引起一系列复杂的生理和生物化学变化,尤其是植物神经紊乱,体内激素水平失衡,使免疫功能降低,诱发种种疾患,如心血管疾病、胃肠神经官能症、紧张性头痛、焦虑、忧郁等。同时由于眼睛长时间注视电脑显示屏,视网膜上的感光物质视紫红质消耗过多,若未能补充其合成物质维生素 A 和相关蛋白质,就会导致视力下降、眼痛、怕光、暗适应能力降低等。

我国接收第一例网络综合症患者的重庆市精神卫生中心孙智主任分析

认为网络综合症的症状包括抑郁、失眠、精力难以集中等,与吸烟、酗酒甚至吸毒等上瘾行为有惊人相似:一上网就兴奋异常,若无法上网就"网瘾难耐"。该症状有五大显著特征:一天中的大部分时间都在网上度过;对自己不再有任何控制;表现出逃避现实的心理迹象;越来越愿意呆在网上;和家人的关系出现问题。

网络综合症完全是人为的,只要加强自我保健,便可防治。具体措施为:(1)早发现早节制、理智上网。出现早期症状,应及时停止操作并休息。在上网时间上要自我约束,特别夜间上网时间不宜过长。(2)注意操作姿势。荧光屏应在与双眼水平或稍下位置,与眼睛的距离应在60厘米左右。敲击键盘的前臂呈90度。光线要柔和,不可太暗。手指敲击键盘的频率不宜过快。(3)完善自我、科学用脑。平时要丰富业余生活,比如外出旅游、和朋友聊天、散步、参加一些体育锻炼等,注意劳逸结合。(4)在饮食上要多吃一些胡萝卜、荠菜、芥菜、苦瓜、动物肝脏、豆芽、瘦肉等含丰富维生素和蛋白质的食物。(5)一旦出现网络综合症,不要紧张,尽早到医院诊治,必要时可安排心理治疗。

(五) 常见精神病的表现及类型

精神病是指人脑机能活动失调,丧失自知力,不能应付正常生活,且不能与现实保持恰当接触的严重的心理障碍。据资料统计,我国现有精神病患者1000万人,发病率为11%,已成为常见病。据专家预测,在未来的几十年中,精神病患者会有所增加。

1. 精神病主要异常表现

第一,病人的反映机能受到严重损害,对客观现实的反映是歪曲的,会出现精神失常现象,如幻觉、妄想、思维错乱、行为怪异、情感失常等,因而丧失正常的言行、理智与行为反应。第二,社会功能有严重损失,不能正常处理人际关系,不能正常参与社会活动,甚至会给公众社会生活造成危害。第三,不能理解和认识自身的现状,不承认自己有精神病,对自己的处境完全丧失自知力。

2．精神病常见类型

（1）情感性精神病：是以情感障碍为主要症状的一种精神病，又称躁狂抑郁性精神病。主要表现为情感的高涨或低沉，有时两种状态交替进行（见表15-3）。大学生中，某些心理刺激，如强烈的惊吓、尖锐的批评、失恋等引起的过度焦虑与紧张等都是致病的诱因。患有情感性精神病的学生，性情极端失常，有强烈的激动、兴奋或忧伤、抑郁的情绪反应。

表 15-3　情感性精神病特征

内　容＼种　类	躁狂症（三高）	抑郁症（三低）
情　感	高涨、欢快	低落、忧伤
思　维	奔逸	迟缓
动　作	增　多	减少、迟钝

（2）精神分裂症：是一种常见的重性精神病，其发病率在精神病中居首位。发病年龄多为青壮年。在大学生中发病率约为7%。此病心理异常的表现主要是精神活动"分裂"，即患者行为与现实分离，思维过程与情感分离，行为、情感、思维具有非现实性，难以理解，不能协调。精神分裂症的症状十分复杂多样，常表现为联想散漫、思维破裂、情感淡漠、言行怪异、妄想、出现幻觉幻听等。精神分裂症患者一般智能完好，但对自己的表现缺乏自知力。精神分裂症的病因和发病机理尚不清楚，通常认为与人体的特征、遗传、母体内的损伤、年龄、素质、环境等因素有关。治疗一般以药物治疗为主，辅以心理治疗。

（3）反应性精神病：是一种心因性精神病，由急剧或持久的精神刺激引发。此病临床症状与精神因素密切相关，并伴有相应的情感反应，容易被人所理解。大学生中由于意外事件的突然降临（如亲人突然死亡及严重伤害等）及持久的精神痛苦（如失恋、学习上的挫折、人际纠纷等）而导致反应性精神病，一般病程较短。治疗以心理治疗配合其他的治疗为主。一旦患者能正确对待精神因素或精神因素消除后，症状即可消失，且预后良好。对于那些具有明显的创伤性体验的患者可采取适当的调整环境、移地休养等方法配合治疗。

三 识别与关注抑郁症

不知不觉中,抑郁症已经成了我们生活中的一种常见病。据 2005 年 6 月召开的"亚洲精神科学高峰会"专家报告,全球抑郁症的发病率约 3.1%,预计到 2020 年将成为仅次于心脏病的人类第二大疾患。中国现有 2600 万人患抑郁症,其中 15% 可能死于自杀,但只有不到 10% 接受药物治疗。

抑郁症是以情绪低落且持续两周以上为主要症状的情感性精神障碍,并伴有相应的思维与行为改变,但没有任何可证实的器质性病变。其主要表现有:

(一) 情绪低落

患者通常情绪低落,常常无精打采、愁眉苦脸的,对任何事都并不感兴趣,做事也打不起精神,而且会感到无助,对自己的学习和工作失去了希望,觉得前途暗淡,因而忧郁、沮丧、一筹莫展,甚至认为生活毫无乐趣,人生充满痛苦。情绪低落也有不同程度的表现:轻者心情沉郁,无精打采,自觉脑力迟钝、肢体乏力,不愿参加各种活动,对完成工作任务缺乏信心;较为严重的则忧愁伤感,终日饮泣,觉得生不逢时,前途渺茫,活着没有意思,不如死了好;更严重的则有罪恶感,常寻死或出现自我惩罚的行为。

(二) 自卑感重

抑郁症患者有明显的自卑感,认为别人看不起、讨厌、鄙视自己,有时也会焦虑烦躁、激动不安,易被激惹而发脾气。他们常静坐一隅,独自伤心,回避亲友和同事,觉得别人的欢笑只是增加他的痛苦。严重的抑郁情绪使他们总是自责自罪,认为自己成了社会的寄生虫,甚至把过去的一般缺点错误夸大成不可饶恕的罪行而惩罚自己。

(三) 思维受到阻碍

抑郁症患者的思维活动也受到阻碍,有时甚至连一些简单的问题都很难解决,学习、工作效率降低,患者因此认为自己的脑子不再灵光,甚至认为大脑已经坏掉了,成了废物,而自己也就变成了没用的人。这样就更加深了他们的自卑感,使之更加厌世。

(四) 睡眠障碍

抑郁症的患者常常失眠,通常以早醒为主要特征。由于情绪低沉、睡眠状况不佳,因而常感浑身乏力、胸闷气短、食欲不振、消化不良。

(五) 想自杀

抑郁症患者中很多人都有自杀的念头和倾向,甚至有自杀的行动,而且往往事先有周密的计划和安排。因此,人们应当对抑郁症患者的自杀行为予以足够的重视。

表 15-1　自评抑郁量表(SDS)

测试步骤:采用 1—4 制记分,评定时间为过去的一周或一个月;将各题得分相加,得出粗分值;再乘以 1.25,换算出标准分(T 值)

测试标准:50—59 轻度忧郁;60—69 中度忧郁;70 以上重度忧郁

	偶无	有时	经常	持续
1. 我感到情绪沮丧,郁闷	1	2	3	4
*2. 我感到早晨心情最好	4	3	2	1
3. 我要哭或想哭	1	2	3	4
4. 我夜间睡眠不好	1	2	3	4
*5. 我吃饭像平时一样多	4	3	2	1
*6. 我的性功能正常	4	3	2	1
7. 我感到体重减轻	1	2	3	4
8. 我为便秘烦恼	1	2	3	4
9. 我的心跳比平时快	1	2	3	4
10. 我无故感到疲劳	1	2	3	4
*11. 我的头脑像往常一样清楚	4	3	2	1
*12. 我做事情像平时一样不感到困难	4	3	2	1
13. 我坐卧不安,难以保持平静	1	2	3	4
*14. 我对未来感到有希望	4	3	2	1

15. 我比平时更容易激怒	1	2	3	4
*16. 我觉得决定什么事很容易	4	3	2	1
*17. 我感到自己是有用的和不可缺少的人	4	3	2	1
*18. 我的生活很有意义	4	3	2	1
19. 假若我死了别人会过得更好	1	2	3	4
*20. 我仍旧喜爱自己平时喜爱的东西	4	3	2	1

注:前注 * 者为反序计分。

抑郁症的终生患病率为 6—10%,约 15% 的人一生中曾有过一次抑郁体验。它不但影响人的工作、生活,造成经济损失,而且约有 15% 的患者因此自杀而结束生命,给家庭带来无尽的痛苦。如果您或您周围的亲友有上述症状的 4—5 项或以上,时间超过 2 周,就应该到医院去找医生了,最好是去精神专科医院或综合医院的神经内科、心理科。与其他疾病一样,早期诊断有利于抑郁症的治疗。经过正确的治疗,患者完全可以重新找回自信,回归社会。

四 珍爱生命预防自杀

近几年来,大学生自杀案例越来越多,一向被社会视为天之骄子的大学生,心理承受能力为何竟然脆弱得不堪一击? 生命在这些天之骄子的眼里位于何种地位? 难道仅仅是人活于世的躯壳,而别无其他意义? 认为生命属于自己,不属于别人,甚至半点也不属于赋予自己生命权利的父母,于是随意地把生命的灯芯不负责任地、近乎残酷地掐灭。

确实有太多的疑问与不解,可是当作者接触到下面一连串关于大学生心理健康状况调查的数据资料时,更是不得不异常担忧。2004 年,华中科技大学陈志霞等人进行的自杀态度问卷调查结果令人难以置信:在对 1010 名大学生的自杀意念与自杀态度进行调查后,统计发现有过轻生念头的学生占到了 10.7%。同年台湾成功大学行为医学研究所在全岛范围内抽取了 3848 名大学生进行调查,发现在调查时间点的前一周自杀未遂的有 1%,过去一年尝试自杀的大学生人数高达 10.2%。2005 年一年公开报道的数字显示,北京高校有15名大学生自杀身亡。成功大学行为医学研究所柯慧贞教授指出,长期忧郁症、对人生感到没希望的悲观情绪以及媒体对自我伤害新闻的炒作,都是导致大学生自杀率上升的原因。当生命如一片鸿毛轻轻地飘落,纷纷归于大地,除了怜悯生命的陨落,我们难道不该深思吗?

(一) 两种态度异样人生

生命来之不易。每一个来到这个世界上的人,谁不希望有所作为,谁不希望光宗耀祖,谁不希望功成名就? 然而,在人生的光明道路上行走着的大学生,却会因为对人生感悟的不同态度而拥有截然不同的人生。

1. 走向死亡的人生

2005年4月22日北京某高校网上的一篇帖子引起了大学生的关注和议论,这是一个关于生和死的话题:

> 我列出一张单子,左边写着活下去的理由,右边写着离开世界的理由。我在右边写了很多很多,却发现左边基本上没有什么可以写的。回想二十多年的生活,真正快乐的时刻屈指可数。记不清楚,上一次发自心底的微笑是什么时候;记不清楚,上一次从内心深处感觉到归宿感是什么时候。也许是我自己的错吧,不能够去怪别人,毕竟习惯决定了性格,性格决定了命运。我并不是不愿意珍惜生命。如果某一时刻你发现活下去,二十年,三十年,活着,然而却没有快乐,没有希望,不愿去想象,还要这样几十年下去,去接受命运既定的苦难,看着心爱的人注定的远去,越来越不堪忍受的环境,揪心的孤独感,年轻不再,最终多年以后一个孤苦伶仃的可怜老人形象,没有亲人,没有朋友,苟且偷生,活在过去回忆的灰烬里面,那又为什么不能够在此时便终结生命? 不用再说生命的价值了,是的,比起任何一个还要忍受暴政、饥饿、干渴、瘟疫的同龄人,我真的觉得自己很幸福;但这是相对的,二十年回忆中真正感到幸福的时刻屈指可数。我不明白,为什么小学的时候无比盼望中学,曾经以为中学会更快乐;中学的时候无比盼望大学,曾经以为大学会更快乐;盼望离开欺负与讥讽自己的人,盼望离开被彻底孤立的环

境。人生每一个阶段的最后，充满了难以再继续下去的悲哀，不得不靠环境的彻底改变来终结。难道说到了现在，已经走到了终点？对于亲人，我只能够无奈，或许死后的寂静，就是为了屏蔽他们的哭声，就是能让人不会在那一刻后悔。是的，二十年，但是却无法忍受这种行尸走肉一般的生活，觉得生活如同死水泥潭一般，而我自己在其中猥琐、渺小而悲哀。不可能再作出任何改变，如果人死的时候可以许一个一定会实现的愿望，我也许会许下让所有人更加快乐吧。人应该有选择死亡的权利，如果他承受的悲哀已经太重，无法负担。以前或许不明白这种感觉，对自己的悲哀痛到心尖在颤抖。或许死亡本身就是一个轮回的开始，用悔恨来洗刷灵魂，然后新生，或者回到过去重新开始。

据说这篇贴子出现不久，发帖子的北京某高校一名大二女生就以跳楼的方式结束了自己年轻的生命，给家人和周围的同学带来了无尽的痛苦和不解。

2. 走向新生的人生

被誉为美女大学生的陈子衿 7 岁罹患罕见的"右肠骨纤维化"，从此在药味、消毒水味以及"刀光血影"的伴随下成长。成年后，她不幸又患骨癌与胆管癌，被告之可能活不过 30 岁。不平凡的际遇没有打倒子衿。26 岁的她并不愁苦、绝望，以笑容勇敢面对生命中一连串接踵而来的病痛和磨难，用乐观、努力、欢笑去感染他人，被网友称赞为"世界无敌超级勇敢抗癌美少女"。她发誓要在有限的生命里，让自己没有遗憾，要像一颗小太阳一样，便生命发光、发热，照耀全世界。陈子衿在《不理会太阳的向日葵》里，讲述了自己从小与死神搏斗的生命历程，鼓励大家勇敢面对生命中的磨难，绝不要轻言放弃！她写到：

> 人生不是一场梦，我知道，我很多的梦想并不会有实现的一天，在血泪交织中，我努力地爬起来，用力地以我微小的力量，让我的生命发光发热。我的气色好得不得了，红光满面的，看起来实在不像癌症病人，更不像同时得了两种癌症的病人，整天笑眯眯的，用我的美色骗取友谊，不要怀疑，尼姑也有美丽的，阿弥陀佛～～嘻嘻。也许你正在为

了一些事情烦恼,但愿,在分享我的故事后,能更加珍惜你所拥有的一切。

面对社会上自杀现象不断出现时,陈子衿在网上写了一首小诗,谈自己对自杀的看法,她对生活的强烈热爱深深感动了网友,一些在痛苦中徘徊的人由此得到力量,走出了自杀的阴影。

你想自杀吗? 我曾伤心,也曾绝望,我怨过……也恨过……。我问上帝为什么那么不公平,年纪小小的我,究竟犯了什么错,要去承担这些如此难以承受的痛? 多少个深夜里,我流着眼泪,无语问苍天,然而上帝并没有回答我。人生有许多事,没有标准答案,惟一的答案可能是无解。许多年之后,我病得越来越重,我抬头望着上帝,它正微笑地看着我,我问了它同样的问题,这次上帝回答了。它说:"因为我知道你够勇敢,因为我知道你办得到,因为你是我最棒的骄傲,所以我将神圣的使命赋予你,而我亲爱的你做得非常好。"听完了上帝的回答,我开心地哭了,即便有那么多的心酸痛苦、那么多的沮丧绝望,一切我都撑过来了,那个曾经胆怯害怕的我已不复见。现在的我,坚强而美丽。

(二) 大学生自杀心理分析

当一个人在生活中遭受突然而沉重的挫折,或者长期受到挫折的困扰和折磨,感到万念俱灰不能自拔时,受挫者就可能产生自暴自弃、轻生厌世的想法,此时若得不到外力的帮助,受挫者就可能采取上吊、跳楼、投河、服毒等方式自杀。通常,自杀行为是在挫折的打击大大超出受挫折者对挫折的承受能力的情况下发生的,特别是当受挫折者将受挫的原因归结为自己,并对自己丧失信心,将自己作为迁怒的对象时更易于导致自杀行为。尽管自杀的原因很复杂,但是总以为从此"一了百了"、"从此解脱"。可是,死,真能一了百了吗? 考察大学生自杀的案例,有那一件不是给家人、亲友、同学、朋友留下一副沉重、痛苦的担子? 自杀,只不过把责任转嫁给别人,将问题转嫁给社会。

自我否定的悲剧。男生刘某入学时是一名天资聪颖的保送生。他对自己要求严格,学习勤奋刻苦,性格开朗、自信、要强好胜,从不甘居人后,对自己期望很高,有远大的抱负。一年级第一学期考试后,刘某学习成绩在全年级排在第一位,这使他感到非常荣耀。然而,在学生会布置寒假社会实践活动的会上,当他看到同班的几个学习成绩远不如他而在学生会当干事的同学忙前跑后,备受同学们的关注,心里很不是滋味,强烈感到自己落后于人。他无法忍受这种受人指使的感觉,决心一定要超过他们,出人头地,保持"第一"的核心地位。于是,新的学期开始后,他将大量的时间和精力投入到了社会工作中,有时甚至利用上课时间准备各种学生活动。功夫不负有心人,天资聪颖的他很快得到了同学的认可和老师的欣赏,一年级第二学期结束时,被选为大班长、系学生会副主席。然而,一个人的时间和精力是有限的,由于没有合理地安排时间,他的学习成绩开始明显下降。第二学年开始了,刘某仍然在社会工作方面加倍努力,他将学习成绩的下降归结为自己还不够刻苦。于是,当他考试不及格时,就罚自己一天不吃饭或在大雨里被淋一小时,以警示自己更加刻苦学习。就这样,学习成绩一路下滑,他也一再惩罚自己,陷入了恶性循环之中。到了三年级第一学期结束时,出现五门课不及格,面临着退学的结果。这时,刘某万念俱灰,感到无颜面对父母、老师和同学,感到自己的存在已毫无价值和意义,最后走上跳楼自杀的不归之路。

1. 自杀者的心理过程

自杀不是突然发生的,它有一个发展的过程。我国学者一般把自杀过程分为三个阶段。第一,自杀动机或自杀意念形成阶段。当事人遇到难以解决的问题,想逃避现实,为解脱自己而准备把自杀当做解决问题的手段。第二,矛盾冲突阶段。当事人产生了自杀意念后,由于求生的本能会陷入生与死的矛盾冲突之中,从而表现出谈论自杀、暗示自杀等直接或间接表达自杀企图的信号。第三,自杀行为选择阶段。当事人从矛盾冲突中解脱出来,求死意志坚定,情绪逐渐恢复,表现出异常的平静,考虑自杀方式,做自杀准备,如买绳子、搜集安眠药等。等待时机一到,即采取结束生命的行为。

2. 自杀者的心理状态

企图自杀者共同的心理特征是孤独,认为谁也理解不了自己,谁也帮不了自己,在这个世界上唯有自己最不幸、最痛苦,因此而绝望,企求以死来解

脱困境。但实际上,这类人心情很矛盾,想死的同时渴望获得帮助。具体地讲,其心理状态表现出如下特征:

(1) 矛盾心态。死亡对企图自杀者来说是既可怕又有吸引力的事。现实生活中许多有形无形的困难可以在死亡的幻想中得以解决和满足。但死亡毕竟是可怕的,这类人一方面想解脱,一方面又想向他人求助。

(2) 偏差认知。企图自杀者的知觉常因情绪影响而变得歪曲,表现为"绝对化"或"概括化"或两者交替。绝对化是指对任何事物怀有认为其必定如此的信念,比如"我做任何事都注定失败"、"周围的人肯定不喜欢我"。"概括化"指以偏概全的不合理思维方式,常常使人过分偏注某项困难而忽略除死之外的其他解决方法,比如"我考试作弊,我爸爸一定不会饶恕我,永远不再爱我"、"我有缺陷,别人都瞧不起我",从而自暴自弃、自责自怨、自伤自毁。

(3) 冲动行为。大学生常常在很短的时间内形成自杀意念,因情绪激动而导致冲动行为,一想到死马上就采取行动。他们对自己面临的危机状态缺乏冷静的分析和理智的思考,往往认定没办法了,只有死路一条,思路极其狭隘。

(4) 关系失调。自杀者大多性格内向、孤僻、自我中心,难以与他人建立正常的人际关系。当缺乏家庭的温暖和爱护、朋友师长的支持与鼓励时,常常感到彷徨无助,最后变得越来越孤独,走入自我封闭的死胡同。

(三) 大学生自杀的原因

没人会无缘无故去自杀,自杀者除了一部分属于精神疾病患者外,多数是由于主观上或客观上无法克服的动机冲突或挫折情境造成的。自杀的客观原因包括人际关系紧张、社会竞争激烈、不可预测的天灾人祸、家庭纠纷、成长环境不良、压力过重等。自杀的主观原因包括面临变化不适应、内心的烦恼、心理压力等。

青年期是人一生中心理变化最激烈的时期,也最容易产生各种烦恼。大学生自杀的原因很复杂,考试不及格、失恋、经济困难、身体疾病、人际关系紧张等都可能导致自杀行为。此外,精神分裂症患者、抑郁症患者自杀的可能性也较大。据南京危机干预中心的调查显示,恋爱和学习压力分别占大学生自杀原因的44.2%和29.8%。北京市高校关于"学生非正常失学的研究"中例举了学生因"自狂不能得志"、"自卑无以自拔"、"疾病无法摆脱"、"家教方法不当"、"挫折承受力差"等原因自杀的个案。

生命的礼物。这世界上永远没有一种礼物,可以与生命的礼物相比。因为任何别的礼物送出了都可以赚回来,有时甚至还可以获得比原物价值高得多的回报。唯独生命这份礼物是一次性的,送出了就再也无法收回。生命的礼物是极难得到的,当我们幸运地拥有它时,要对世界始终抱有一颗感恩之心,懂得好好使用这份礼物,让用自己的死亡换取你的生存的人不致后悔当初的付出。只有当别人的爱心在你身上得到了延续,当别人的梦想在你的生命中得到了体现,别人送给你的礼物才会显出应有的意义,你的人生也才会闪耀出真正的光彩。

(四) 自杀预防常见措施

预测人的行为是一件比较困难的事,预测自杀行为就更困难。因为自杀的原因非常复杂,常常带有突发性,令周围的人措手不及。即使通过种种征兆发现了自杀的迹象,进行危机干预也并非易事。但是,自杀的预防又是可能的,因为自杀行为有一定规律可循。首先,想要自杀的人,当他面临生活中的危机而产生消极态度和情绪,如羞耻、罪恶、自责等,到选择自杀行为之间要经过一段时间。其次,想自杀的人大多数有想死同时又期待得到帮助的矛盾心态,因此会表现出种种自杀征兆。再次,想自杀的人在采取行动之前,考虑到自己的死会对亲人、朋友、老师带来极大的痛苦和震惊时,会感到沉重的心理压力和负担。此外,自杀者一般都曾经历使之震惊、困扰的诱发事件。

1. 了解自杀的征兆

日本心理学家长冈利贞认为自杀前会有种种信号,可以从言语、身体、行为三方面观察。

(1)言语。有自杀意念的人会间接地、委婉地说出来,或者谨慎地暗示周围,如"想逃学"、"想出走"、"活着没有意思"。

（2）身体。有自杀意念的人会有一些身体症状反应，比如感到疲劳、体重减轻、食欲不好、头晕等。这往往是抑郁情绪所致，不能简单地认为是身体有病，应引起注意。

（3）行为。当自杀意念增强时，在日常生活中会表现出不同于平常的行为，如无故缺课、频繁洗澡、看有关死的书籍，甚至出走、自伤手腕等。

根据以上种种征兆，可以为自杀预防提供线索和可能。

2. 改变对自杀的模糊观念

社会上对自杀这种行为所持的态度和认识差别很大。其中有一些错误的观念，若不加以纠正，对自杀预防非常不利。

（1）自杀无规律可寻。自杀事件常常带有突发性，一旦发生，周围的人常感到意外、诧异。其实大部分自杀者都曾有过明显的直接或间接的求助信息。他们在决定自杀前会因为内心的痛苦和犹豫而发出种种信号。

（2）宣称自杀的人不会自杀。当有些人向他人透露自己会自杀，尤其当用语带有恐吓成分时，听者往往以为他不过是说说而已，真正想死的人是不会把自己的打算告诉别人的。其实研究表明，80%的自杀企图者在自杀前曾向他人谈论过自杀，这种人很可能会有自杀的举动，必须高度重视。

（3）一般人不会有自杀念头。很多人以为一般人不会存有自杀的念头，可是国内外研究结果显示，30—50%的成年人都曾有过一次或多次的自杀念头。对于性格健全、家庭关系好的人，自杀意念可能只是一闪而过，很少发展为真正的自杀行动；而性格或精神卫生状况存在问题的人在缺乏社会支持时，自杀念头就很可能转变为自杀的行为。

（4）所有自杀的人都是精神异常者。有人认为只有精神病患者才自杀，但事实证明，自杀的人大多不是精神病人，只有20%的自杀者患有抑郁症或精神分裂症。大多数自杀者是正常人，他们只是有暂时性的情绪障碍。

（5）自杀危机改善后就不会再有问题。有自杀企图的人经过危机干预状态改善后，情绪会好转。周围的人常常会误以为自杀危险性减低了，放松防范措施。自杀危机改善后，至少在3个月内还有再度自杀的可能，尤其是抑郁病人在症状好转时最有危险性。

（6）对有自杀危险的人不能提及自杀。很多人担心，对那些有情绪困扰、有自杀意念的人，主动谈及自杀会加强他们自杀的意欲。事实恰好相反。存在严重情绪困扰的人往往愿意与别人倾谈，述说对自杀的感受。如果故意避开不谈，反而会使其因被困扰的情绪无从分解而加重情绪问题。

3. 早期发现与早期干预

早期发现有自杀倾向的人，从而针对性地给予及时援助，是预防自杀行为发生并带来不良后果的重要措施。目前国内外对有自杀倾向者的预测主要通过两种手段：心理测验和心理健康调查以及临床经验。用于评估自杀危险性的专用调查有 SPS（自杀可能性问卷）、SIQ（自杀意念问卷）等。1992年樊富珉、王建中等人修订了 UPI（大学生人格问卷），大学生自杀倾向的调查包含在新生进校时普遍进行的 UPI 调查中，其中第 25 题是"想轻生"，在该项目上划圈作了肯定选择者，一般都由咨询员约请来面谈，进一步了解其心理状态。临床经验发现，有以下表现者一般具有自杀的危险性，应给予更多的关注：具有明显外部精神因素的刺激者，如突然受打击、失恋等；情绪低落、悲观抑郁者；性格孤僻内向、与周围人缺乏正常的感情交流者；严重不良家庭环境中成长，缺乏温暖关怀者；如父母离异、家庭破裂、亲子关系恶化等；曾谈论过自杀并考虑过自杀的方法、过去曾有过自杀企图或行为者、亲友中曾有人自杀者。一旦发现有以上表现的人，应及时干预、援助。

有效防止自杀行为，需要广大师生以及心理咨询专业人员共同参与，采取多种手段，如通过心理普查做到早发现、设立热线电话做到及时干预、制定危机预警系统防范于未然等。

五　心理咨询与心理治疗

心理咨询、心理治疗与心理健康有密切的关系，是治疗心理疾患、保持心理健康、促进人格发展的重要途径与方法。心理咨询与心理治疗作为应用心理学的分支在现代社会日益受到重视，应用范围十分广泛。我国高校大学生心理咨询起步于 80 年代中期，目前已有了长足的发展。

（一）心理咨询与心理治疗的异同

心理咨询在英文中是 counseling，是指受过专门训练的咨询人员运用心理学的理论、方法以及技巧，对那些解决自己所面临的问题有一定困难的人提供帮助、指导、支持，找出心理问题产生的原因、探讨摆脱困境的对策，从而帮助其缓解心理冲突、恢复心理平衡、提高环境适应能力、促进人格成长。心理咨询的目的就是帮助那些人格健常但又存在心理重负的人解决其在学习、生活、工作、交往等方面存在的不适应，从而在认识、情感、态度和行为方面有所变化，更好地适应环境。心理治疗在英文中是 psychotherapy，指在良好的治疗关系基础上，由经过专业训练的治疗者运用心理治疗的有关理论与技术，对在精神和情感等方面有障碍或疾患的人进行治疗的过程。心理治疗的目的是改善病人的不良心态与适应方式，解除其症状与痛苦，促进人格改善，增进身心健康。

从心理咨询与心理治疗的定义不难看出，二者有许多相似之处。具体表现在：所采用的理论方法常常是一致的；在强调帮助求助者成长和改变方面是相似的；都注重建立帮助者与求助者之间良好的人际关系，认为这是帮助求助者改变的必要条件；目标都是维护和增进心理健康等。因此，无论在国内还是国外，心理咨询与心理治疗常常被当做同义词。咨询者的实践在心理治疗家看来是心理治疗；心理治疗家的实践又被咨询者看做是咨询。尽管心理咨询与心理治疗有许多相似之处，但两者的区别仍然是显而易见的。具体表现在：心理咨询的对象主要是正常人，他们的主要困难是现实生活中的适应与发展问题，而心理治疗的对象主要是有较重心理障碍的人，如人格障碍、神经症等；心理咨询所着重处理的是日常生活中的人际关系的问题、职业选择的问题、教育过程中的问题等，心理治疗的适应范围是性变态、神经症、身心疾病、精神病患者康复期适应等；从事心理咨询的是咨询心理学家、社会工作者等，而从事心理治疗的多是临床心理学家、精神科大夫等。

生活在现在。格式塔疗法是由美国精神病学专家弗雷德里克·S. 珀尔斯博士创立的。根据珀尔斯最简明的解释，即对自己所作所为的觉察、体会和醒悟，是一种自我修身养性的疗法。它的实施简便易行，应用范围非常广泛。格式塔疗法有 10 项原则,基本原理为:(1)生活在现在。不要老是惦念明天的事,也不要总是懊悔昨天发生的事,把你的精神集中在今天要干什么上。(2)生活在这里。对于远方发生的事,我们无能为力。杞人忧天,对于事情毫无帮助。所以记住,你现在就生活在此处此地,而不是遥远的其他地方。(3)停止猜想,面向实际。很多心理上的障碍,往往是没有实际根据的"想当然"造成的。(4)暂停思考,多去感受。感觉可以调整、丰富你的思考。(5)接受不愉快的情感。愉快和不愉快是相对而言的,同时也是相互依存和相互转换的。既要有接受愉快情绪,也要有接受不愉快情绪的思想准备。(6)不要随意下判断。先要说出你是怎样认为的,就可以防止和避免与他人不必要的摩擦和矛盾冲突,而你自己也可以避免产生无谓的烦恼与苦闷。(7)不要盲目地崇拜偶像和权威。既不丧失独立思考的习性,也不要无原则地屈从他人,从而被剥夺自主行动的能力。(8)我就是我。要从我做起,从现在做起,竭尽全力地发挥自己的才能,做好我能够做的事情。(9)对自己负责。不要把自己的过错、失败都推到客观原因上。(10)正确地自我估计,把自己摆在准确的位置上。

(二) 心理咨询的方式

1. 个体咨询

个体咨询是心理咨询最主要的形式,它在咨询者与求询者之间建立了一对一的关系。个体咨询具有保密性和针对性强的特点,咨询者与求询者之间容易建立信任关系,求询者能够体会到一种安全感,从而有效地降低防御反应。在个体咨询过程中,咨询者可以对求询者的个性、精神状况、心理问题的类型和严重程度进行直接、全面的观察和诊断;求询者能够充分、详尽地向咨询者倾诉自己内心的烦恼,并与之进行充分的讨论、磋商和分析。

2. 团体咨询

团体咨询也称小组辅导。团体咨询是咨询者对数个有类似心理问题的求询者就共同关心的问题进行咨询的方式,人数一般没有固定的要求,以十人左右为宜。团体咨询的特点是能在较短时间里由专业人员直接面对较多的求询者,便于观察、了解和指导,求询者之间可以相互交流和讨论,从而使他们之间相互产生影响和提供支持。

由于团体心理咨询比较符合大学教育的特点,又为大学生所乐于接受,对解决大学生的心理问题效果较好,所以,近年来,团体心理咨询在高校发展迅速,团体咨询的理论和技术在心理健康与指导课程以及心理训练课程中被广为应用。团体咨询的局限性在于保密性不强,求询者在初期有防御反应,不易建立信任关系,咨询深度也受到较大限制,因此,团体咨询在大学生心理咨询中多用于解决一般性的心理问题,如恋爱问题、时间管理问题、人际交往问题等,深层次的心理问题还需要通过个体心理咨询或心理治疗(包括团体心理治疗)加以解决。

3. 电话咨询

电话咨询是指求询者通过电话与咨询者进行交谈的咨询方式。电话咨询具有方便、迅速、及时和保密的特点。求询者通过电话可以以不见面的方式向咨询者倾诉内心的烦恼,从而缓解精神压力,并得到咨询者的心理支持,这样可以有效降低求询者的顾虑,尤其是对那些不愿到咨询室进行面询、不愿暴露真实姓名和身份的求询者更为适用。电话咨询的局限性在于咨询者不能直接观察和了解求询者的状态,受通话时间限制,咨询不能深入进行,所以,在大学生心理咨询中电话咨询主要用于回答一些知识性问题和临时缓解一下求询者的精神压力,真正要解决心理问题还是需要到心理咨询机构与咨询者进行面谈。

由于电话咨询具有方便、迅速、及时的特点,所以,电话咨询也是危机干预的重要手段,很多学校都设立了心理咨询热线,有些社会福利机构和研究机构还设立了 24 小时求助电话,对防止由于心理危机而酿成的自杀与犯罪行为产生了良好作用。

4. 书信咨询

书信咨询是指求询者与咨询者之间通过书信进行交谈的一种咨询方式。这种咨询方式对那些不愿意或不方便与咨询者面谈的求询者较为适用。但是,书信咨询具有很大的局限性,由于求询者与咨询者不能面对面交谈以及受书信所含信息量低、交流次数少和求询者文字表达能力的限制,咨询者往往不能准确把握求询者的问题,只能提出一些原则性的指导意见,同时求询者受阅读理解能力的限制,可能误解咨询者的指导。因此,在大学生心理咨询中,书信咨询主要用来回答一些知识性问题或在面询前建立初步的咨询关系,从而打消求询者来面询的顾虑。多数心理咨询机构都设有心理咨询信箱。

5. 网络咨询

随着计算机网络的飞速发展,越来越多的人通过互联网进行沟通和交流。互联网所虚拟的网络世界使人们的空间距离感消失,整个地球变成了"地球村"。通过互联网人们可以随时随地进行迅速及时的通信,因此,近年来,心理咨询又多了一种咨询方式——网络咨询。网络咨询是指求询者通过互联网与咨询者交谈的咨询方式。这种咨询方式与书信咨询方式类似,但较书信方式迅速及时。目前,网络咨询仍受文字表达和理解能力的限制。但随着网络多媒体技术的发展,语音与图像将很容易在网上实时传输,网络咨询将可能有重大发展。

由于社会上对心理咨询与治疗存在偏见,一些学生害怕自己去心理咨询被人发现而被扣上"不正常、有问题、有精神病"的帽子,而宁愿到远离校园的地方求助。其实心理障碍与感冒一样是一种疾病,应与其他疾病一视同仁,没有人因感冒到医院看病而感到羞于见人。因此,不应该因为有心理问题去咨询而忐忑不安,无论是什么样的心理问题都应及时求助和治疗。

快乐箴言。很久以来,人们都认为快乐是理所当然的事,若想拥有它,只能顺其自然,不可强求。如今,我们却逐渐意识到,与他人的和睦相处是可以创造快乐的。我们可以通过某种方式,使别人更加喜欢自己。一种方式就是不要自私。不要期望任何事情都符合我们自己的方式,不要奢求拥有太多,包括朋友的注意力。另一种方式是在别人身上寻找优点而不是缺点。你会惊奇地发现,这样会给你带来多么大的成功。

不必为了迎合别人而变得毫无主见。事实上,只有你勇于维护自己的正当权利,才会受到大家的喜爱和尊敬。但是请切记,如果你能用彬彬有礼而又令人愉快的方式来处理,那可就再好不过了。友好而礼貌地对待你身边的朋友、长者、陌生人,甚至是那些看起来卑微的人,或是你不感兴趣的人,这是培养良好个性的好方法。

不能期望十全十美。犯错误时,我们必须学会如何避免被沮丧情绪缠身。每个人都会犯错误,只要从中吸取教训,就不应被横加指责。许多年轻人在意识到身上具有自己不喜欢的品质,比如脾气暴躁、自私、懒惰等一些令人不快的品质时,便一蹶不振,这对他们可很不利。请记住,我们每个人都有这样或那样的缺点,都需要努力去克服。

与此同时,我们还需牢记:虽然你可能不比别人差,但是也不一定比别人强多少。追求幸福最可靠的方法是要有一个超越别人的心态,就好像是认定自己比别人优秀的那种感觉,这很重要。

出错时,改正错误是明智之举。你可能不喜欢某位老师或同学,遇到这种情况,你应当尽量弄清楚为什么,同时也好好地检讨一下自己,确保自己没有做过那些招致这位老师或同学反感的事情。如果你坚持保持愉悦和礼貌,情况总有一天会好转。如果情况没有好转,那么你只得尝试使自己面对现实,不要对此过于介怀。对你所不能改变的现实,焦虑永远无济于事。

建议阅读书目:

1. 王登峰、崔红主编:《心理卫生学》,北京:高等教育出版社,2003 年。

2. 梁宝勇主编:《变态心理学》,北京:高等教育出版社,2003 年。

3. 樊富珉等编著:《心理健康:快乐人生的基石》,北京:北京师范大学出版社,2002 年。

4. 邓旭阳等主编:《大学生自我心理保健》,北京:北京出版社,2002 年。

《名家通识讲座书系》已有选目

＊《丝绸之路考古十五讲》 北京大学考古文博学院　林梅村

＊《道教文化十五讲》 厦门大学宗教所　詹石窗

＊《〈周易〉经传十五讲》 清华大学思想文化所　廖名春

＊《美国文化与社会十五讲》 北京大学国际关系学院　袁　明

＊《欧洲文明十五讲》 中国社会科学院　陈乐民

《中国文化史十五讲》 北京大学古籍研究中心　安平秋　杨　忠　刘玉才

《文化研究基础十五讲》 北京大学比较文学所　戴锦华

《日本文化十五讲》 北京大学比较文学所　严绍璗

《中西文化比较十五讲》 北京大学外语学院　辜正坤

《俄罗斯文化十五讲》 北京大学外语学院　任光宣

《基督教文化十五讲》 中国人民大学中文系　杨慧林

《法国文化十五讲》 北京大学外语学院　罗　芃

《文化人类学十五讲》 中国社会科学院文学所　叶舒宪

《民俗文化十五讲》 北京大学社会学系　高丙中

《北京历史文化十五讲》 北京师范大学文学院　刘　勇

《文物精品与文化中国十五讲》 清华大学历史系　彭　林

＊《艺术设计十五讲》 东南大学艺术传播系　凌继尧

＊《西方美术史十五讲》 北京大学艺术系　丁　宁

＊《戏剧艺术十五讲》 南京大学文学院　董　健　马俊山

＊《音乐欣赏十五讲》 中国作家协会　肖复兴

《中国美术史十五讲》 中央美术学院　邵　彦

《影视艺术十五讲》 清华大学传播学院　尹　鸿

《书法文化十五讲》 北京大学中文系　王岳川

《美育十五讲》 山东大学文学院　曾繁仁

《艺术史十五讲》 北京大学艺术系　朱青生

＊《口才训练十五讲》 清华大学政治学系　孙海燕　上海科技学院　刘伯奎

＊《政治学十五讲》 北大政府管理学院　燕继荣

《社会学理论方法十五讲》 北京大学社会学系　王思斌

《公共管理十五讲》 北京大学政府管理学院　赵成根

《企业文化学十五讲》 武汉大学政治与行政学院 钟青林

《西方经济学十五讲》 中国人民大学经济学院 方福前

《政治经济学十五讲》 北京大学政府管理学院 朱天飙

《百年中国知识分子问题十五讲》 华东师范大学历史系 许纪霖

*《青年心理健康十五讲》 清华大学 樊富珉 南京大学 费俊峰

*《医学人文十五讲》 少年儿童出版社(上海) 王一方

*《文科物理十五讲》 东南大学物理系 吴宗汉

*《现代天文学十五讲》 北京大学物理学院 吴鑫基 温学诗

*《心理学十五讲》 西南师大心理学系 黄希庭 郑 涌

*《生物伦理学十五讲》 北京大学生命科学学院 高崇明 张爱琴

《性心理学十五讲》 北京大学医学部医学人文系 胡佩诚

《思维科学十五讲》 武汉大学哲学系 张掌然

《环境科学十五讲》 北京大学环境学院 张航远 邵 敏

《人类生物学十五讲》 北京大学生命科学学院 陈守良

《医学伦理学十五讲》 北京大学医学部医学人文系 李本富 李 曦

《医学史十五讲》 北京大学医学部医学人文系 张大庆

*《中国历史十五讲》 清华大学历史系 张岂之

*《清史十五讲》 中国人民大学清史所 张 研 牛贯杰

《科学史十五讲》 上海交通大学文学院 江晓原

*《语言学常识十五讲》 北京大学中文系 沈 阳

*《汉语与汉语研究十五讲》 北京大学中文系 陆俭明 沈 阳

(画＊者为已出)